清水裕之／檜山哲哉／河村則行＝編
Hiroyuki Shimizu　Tetsuya Hiyama　Noriyuki Kawamura

水の環境学

人との関わりから考える

名古屋大学出版会

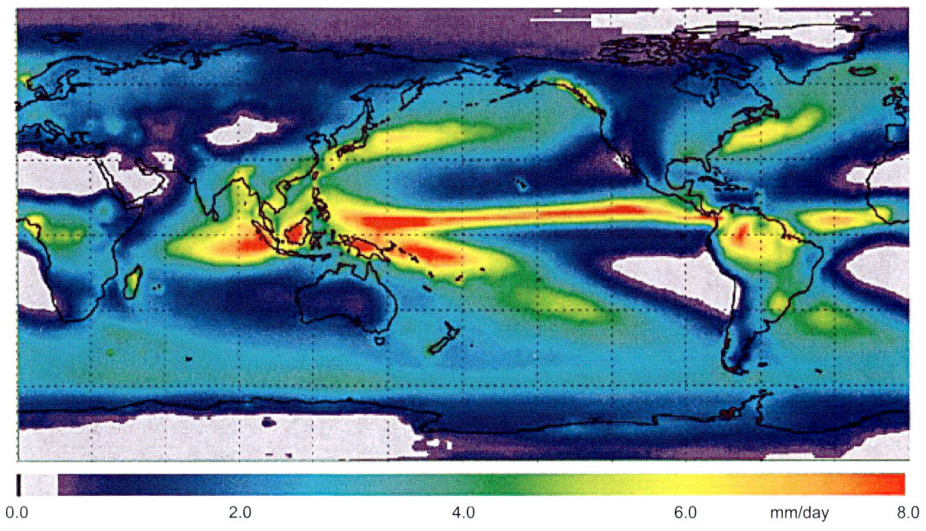

口絵1 世界の降水の気候値（1979〜2001年）．（Adler et al., 2003）

口絵2 2008年5月3日の世界時0時の時間雨量の世界分布．色のついているところで雨が降っている．グレーは雲であり，白いほど発達した雲である．（JAXA/ EORC）

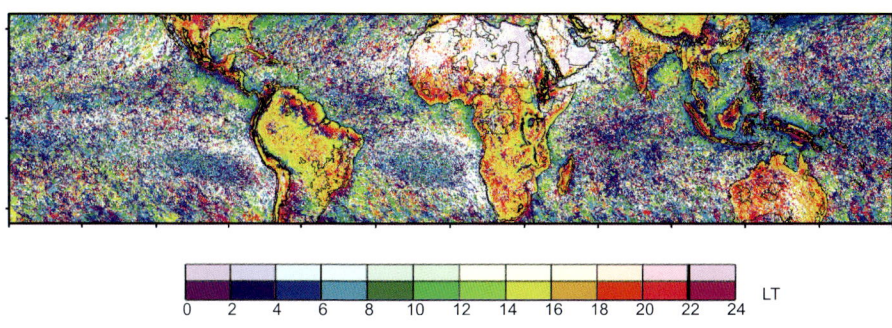

口絵3 熱帯降雨観測衛星搭載のマイクロ波放射計による降水の日周変化（0.2度刻み）．色は降雨量のもっとも多い地方時を示す．陸上で午後の雨（暖色系），海上で午前の雨（寒色系）が多いことがわかる．（宇宙航空研究開発機構，2008）

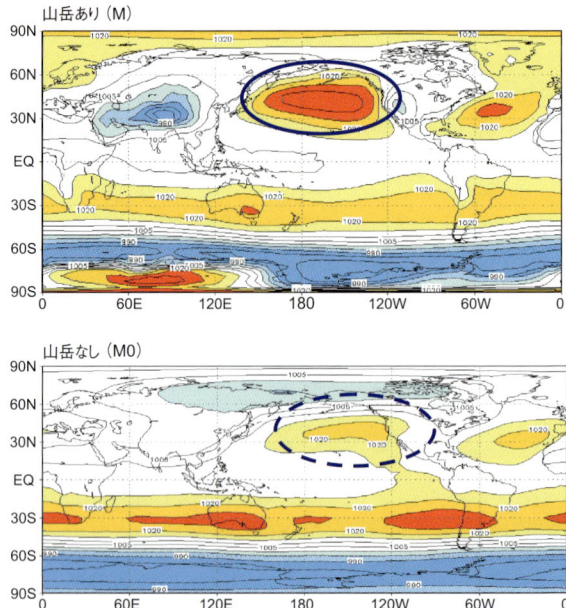

口絵4 山岳なし（M0）と現在の山岳の状態（M）における北半球夏季の地上気圧分布．（Abe et al., 2003）

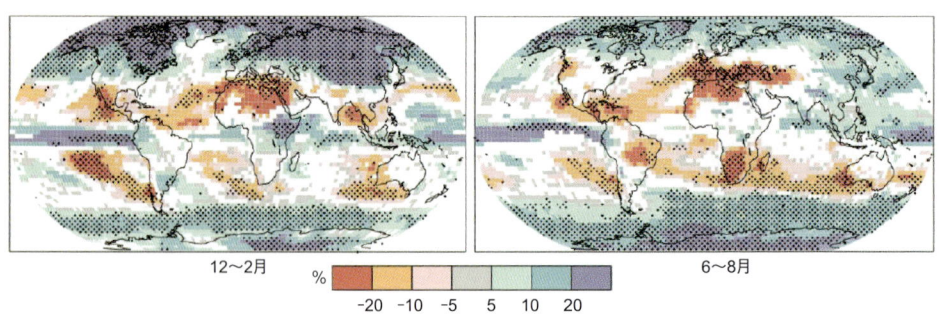

口絵5 IPCCのA1Bシナリオにもとづく全球での北半球冬季（左）と北半球夏季（右）の降水量変化予測．青は増加傾向を，赤は減少傾向を示す．（IPCC, 2007）

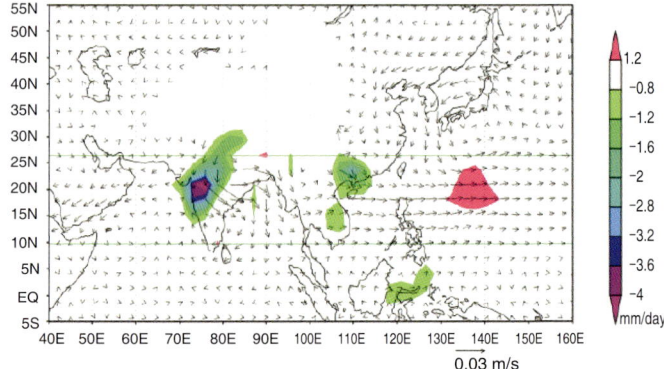

口絵6 インド亜大陸と中国南・中部で1700年から1850年にかけて森林が大規模に伐採され耕地化した前後における降水量変化の再現結果．（Takata et al., 2009）

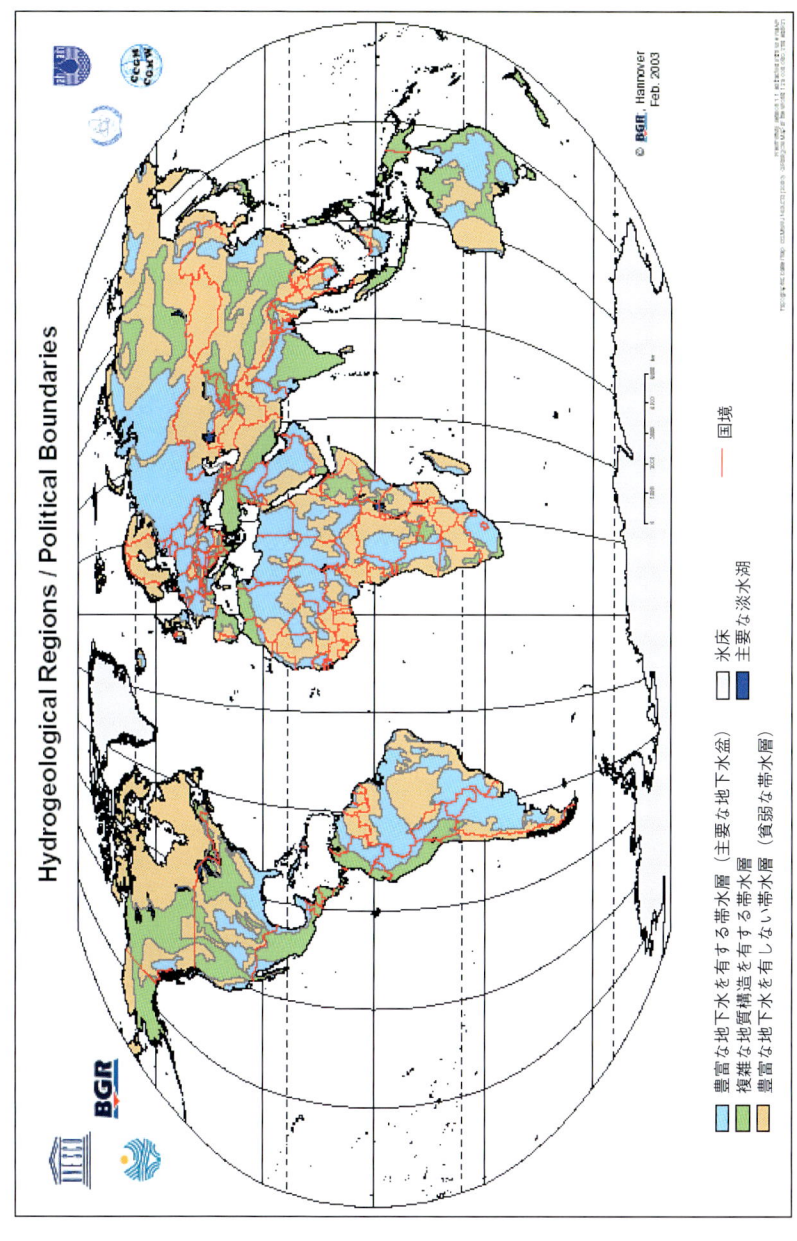

口絵 7　世界の主要な帯水層と越境帯水層の分布．(BGR：Germany's Federal Institute for Geosciences and Natural Resources, 2003 より引用)

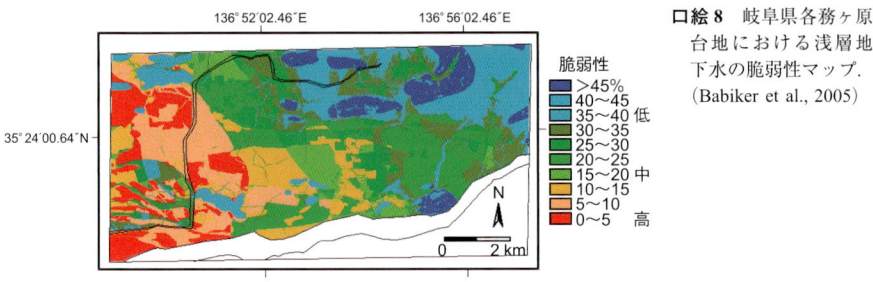

口絵8 岐阜県各務ヶ原台地における浅層地下水の脆弱性マップ．(Babiker et al., 2005)

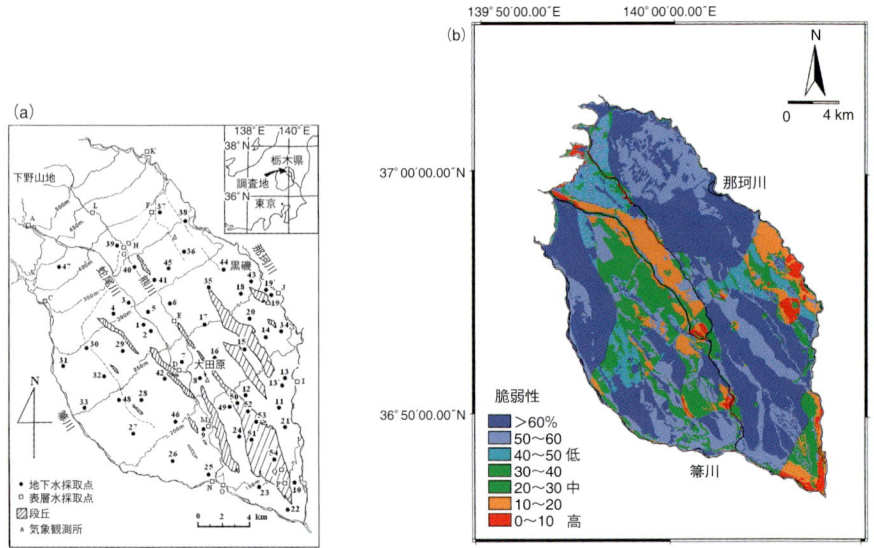

口絵9 栃木県那須野原(a)における浅層地下水の脆弱性マップ(b)．

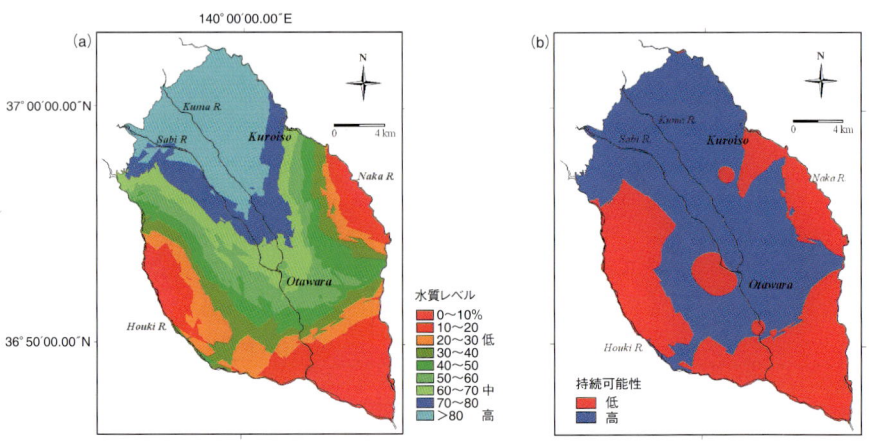

口絵10 栃木県那須野原におけるGQIマップ(a)と持続可能性マップ(b)．(Babiker et al., 2007を一部修正)

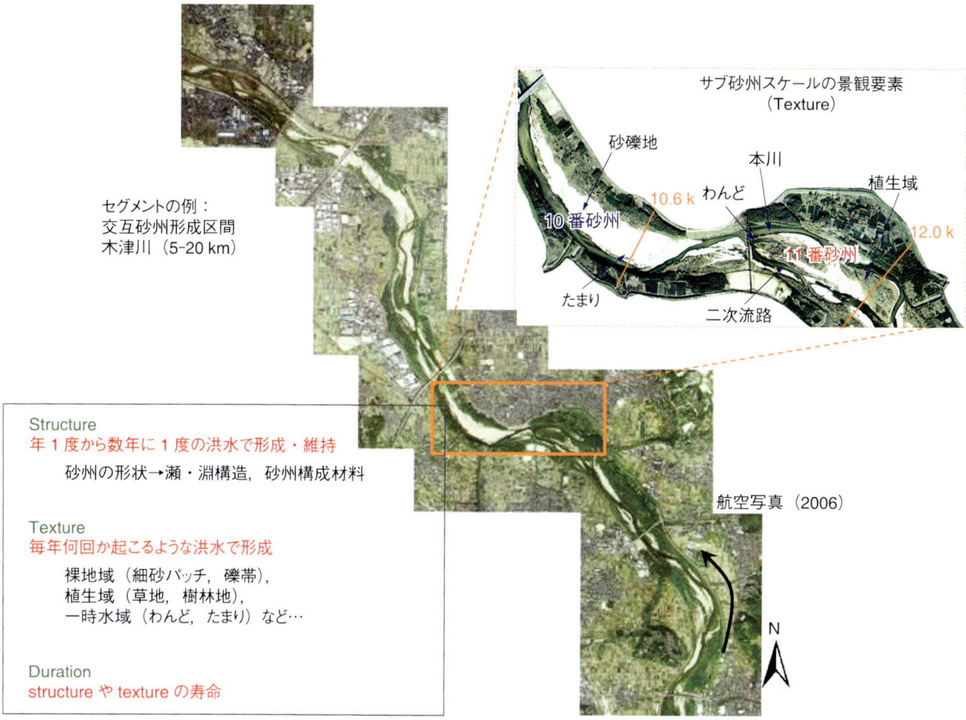

口絵11 河川景観のスケールの階層性.
木津川の航空写真に見るストラクチャーとしての交互砂州で特徴づけられるセグメント,テクスチャーとしてのさまざまなサブ砂州スケールの景観構成要素.

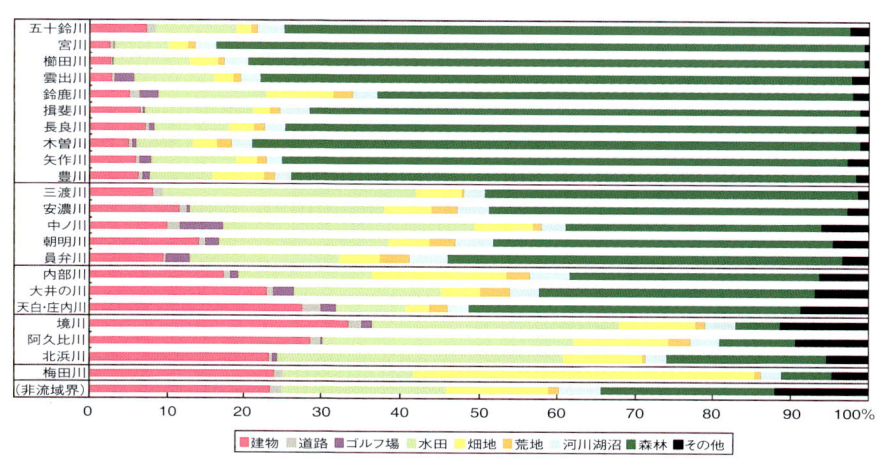

口絵12 土地利用割合による伊勢湾流域圏水系の類型化.
第1グループ:矢作川,長良川,揖斐川,豊川,櫛田川,出雲川,宮川など森林優位型.
第2グループ:面積規模が小さく,第1グループに比して森林が少なく,農用地と建物が多い.
第3グループ:庄内川を含み,第2グループよりさらに建物の割合が高い.
第4グループ:境川など西三河流域で建物と農用地の割合が卓越し森林が少ない.
第5グループ:渥美半島の足下の1流域で畑地の割合が多い.

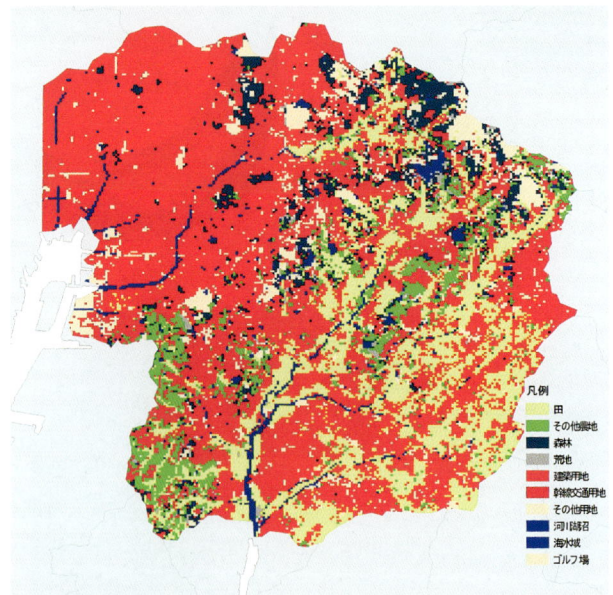

口絵 13　名古屋市東部と境川水系の土地利用（2006 年）．

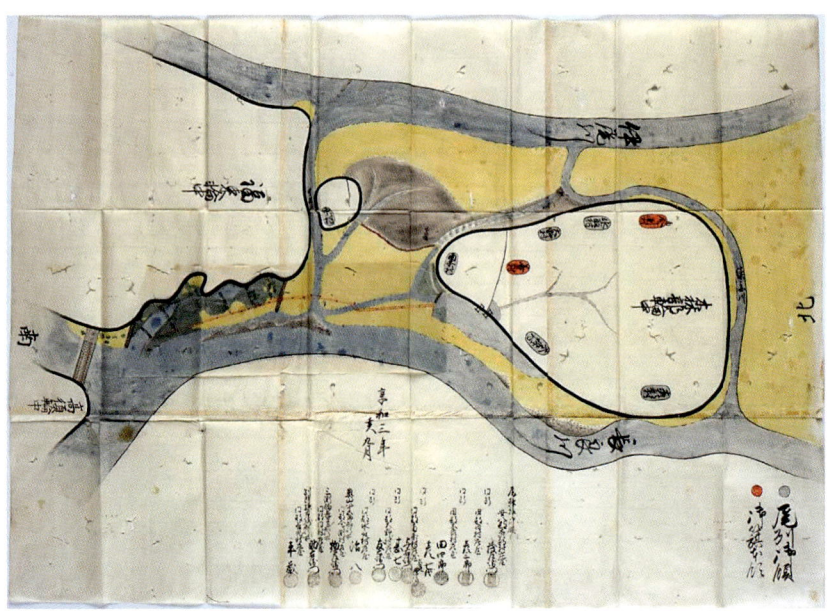

口絵 14　森部輪中悪水落江下自普請請絵図．（享和 3（1803）年 9 月）名古屋大学附属図書館所蔵

はじめに

　水は人間のみならず，すべての生命にとって不可欠の存在である．しかし，14億 km^3 ある地球の水のうちの97％が海水であり，淡水は3％にしか過ぎないと言われている．そして，その大半が氷であり，人間が直接利用できる河川水，地下水などはさらに少ない．われわれはその貴重な資源を地球上のすべての生き物とともに大切に利用してゆかなければならない．

　地球上に存在する水の大きな特徴を二つ挙げると，循環していること，そして偏在していることである．この二つの特徴が，われわれが直面する水にかんするさまざまな問題を作り出し，また，同時にその問題の解決の方向性を示してくれている．

　まず，水の循環について考えてみよう．水は太陽からのエネルギーを受け，海洋や大陸から蒸発，蒸散し，雲をつくり，降水となって大地に降り注ぐ．そして，降水は地下に浸透し地下水となり，また一部は河川から海洋に流出する．海洋では，水はやはり太陽のエネルギーを受け，大きな潮の流れを作り出し，それは地球の気象に大きな影響を与える．これら地球の水循環は，地球それ自体が「生きている」証である．

　人間やそのほかの生命が水を活用できるのも，そうした水の循環があるからこそである．水循環は，微生物から人間まであらゆる生命の連環を繋ぐ．排泄物や命が尽きた生物が微生物によって分解され，再び命の源として生物にとりこまれる命の循環を支えているのも水循環である．水循環があるからこそ，私たちの生命は地球と共に生き続けることができるのである．

　日本に住む私たちは蛇口をひねれば，きれいな水が豊富に利用できる豊かな水環境に生きている．これはわが国には降水が多く，常に入れ替わる新鮮な水を河川や地下水から汲み上げているからである．そして，利用した水は汚水処理設備により浄化され，再び河川や海洋に放流されている．われわれの生活環境が汚水で溢れないのも水が循環しているおかげである．半面，「水に流す」ということばがあるように，私たちは，日常で，水の行方を気にすることはほとんどない．しかし，生活排水や農業排水などの流出が河川や海洋を必要以上に富栄養化させ

環境を悪化させている状況は否めない．そして，限られた容量を持つ地球において，人間生活による水環境の悪化は世界的な規模で深刻な問題になりつつある．「水に流す」のではなく，「水の流れを知り」，その水に乗って移動する物質の循環にも敏感でなくてはならない時代に私たちは生きているのである．

次に偏りについて考えてみよう．水，特に人間を含む陸に住む生命が利用する淡水は地球上にきわめて偏った分布をしている．ほとんど降水のない砂漠地帯があれば，毎日のように降水のある熱帯雨林のような地域もある．世界の中の大きな河川においては，雪氷のある高地，中間の砂漠地帯，そして下流の農業地帯，工業地帯が国をまたがっていることも多々ある．あるいは中間で取水した水がある国のある地域の飲料水，工業用水，農業用水に利用され，その排水がおなじ河川に放流され，下流ではまた，その水を別の国のある地域の飲料水，工業用水，農業用水に用いる河川もたくさんある．こうした河川においては，それぞれの地域や国が他の人々のことを考えずに利用すれば大きな国際問題に発展する．例えば，中国はチベット高原に複数のダムを建設しようとしている．そしてそれに対してインド，ベトナム，カザフスタンなどが災害誘発，水資源配分などの観点から懸念を唱えている．インドやカザフスタンなどは自国内にダムを建設しようとしており，それに対してさらに下流の国々が懸念を表明しているために事態はさらに複雑になっている．ナイル川でも上流諸国とエジプトやスーダンなどとの間で水をめぐる争いが絶えない．こうした国際間の水の争いはますます厳しい様相を呈してきている．「21世紀は水戦争の時代である」と唱える人々も多いのはそのためである．ひとつの国においても，生活に必要な水，農業に必要な水，工業に必要な水を取り合うことも多々ある．そこで，これらに対しては水利用の調整が不可欠になる．

このようにわれわれを取り巻く水にはさまざまな課題がある．そして，これらの問題の解決のために実にさまざまな分野の研究者や実務者が努力している．しかし，それらの範囲はあまりにも広く，全体像がなかなかつかめない．

本書はこのような状況の中で，特に人とのかかわりの中での水に関する課題を体系的に理解するための教科書として構想された．その章はひとつが1コマの授業に相当する内容である．したがって，15章という限られた枠に全体の構成を整える必要があった．水に関するテーマは，15章ではとても書ききれない内容

を持っている．したがって，本書では焦点を大きく絞り込む必要があった．

　本書は大きく三部に分けられている．第Ⅰ部では水を自然（科学）的観点から論じている．先に述べたように，生命を支える地球の水循環は太陽からのエネルギーを受けた地球そのもののダイナミックな営みである．その水循環について，おもに自然科学的な観点から論じている．第1章では地球の誕生と水の性質から説き起こし，降水のメカニズムや地球温暖化と降水の関係について解説している．第2章ではわれわれが住むモンスーンアジアにおける水循環システムについて，海陸分布，チベット・ヒマラヤ山塊の影響，地球温暖化を含めた気候の年々変動とそれに対する人間活動の影響について解説している．第3章では降水のメカニズムをさらにダウンスケーリングし，積乱雲の発生など降水システム，梅雨前線や豪雨のメカニズム，そしてそれらの予測可能性について解説している．第4章では沿岸域に目を移し，主に海域の水・物質循環にふれている．沿岸域は特に陸域における人間の生活活動による影響が強く現れるため，限られたページ数の中で，本書では海域のうち特に沿岸域に焦点を当てている．物質輸送のメカニズムについて移流拡散方程式から説き起こし，潮流，残差流など沿岸域の流れの特徴を示すと同時に，沿岸域の環境問題を整理して示している．第5章においては，森林に目を向け，主に，森林が水循環に与える影響について，森林管理・整備と水流出，森林の水源涵養機能，水保水機能などについて科学的なメカニズムを踏まえて解説している．第6章では地下水に焦点を当てている．地下水は人間が利用しやすい水源ではあるが，枯渇や汚染などの脆弱性を持っている．本章では，その持続可能性と脆弱性について科学的なメカニズムを示すとともに，脆弱性の評価に言及している．

　第Ⅱ部では技術的な観点から水を論じている．技術は両刃の剣である．水を治め，活用する技術は私たちの社会に計り知れない恩恵を与えてくれている．護岸整備，灌漑，上下水道など，水との戦いは人類の進化の歴史であるといっても過言ではない．しかし，他方で水を治め，活用する技術が新たな環境問題を引き起こすこともある．例えば，アスファルトなどに被覆され，雨天でも快適に外出できる都市構造は雨水管などをとおして都市部の水を速やかに処理する土木技術に支えられている．しかし，あまりに急激な都市化は，水を浸透させない土地被覆を予想以上に増加させ，内水氾濫に弱い都市構造を作り出してしまった．そこで，第Ⅱ部では，単に個別の技術を紹介するにとどめず，水に関する諸技術の

功罪や限界も幅広く理解できるように試みた．第7章では，河川の水循環について，水文循環，流域・流域圏という概念の紹介から説き起こし，河川の水を人間が利用するための河川の整備・管理，治水対策，水資源利用，そして，近年特に重要視されている河川水系・流域の環境保全についての基本的な考え方を解説している．第8章では水資源管理の理念と手法の紹介から説き起こし，生態系サービス，生態環境補償という考え方を紹介し，広域な河川管理の特徴的な事例として中国黄河の水資源管理について解説している．第9章においては農業から見た水に着目している．農業は人間生活を支える基盤であるが，水を大量に使用する．しかし，水資源には偏りがあるため，現在の農業は灌漑を抜きにして語ることはできない．本章では世界の灌漑の状況，灌漑と地域の水循環，灌漑に伴う環境問題の所在を示し，アジアの水田灌漑，そして乾燥地帯の灌漑の状況や課題を解説している．第10章では都市に目を向けている．都市がコンクリートやアスファルトで被覆されることによって雨水の地下浸透が減少し，内水氾濫などの危険が増加している．それに対して世界の国々が都市にグリーンインフラストラクチャーを再生，導入することでそうしたリスクを緩和させ，生態系や人間の生活にもやさしい環境を取り戻そうとしている．本章はその新しいデザインの方向性を紹介している．第11章は上水道，下水道を中心として，水環境エコシステムの構築について論じている．水質基準，処理方法などについて包括的な解説がなされている．

　第III部では社会的な観点から水を論じている．本書は副題を「人との関わりから考える」としているように，第III部は，本書の特徴を最も現している部である．水を治め，活用するのは，人々がしあわせにくらすためである．しかし，最初に指摘したように，水は地球に偏在している．地球上のすべての人々が同じように水を利活用できるようにはできていない．人類は長らく，水の少ないところでは少ないなりの知恵をもって，多いところでは多いことに対する知恵をもって生活してきた．しかし，地球温暖化や経済の国際化などに伴い，それらの知恵を超えた課題が発生し，また，水をめぐる争いも激化している．私たちは水と付き合う社会的知恵をさらに高めてゆく必要がある．第III部ではこうした背景にもとづいて，人々がこれから水とどのように付き合ってゆくべきかを示唆できるような構成を考えた．第12章は水利と水災害の歴史である．人間の歴史は水との戦いの歴史でもあった．まず，水利の歴史をテーマ別に概説し，次に洪水常襲

地を事例として，人間が洪水を治めるために考え出した信玄堤や輪中などの工夫について考察している．第13章は水利権に焦点を当てる．先にも触れたように，水は限られた資源であり，水利秩序をどのように構築するかということが常に大きな課題となってきた．本章では特に日本の水利権の考え方やその実際の運用について包括的に解説している．第14章においては，河川の公共性について論じている．これは水利秩序の構築がともすると，「官」の管理により，人々から水を遠ざける傾向を持つのに対して，新しい「公」という概念の導入により，水を身近なものにする公共性の転換について論じており，第13章と対比をなしている．第15章は本書の最後の章として，これからの水環境政策について，課題を整理し，これまでの成果とこれからの課題について包括的に紹介している．

さらに，全15章には入れることができなかったが，本書を理解する上で重要なトピックスについては，コラムという形で各所にちりばめた．それもあわせてごらん頂きたい．

本書を通して理解していただきたかったのは，地球の水循環は地球が営む壮大な自然のドラマであると同時に，時には女神となり微笑み，時には荒神となり災いをもたらす，人間にとって二面性を持つ現象であるということである．従って，それは単なる自然現象としてではなく，人や社会とのかかわりの中で理解され，そして付き合ってゆくべきものであるという視点である．水をめぐる技術はそうした自然現象としての水と人間生活にかかわる水のあいだの付き合い方，調停の仕方にあると考えたい．そこで本書は，自然（科学）的な視点，技術的な視点，社会的な視点で水を論じるという，これまでの水関連の書にはない，ユニークな構成をとった．これは，水環境にかかわる課題の解決には，地球水循環という科学的視点をきちんと理解した上で，先人たちが作り上げてきた，水を活用し，制御し，また，親しむ技術や知恵を知り，さらに現在直面するさまざまな水環境問題の様相を理解し，そして，単に技術的開発のみならず，人々が社会的な合意を形成したり，制度を作り上げたりする社会的な視点を持つことが重要であるということを理解していただきたかったからである．

半期の講義を前提に構成された本書においては，書ききれなかった課題も多く存在する．例えば，国際的な水紛争については，触れていない．これは，それ自体とても大きな問題であり，とても一章分に収まるような内容ではないと判断したためである．また，海洋についても，海流など地球規模の大きな水循環につい

ては触れていない．このように本書が水に関するさまざまな課題を包括的にまとめているとは言えない．しかし，本書の全体的な構成についての趣旨はご理解いただけると思う．本書を読んで，地球と地域の水環境についての理解を深めていただければ幸いである．

清水裕之　檜山哲哉　河村則行

目　次

はじめに　i

第 I 部　自然的観点から

第 1 章　地球表層の水循環 …………………………………………… 3

1.1　地球の水の起源　3
1.2　水の性質　5
1.3　地球上の水の量と循環　7
1.4　大気の温度構造と対流　13
1.5　降　水　14

第 2 章　水循環システムとしてのアジアモンスーンとその変動 …… 21

2.1　はじめに　21
2.2　アジアモンスーンとは　22
2.3　アジアモンスーンの年々変動はどう決まっているか？　30
2.4　人間活動でアジアモンスーンはどう変化するか？　32
2.5　変わりつつあるアジアの雨の降り方　35
　　　コラム：ヒマラヤの氷河湖　39

第 3 章　東アジアの降水活動と特徴 …………………………………… 41

3.1　東アジアの降水活動を見る意義　41
3.2　雨のでき方　41
3.3　梅雨前線帯の降雨　46
3.4　梅雨前線周辺の降水システムの構成要素　49
3.5　豪　雨　50
3.6　豪雨の降水システムの観測例　52
3.7　マルチパラメータレーダー　54

3.8　降雨の短時間予測　56
3.9　将来の降水の変動に備えて　57

第4章　沿岸域の水・物質循環⋯⋯⋯⋯⋯⋯⋯⋯⋯⋯⋯⋯⋯⋯⋯⋯59

4.1　はじめに　59
4.2　沿岸域での物質輸送過程　60
4.3　沿岸域の流れ　62
4.4　沿岸域の環境問題　69
　　　コラム：伊勢湾の水の流れ　75

第5章　森林と水循環⋯⋯⋯⋯⋯⋯⋯⋯⋯⋯⋯⋯⋯⋯⋯⋯⋯⋯⋯⋯77

5.1　はじめに　77
5.2　森林流域における水循環　78
5.3　森林管理・整備が水流出に及ぼす影響　80
5.4　森林流域の水貯留量　83
5.5　間伐が遮断蒸発量に及ぼす影響　85
5.6　樹冠構造の変化に伴う林床面蒸発の動態　88

第6章　地下水の脆弱性と持続可能性⋯⋯⋯⋯⋯⋯⋯⋯⋯⋯⋯⋯⋯95

6.1　地下水の形態と物理・化学　95
6.2　世界の帯水層と地下水　98
6.3　日本の帯水層と地下水　100
6.4　浅層地下水の水質の時空間変化と脆弱性の評価　106
　　　コラム：タイガ-永久凍土の共生関係　114

第Ⅱ部　技術的観点から

第7章　治水・利水と河川生態系―河川を軸とした流域管理―⋯⋯⋯119

7.1　水文循環と流域・流域圏　119
7.2　河川の整備と管理　122

7.3　安全な流域への水災対応　123
　7.4　流域水循環と水資源利用　128
　7.5　河川水系・流域の環境保全　131
　　　　コラム：「多自然」と「近自然」―河川の自然修復に関する取組み―　137

第 8 章　水資源管理　139

　8.1　水資源の量と質　139
　8.2　水資源管理の理念と手法　140
　8.3　黄河に見る水資源管理　145
　8.4　水資源管理の将来　152

第 9 章　農業と水循環システム　155

　9.1　農業生産と水利用　155
　9.2　灌漑排水と地域の水循環　159
　9.3　乾燥地の灌漑農業と水利用　162
　9.4　水田農業と水利用　164
　　　　コラム：バーチャルウォーター　170

第 10 章　水循環を考慮した都市デザイン　173

　10.1　雨水流出と土地利用　173
　10.2　伊勢湾流域圏の土地利用と雨水流出　175
　10.3　名古屋市東部丘陵と境川の土地利用と雨水流出　178
　10.4　総合治水概念の都市計画，国土計画への反映　180
　10.5　水循環を考慮したグリーンインフラストラクチャーの構築　182
　10.6　水循環を基軸とするグリーンインフラストラクチャーの構築に向けて　185

第 11 章　水環境エコシステムの構築　191

　11.1　上水道　191
　11.2　下水道　199
　11.3　汚泥処理　206
　11.4　産業排水処理　207
　　　　コラム：水質の指標　213

第 III 部　社会的観点から

第 12 章　水利と水災害の歴史 ……………………………… 219

12.1　はじめに　219
12.2　水利の歴史　220
12.3　洪水常襲地　227
12.4　歴史地理学を洪水対策に活かす　235
　　　コラム：都市における豪雨災害　238
　　　コラム：湧水について　239

第 13 章　水利権と河川の管理 ………………………………… 241

13.1　水利用の歴史　241
13.2　水利権の内容　246
13.3　水利権の分類　249
13.4　水利使用の申請手続き　252
13.5　水利使用許可の判断基準　254
13.6　水利権の運用と新たな動き　258

第 14 章　河川の公共性—水はだれのものか— ……………… 263

14.1　社会学からの「水の環境学」　263
14.2　自然の所有をめぐって　265
14.3　近代河川行政の成立　267
14.4　戦後の河川行政　273
14.5　河川行政の転換　277
14.6　新しい公共性の形成へ　278
　　　コラム：ウォータービジネス　283

第 15 章　これからの水環境政策—再生への取組み— ……… 285

15.1　水質から水環境へ　285
15.2　知多半島に見る水環境への「圧力」の変遷　286

15.3 水環境政策の発展段階 290
15.4 水循環の再生への道 297

あとがき 303
索　引 305

第Ⅰ部

自然的観点から

　第Ⅰ部では自然的観点，特に地球上の水の存在形態と循環を概観し，水環境の基礎を学ぶ．第Ⅰ部の前半では，気候を特徴付ける降水に着目する．第1章には，水の物理化学特性とともに，降水現象に焦点を当てた形で地球規模水循環の基礎が書かれている．第2章では，わが国の水環境を語る上で欠くことのできない特徴的な気候・気象としてのモンスーンについて学ぶ．わが国はモンスーンアジア域の東方に位置する．梅雨や台風などの低気圧性擾乱は，世界的に見て特異なものである．そこで第3章では，東アジアの降水活動とその特徴について述べる．

　後半では，海洋，森林，地下水といった水の存在形態ごとに水環境を概観する．第Ⅱ部につなげるための章でもある．第4章では，陸上に住まう人との接点が大きい沿岸域に着目し，そこでの水循環と物質循環について概説している．第5章では潜在的植生状態として森林を取り上げ，そこでの水循環特性について触れる．そして第6章では，人間活動にとって欠くことのできない地下水に焦点を当て，その概要を説明するとともに，水質に着目して脆弱性と持続可能性を評価した例を示している．

　第Ⅰ部には，本文に含めることのできなかった水環境のトピックスが三つのコラムとして挿入されている．地上に存在する氷河・氷床と地下の凍土は，地球における固相としての水の存在形態として重要なものである．それらのエッセンスが二つのコラムに凝縮されている．ヒマラヤには多数の氷河があるものの，近年その縮小が顕著である．縮小した氷河の末端に存在する氷河湖について，最初のコラムに書かれている．また，地球温暖化と水環境の関わりについてのもう一つのトピックとして永久凍土を取り上げ，温暖化がタイガと永久凍土の共生関係を崩壊させることについても概説している．これらに加え，内湾の代表例として伊勢湾を取り上げ，そこでの水の流れを海洋物理学的に解説している．

　第Ⅰ部で取り上げた内容は，学問領域としては気象学，海洋学，水文学，雪氷学の扱う重要なテーマ群である．本書はそれらの包括的かつ重要なトピックスを網羅している．ただし，海洋については外洋を詳細には解説していないので，例えば，渡邊・檜山・安成編（2008）『新しい地球学—太陽‐地球‐生命圏相互作用系の変動学—』（名古屋大学出版会）などを参考にするとよいであろう．

第 1 章

地球表層の水循環

1.1 地球の水の起源

　地球は水惑星と呼ばれる．この水はどのようにできたのであろうか．宇宙は約137億年前のビッグバンで始まったとされている．ビッグバンの直後は光や物質がすべて溶け合った状態であったが，「最初の3分」でヘリウム4の量がほぼ一定となり，1,000秒後にはビッグバンによる物質合成はほぼ終了した．この時作られた元素は水素とヘリウムが大部分で，それにわずかなリチウムがあるだけであった．ベリリウムもわずかに生成されるが，これは不安定ですぐにリチウムに壊変してしまう．約38万年たつと，それまで原子核と電子が電離しばらばらになっている状態から結合して中性状態となり，光や電波に関する透明度が上がった．これを「宇宙の晴れ上がり」と呼ぶ．物質が作られた後，物質は引力により集合し星が形成され，星は集まって銀河を形成する．星は凝集しても最初は小さいが，大きくなるにつれて重力エネルギーが蓄えられて温度が上がり，ある程度以上の大きさになると熱核反応が点火される．この熱核反応により，まず水素核が融合しヘリウムとなり，ついでヘリウムが融合し，十分に重い星ではもっとも安定な鉄までが形成される．鉄ができるとそれ以上のエネルギー源は無くなり，重力崩壊により超新星爆発が起こる．現在宇宙に存在する鉄より重い元素は，鉄が形成された後の超新星爆発で作られたと考えられている．

　図1.1は太陽に存在する元素の原子個数の分布である．太陽はごく普通の恒星と考えられており，これから太陽の元素の分布はおおよそ太陽系近傍の宇宙の元素の分布とみなされる．図からわかるように水素とヘリウムが大部分であるが，ついで酸素が多い．水は酸素と水素の化合物であるので，水が宇宙でもありふれ

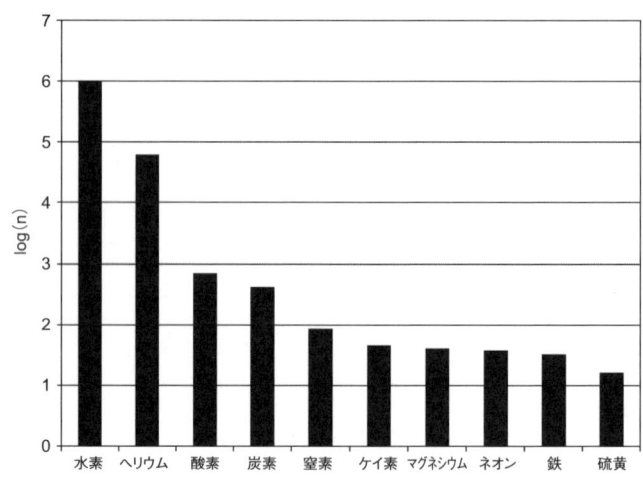

図 1.1 太陽の元素の原子個数（n）の 10 番目までの分布．(Emsley (2003) より作成)

た物質であることが想像される．太陽系には重元素も多くあり，宇宙の初期に作られた恒星系ではなく，その後に作られた恒星系であるとされている．

太陽系は 46 億年前に形成されたと考えられており，その時の原始太陽系の円盤ガスから地球が生まれた時にどのように水が地球に取り込まれたかについては，元のガスからという説や地球が取り込んだ微惑星に含まれていた，などの説があるが，未だよくわかっていない．何らかの理由で地球に水が取り込まれた後に水が地球に残るためには，地球の重力と温度が関係する．重力が小さいかあるいは温度が高いと惑星は（水を含め）大気を保持できない．大気原子，大気分子の惑星からの脱出は，気温が高く重力が小さいほど容易であり，このため太陽に最も近く温度の高い水星には大気は存在しない．太陽光度と太陽からの距離，そして地球の**惑星アルベド**（反射能）から，地球に流入するエネルギー量が決まる．その流入エネルギーと同量を**黒体放射**で宇宙へ放出する（放射平衡）と仮定すると，見かけの地球の温度は 255 K 程度となり，大気を保つことのできる温度になっている．なお実際の地球の大気下端（地表）温度は，後述する大気の**温室効果**のために**放射平衡温度**よりも高い．

高度 500 km 以上の地球大気では大気分子・原子の衝突は少なくなり，熱運動により重力圏からの脱出速度を超えた気体原子はそのまま地球外へ脱出する．こ

の比率はマクスウェル・ボルツマン分布のもとでの平均速度（最頻速度）$V_0 = \sqrt{2kT/Mm}$ で見積もられる．ここで k はボルツマン定数（1.38×10^{-23} J/K），T は絶対温度，M は原子量，m は水素の質量（1.67×10^{-27} kg）である．速度分布の指数の肩が $-x^2$ であるため，平均速度よりも大きい速度を持つ原子の割合は，速度 4, 10, 15 倍でそれぞれ 10^{-6}, 10^{-50}, 10^{-90} と急激に小さくなる．高度 500 km，温度 600 K では水素原子の V_0 は 3 km/s であり，地球の重力圏の脱出速度は 11 km/s であるので，その比は約 1/4 である．また酸素原子の原子量は 16 であり，脱出速度との比は 1/15 程度となる．高度 500 km では原子の衝突間隔時間は秒を超える．この衝突時間で原子の速度分布がマクスウェル・ボルツマン分布に戻るとすると，大雑把には衝突時間毎に脱出速度より大きな速度を持つ原子が宇宙へ脱出すると考えてよい．水素原子は地球の歴史よりも短い時間で脱出するが，酸素原子はほとんど地球の重力圏にとどまる．大略，このようにして地球大気が残っていることがわかる．

1.2 水の性質

水（H_2O）は宇宙でもありふれた物質であり，太陽系の惑星の成長に大きな役割を果たしたとされている．太陽系の中でも彗星は氷でできていると言われている．また木星の衛星であるイオの表面は氷であり，その内側に液体の水があると予想されている．火星でも極冠の地面の下に氷があるのではないかと言われている．

水が宇宙でもありふれた物質であることは，水があまり特徴の無い物質であることを意味しない．水はむしろ特異な物質である．同じような**三原子分子**の中でも水はきわだった特徴を持っている．1 気圧下での融解点，沸騰点はそれぞれ 0℃，100℃ と，同様の化学式を持つ他の分子と比べて異常に高い．液体の水の比熱は 4.218 kJ/K·kg であり，これは液体としては異常に大きい．また蒸発熱が 0℃ で 2,500 kJ/kg と，これも非常に大きい．また水は氷に変わると体積が 8% ほど増える．さらに液体の水は物質を溶かし込む能力が高い．このような性質が，大気中の水蒸気の凝結による**潜熱放出**が**大気循環**の大きな駆動源となる．冷たい海や湖で表面は凍っても内部では液体の水が存在し生物が豊富に生息できる．水

の移動が物質移動に大きな影響を持つ，などのように地球上の水の役割を特徴づけている．

このような水の特性は水分子が極性を持っていることと，水分子同士が水素結合で結びついていることによっている．水分子の構造は酸素を中心として，左右に水素が約105度の角度を持ってつながっている．ところが例えば二酸化炭素（CO_2）では炭素を中心に酸素が左右に直線状につながっている．同じ三原子分子であるのになぜこのような構造の違いがでてくるのであろうか．これは物理化学の領域の話であるが，酸素は電子を内殻1s軌道に2個，その外側の2s軌道に2個，2p軌道に4個持っている．電子の軌道配置に関するフントの規則により，電子は同じ方向のスピンを持って別の軌道に入ろうとする．このため，2p軌道では$2p_x$に2個，$2p_y$, $2p_z$にそれぞれ1個の電子が配置される．酸素が安定するには$2p_y$軌道と$2p_z$軌道に外から一つずつ電子がこなくてはいけないので，ここで水素が共有結合で結合する．ところで$2p_y$軌道と$2p_z$軌道の電子分布は直交しているので，共有結合は90度の角度をなすことになる．もう少し良い近似では，2s軌道は三つの2p軌道と合わさって混成軌道$2sp^3_1$, $2sp^3_2$, $2sp^3_3$, $2sp^3_4$の四つの軌道を作る．この軌道の分布では正4面体の中心に酸素が位置し，それから各頂点に向かって電子分布が広がる．この場合，電子分布の角度は109度となり，酸素と二つの水素を結ぶ共有結合の実際の角度約105度とほぼ等しくなる．共有結合の電子は両方の原子核から引っ張られ分布が狭くなる一方，共有結合でない電子の分布は広がっているため，共有結合の角度は109度から少し小さくなり105度となっている．同じ三原子分子である二酸化炭素の場合には，炭素と酸素は**二重結合**となっており直線状となる．このように中心にくる原子の殻の充足状態によって分子の形が異なる．水分子は，水分子の共有結合に角度があることと，酸素が電子を引きつける力が強い（電気陰性度が高い）ことから，電気的な極性を持つ．このため水の分子の間で電気的引力が働く．さらに酸素の高い電気陰性度は他の水分子の水素を引きつけるため新たな結合を作る．これは**水素結合**と呼ばれ，共有結合やイオン結合よりは弱いがこれにより液体の水分子はいくつかの分子が集まってクラスタ状態になっていると言われている．比熱が大きいなどの水の特性はこの水素結合のためである．

1.3 地球上の水の量と循環

1.3.1 水の量

　地球の特徴は，水が固相，液相そして気相の三相で存在していることである．さらに地球表面の3割は陸地で7割は海であり，海あるいは陸が地表全部を覆ってはいない．海はその大きな熱容量により容易には温度は変化しないが，陸面の温度は大きく変化する．また北半球と南半球では海陸分布が大きく異なる，というように，陸と海とが非一様な大きなコントラストをなしていることが，地球上の水循環そして気候システムを大きく特徴づけている（2.2.1小節参照）．

　地球には水が豊富にある．表層には海があり多量の水がある．地球の水の量というと普通は表層の水の量を言う．地殻内部の水の量については，岩石が含みうる水の量は表層の水の量よりもはるかに多いとされているが，実際の量は不明である．図1.2は地球表層の水の量とその移動量を示している．当然のことながら海での存在量が全体の97%と圧倒的に大きい．その体積は約 $1.35 \times 10^9 \, \text{km}^3$ であり，一辺がほぼ 1,000 km の立方体の体積に相当する．海の水の量は海の深さが

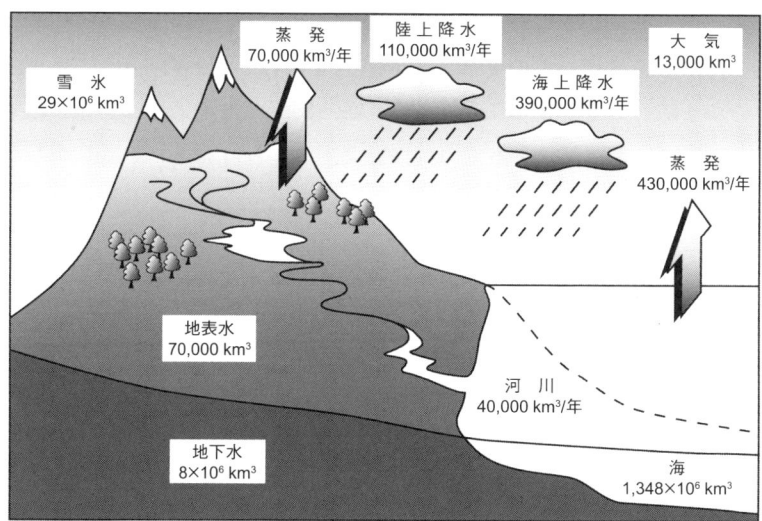

図 1.2　地球表層の水の存在量と移動量．（Herschy and Fairbridge, 1998）

全球的に測られておりその値から計算される．このためこの値はかなり信用できるものである．海に次いで**雪氷圏**が大きな割合を占め，$29 \times 10^6 \mathrm{~km}^3$である．雪氷圏の中でも南極の氷の占める割合がもっとも大きく，ついでグリーンランドの氷となっている．雪氷圏の氷の量は不確定性が大きい．南極やグリーンランドの大陸氷の厚さは数 km あり，アイスレーダーなどで測られるが，観測域が未だ少ない．アイスレーダーは電波を下方に放射するレーダーの一種であり，液体の水を含まない氷は電波をよく通す．レーダー波は岩盤で強く反射されるため，氷上から岩盤までの距離がわかる．北極海の氷は面積的には大きいが海氷であり，あまり厚くないため量的には小さい．山岳氷河の量は，面積は衛星画像によりかなり正確に把握できるが，深さは現地観測しかなく不確定性がある．内陸水は湖などの水である．地中水は地下水位などにより推定されるが，その不確定性は非常に大きい．大気中の水はその大部分が水蒸気であり，量としては $13 \times 10^3 \mathrm{~km}^3$ である．これらの量は数字としては覚えにくいが，厚さで考えると若干わかりやすくなる．海の平均の深さは約 4 km であり，陸地も入れて全球平均すると約 3 km となる．雪氷圏の水の量は約 70 m となり，南極の氷がすべて融けると海面が数十メートル上昇すると推定されていることと対応する．

1.3.2　大気中の水の量

大気中の水蒸気量は，そのすべてを凝結させるとすると約 3 cm になる．この量はどのようにして見積もられるであろうか．実際の水蒸気量は世界各地で行われている高層ゾンデ観測による気温，湿度データから計算される．しかし，ここでは少し理論的に概算してみよう．

大気が含むことのできる水蒸気の最大量（分圧）は**飽和水蒸気圧**と呼ばれる．雲の形成過程などでは，わずかな過飽和状態もあるがそれは無視する．飽和水蒸気圧 e_s は温度 T のみの関数であり，熱力学のギブスの自由エネルギー最小の法則を二相が共存する状態に適用することにより導かれ，

$$\frac{de_s}{dT} = \frac{L}{T(\alpha_v - \alpha_l)} \tag{1.1}$$

と表される．ここで α_v, α_l は気相，液相での比容（単位質量あたりの体積），L は蒸発熱である．この式はクラウジウス・クラペイロン則として知られる．上の

式で気体の比容は液体の比容よりかなり大きいこと（水では20℃で約1,300倍）から，a_lを無視し，また水蒸気の気体定数をR_wとして水蒸気に関する状態方程式

$$e_s \alpha_v = R_w T \tag{1.2}$$

を用いれば，

$$e_s = C \exp\left(-\frac{L}{R_w T}\right) \tag{1.3}$$

となる．ここで，Cは定数である．300 K 付近で考えることとして，$T = T_0 + \delta T = 300\text{ K} + \delta T$ として展開すると，

$$e_s = e_s(T_0) \exp\left(\frac{L\delta T}{R_w T_0^2}\right) \tag{1.4}$$

となる．これに具体的値 $L = 2500$ kJ/kg，$R_w = 461$ J/K·kg を入れることにより，

$$e_s(\text{hPa}) = e_s(\text{hPa at 300 K}) \exp(0.06\delta T(\text{K})) \tag{1.5}$$

となり，10℃の温度上昇で飽和水蒸気圧はほぼ2倍となる．実際の飽和水蒸気圧は0℃，10℃，20℃，30℃でそれぞれ，6.1 hPa，12.3 hPa，23.4 hPa，42.5 hPa となっており，10℃でほぼ2倍となっている．高度による**気温減率**を 6.5 K/km とすると，上式は，

$$e_s(\text{hPa}) = e_s(\text{hPa at 300 K}) \exp(-0.4\delta z(\text{km})) \tag{1.6}$$

となり，飽和水蒸気圧が 1/e となるのは高度約 2.5 km となる．地上気温を 10℃ とし，また大気は水で飽和しているとすると，地表での飽和水蒸気圧 12.3 hPa から底面 1 m^2，2.5 km の大気柱の水蒸気量は 25 kg となり，2.5 cm の厚さの水の量となる．

1.3.3 雲や降水の量

　大気中には水蒸気以外にも雲や降水（雨として降る降雨や，雪として降る降雪）がある．これらの水の量は水蒸気に比べると無視できる．まず降水について考えてみよう．1時間あたりの降水の強さは 1 mm（1 mm/hour）以下から強い場合には 100 mm（100 mm/hour）以上まで非常に幅が広いが，ここでは 5 mm/hour としてみよう．雨滴の落下速度は大きな雨滴では地表で 10 m/s 弱であるので，中間として 5 m/s とし，さらに降水の生じる平均的な高さを 5 km とすると，単位面

積の大気柱の中の降水の量は約 1.5 mm となる．さらに降水域の面積比率は 5%程度であることを考慮すると，全地球上での降水の水量は 7.5×10^{-2} mm となり，水蒸気量の 3 cm に較べれば非常に小さい．

次に雲について見よう．雲もまたその水分量には大きな幅があるが，その雲水量を 1 g/m^3 とし，雲の厚さを 1 km とすると，その厚さは 1 mm となる．雲の広がりを全球表面の 50%とすると，全球平均では雲水量としての厚さは 0.5 mm となる．

1.3.4 循環量

水のそれぞれの存在量はいわばストックであるが，その一方でフローがある．フローとしては蒸発，降水，河川流出などがある．海からの蒸発は全球平均で年間約 1 m である．地球表層の水の量は，大気上端から宇宙への流出，火山などによる地中から大気への流入，またプレート運動による地殻への移動などはあるが，実際上はほとんど一定としてよい．このため蒸発量は降水量と一致する．日本での年間降水量は約 1.5 m であるので，世界的に見ると日本の降水量は多いと言える．蒸発のエネルギー源は太陽エネルギーであることから年間の蒸発量には上限がある．太陽からのエネルギーがすべて蒸発に使われたとしよう．太陽に正対した単位面積が単位時間に受ける太陽エネルギーは太陽定数と呼ばれており約 1.4 kW/m^2 であり，1 m^2 に 1 kW 程度の電熱器がある大きさである．この量はひなたぼっこを想像すると感覚的に納得できよう．全球平均の太陽エネルギーの入射量は地球の夜の部分があり，また高緯度域では斜め入射となるので小さくなる．半径 r の球の表面積は $4\pi r^2$ であり，太陽が照らす面積は πr^2 であるから，全球平均では 1/4 となる．太陽エネルギーがすべて蒸発に使われたとすると，蒸発速度は 1.4×10^{-4} kg/m^2·s となり，これは年間 4.4 m になる．実際は雲などによる太陽エネルギーの反射（約 30%），太陽エネルギーが大気に入るまでの吸収（約 30%）があること，雲や大気から下向きに射出される赤外線を含めても地表面から放射で出て行く正味のエネルギー（約 20%）があること，その他，直接熱として地面から出て行く分（約 5%）があり（図 1.3），そのために実際に蒸発する量は最大量の約 20%で，年間約 1 m となる．

実際の蒸発量の測定は難しい．現代の精密測定では渦相関法が使われる．この

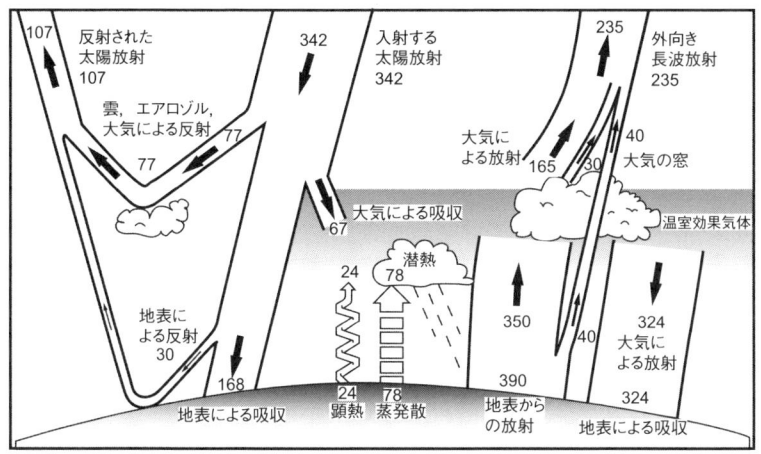

図 1.3 地球表層のエネルギー収支．単位は W/m^2．（IPCC, 2007; Kiehl and Trenberth, 1997）

方法では水蒸気量（混合比）と鉛直方向の空気の流れを高い時間分解能で測定し，その相関から鉛直方向の水蒸気の**フラックス**（単位時間，単位面積あたりに，その面を通過する物質やエネルギーの量：正確にはフラックス密度）を求める．この方法は測器が複雑かつ高価であるため一般的な定常観測には向かない．そのため定常観測ではバルク法と呼ばれる方法が用いられる．バルク法ではフラックスは地表面における水蒸気量と地表付近の大気の水蒸気量の差，および地表付近の風として通常地面から 10 m の高さの風の強さに比例させる．水蒸気量の差に比例させるのは拡散の考え方であり，また風の強さに比例させるのは，風が強い時は地表面付近の乱流が強く，空気の入れ替えが激しいため，水蒸気量の差が維持されるためである．皮膚に水分をつけて息を吹きかけると水分が蒸発して冷たく感じることと同じである．実際の大気では大気が安定であれば乱流は抑えられるので，比例係数は大気安定度の関数となっている．また陸上では蒸発できる水の量の関数ともなっている．これは砂漠のように水の無いところでは，大きな水蒸気量の差と地面付近の強い風があっても蒸発量は少ないことを想像すれば納得できよう．陸上では水蒸気フラックスは数多くの観測があり，バルク法の有効性も確かめられているが，海上では観測点が少ないため，不確定性は未だ大きい．なおバルク法では熱エネルギー源が顕わには入っていない．これは一見不思議であるが，地表面での水蒸気量を決める地表面温度を維持するために熱エネルギーが使

われていると考えればよい．実際，入ってくる熱エネルギーが小さくなると蒸発および大気への直接の熱フラックスにより地表面温度が下がり，水蒸気フラックスが小さくなって入ってくる熱エネルギーにバランスするようになる．

海上の全球的な水蒸気フラックスの観測ではバルク法のもとで衛星データが使われる．地表面付近の風は海上ではマイクロ波散乱計によりかなり精度良く測定される．マイクロ波散乱計はマイクロ波電波を海面に斜めに放射すると，海表面で散乱して散乱計に返ってくる電波の強度が海上風による海面の波立ち状態に依存することを用いている．海面での水蒸気量は海面直上では衛星で測られる海表面温度における飽和水蒸気圧から求める．大気側の水蒸気量は，マイクロ波放射計によって鉛直積分した水蒸気量から推定することが一般的である．

蒸発量は世界的には亜熱帯海上からの割合が大きい．この領域は大気の下降域に当たっており大気が比較的乾燥しており，また雲が無いため太陽の海表面への日射量が大きいためである．また海表面での飽和水蒸気圧は海表面温度が高いと急激に増加するため，熱帯亜熱帯域では水蒸気フラックス（蒸発による潜熱フラックス）は顕熱フラックス（相変化を伴わない熱フラックス）よりも数十倍大きい．これはこの領域の海面では入射する太陽エネルギーのほとんどが蒸発に使われていることを示す．陸上では地表の水分量が必ずしも十分では無いため海上に比べて蒸発量が小さい．また，蒸発量は冬季の日本周辺や米国の東海上でも多いが，これは黒潮やメキシコ湾流による暖かい海面の上をユーラシアや北米の大陸から乾燥した冷たい空気が流れてきて，大量の水を海面から蒸発させるためである．これは冬季日本海の筋雲として，天気予報の気象衛星画像でもおなじみの現象である．

海上では降水量と蒸発量の比率は約90%となっている（図1.2）．つまり海上では蒸発した水のほとんどは海上で降っているが，少し陸上にも運ばれている．陸上では降水量と蒸発量との比は160%であり，降水量が蒸発量を上回っている．しかし陸上の蒸発量も無視できないほど大きいことには注意すべきである．日本では雨があればその源である水蒸気は海から来たものであり，また陸上に降った雨は多くの部分が川を通って海に注ぐ，と考えることが普通であるが，これは世界的には正しくない．陸上で降った雨のかなりの部分は陸上で蒸発し，残りが大河川として海に注いでいる．海上の蒸発量と陸上の蒸発量を比較すると海上の蒸発量の方が6倍以上多い．海の面積が広いことを考慮し単位面積あたりに

しても海上の方が2.5倍以上多い．これは陸上では水が少なければ蒸発量も少なくなることや，表面での太陽光の反射が大きく吸収量が少ないことなどに依拠している．降水量については総量で海上の方が3.5倍程度多く，単位面積あたりにしても海上の方が陸上よりも1.5倍程度大きい．

水の量と移動との関係，つまりストックとフローの関係はストックをフローで除した**滞留時間**という指標で表されることがある．海水の深さは海域のみでは約4 km であり，フローである蒸発速度は1 m/年であるから，海水の滞留時間は4,000年ということになる．一方大気中の水蒸気の量は先述のように3 cm であるから，その滞留時間は約10日ということになる．内陸水についてはフローとして蒸発・降水とともに河川流入・流出，地下水などがあり個々に異なる．なおこの滞留時間は一つの指標であり，実際の水がこの時間で循環していると考えることは早計である．海では深層水の循環の時間スケールは数千年と言われているが，表面近くの水の循環速度ははるかに速い．

1.4　大気の温度構造と対流

地球大気の温度は水の凝結温度に近いことから，大気中の水の量は気温に大きく左右されている．地球は宇宙から見れば255 K 程度の温度を持つ．これは入ってくる太陽エネルギーの30%を反射し，残りをいったん吸収した後に暗い宇宙へ再放射するバランスから決まっている．しかしながら大気中では気温は一様ではなく温度構造を持つ．温室効果として知られているように，地表付近の気温は290 K 程度と暖かくなっている．これは，地表付近が可視域を中心とした短波長の太陽放射とともに大気から赤外域の熱放射も受けるためと言える．この温室効果からも想像できるように，大気は温度構造を持つ．実際の大気は，太陽光の透過，また地球から熱（赤外）放射する分もあり，また日射の吸収もあり，複雑である．鉛直一次元で大気の成分を与え，その可視域と赤外域の放射吸収特性から大気の放射のみによる気温を求めると，成層圏の気温構造は再現されるが，対流圏の気温構造には非常に大きな気温減率（17 K/km）が現れる．現実の大気では対流が起こり，このような大きな気温減率は生じない．乾燥大気では上空に行くと気圧の低下によって断熱膨張が起こり，温度が下がる．乾燥大気の場合の気温

減率は約 9 K/km となるが，水蒸気が含まれている時には，空気塊が上昇すると
その気温が下がるため，水蒸気が凝結して潜熱を放出するため気温減率が緩和さ
れ，約 6.5 K/km となる．空気塊が上昇した時，その空気塊の気温が周りの気温
より高くなると，ますます浮力を得て上昇することになり，対流が生じる．放射
のみの平衡では大気が鉛直一次元的に不安定となるので，地球大気の条件では必
ず上下に対流が発生することがわかる．

以上は鉛直一次元での議論であるが，地球大気では鉛直方向に十分混合しても
赤道と極との間で温度差が生じる．太陽からの入射エネルギーは赤道域で大きい
が，地球から宇宙に放射されるエネルギーはよりまんべんなく放射している．こ
のため低緯度域では入射エネルギーが多く，高緯度域では逆に放射エネルギーが
多くなっているように，両者は異なっている．この差は大気と海洋による低緯度
域から高緯度域への熱エネルギーの移動によって補償され，大気については低緯
度域の暖かい空気が高緯度域に移動しており，暖かい空気は上昇している．この
ように大きな水平循環を伴う対流も存在する．

対流による上昇流の中では，気圧が下がり空気が膨張するため気温が下がるこ
とから，大気は水蒸気を含むことができなくなり，凝結させて雲を作る．雲粒が
大気とともに動いている場合は水蒸気と液体の水の移動は大気の移動と同じとな
るが，雲は大気中の雲粒核を中心にして成長し雨粒を形成する．雨粒は落下する
ので，もとの大気から抜け出すことになる．このため，上昇する大気は水蒸気と
水を失う．地球上には表面の 70% を占める海があるにもかかわらず，大気は水
蒸気では飽和しないが，これはこのような自然の除湿作用があるためである．こ
のように，上昇気流のある場では相対湿度は高く湿潤となる一方，下降気流にお
ける空気は水分を失っているので一般に乾燥する．

1.5 降　水

1.5.1 世界の降水分布

降水は大気から地表面への一方的なフラックスといえる．降水は地球上で様々
な形態を持っており，凝結による雲形成時に潜熱放出（水蒸気が凝結する際に放

出される熱エネルギー）を行うことにより大気を加熱し，**大気大循環**の駆動源になるなど，気候システムに大きな影響を持っているばかりでなく，淡水供給源として人間活動や生態系にも大きな影響を持っている．降水の測定は陸上では原理的にはバケツに雨を溜めるタイプの雨量計が広く使用されている．しかしながら降水は大きな時空間変動を持ち，また海上や僻地，熱帯雨林地帯，山岳域などでは雨量計網が全く不十分であり，正確な広域の降水量を得ることは簡単ではない．

近年，衛星による全球レベルの降水分布データが得られるようになってきた．衛星は全球を観測できる一方，リモートセンシング観測であるため降水量はあくまで推定値にとどまるが，地上データによる検証などによりその信頼性は向上している．特にわが国が米国との共同で1997年に打ち上げ，2011年現在も運用されている**熱帯降雨観測衛星**（Tropical Rainfall Measuring Mission：TRMM）上ではわが国が世界に先駆けて開発した衛星搭載用降雨レーダーが稼働しており，このデータによる精度向上が著しい．

口絵1は極域を除いた世界の降水分布である．まず気がつくことは，南北半球の差である．北半球では降水分布が大陸と海洋の分布に対応して南北方向だけでなく経度方向にも大きく変動している．それに対して，南半球では海が広がっているため南北方向の差は顕著であるが，経度方向には北半球ほどには変動していない．次に気がつくことは太平洋，大西洋の赤道域に東西に大きく広がる降水帯があることである．これは**熱帯収束帯**（Inter-Tropical Convergence Zone：ITCZ）と呼ばれており，暖かい海水の上に広がる降水域である．特に熱帯西太平洋からインドネシアにかけての領域は世界的に降水の多い領域である．降水は水蒸気の凝結の結果であり，潜熱放出による大気加熱により，この領域は大気大循環の駆動域の一つとなっている．また，インドネシアから東南東に広がる降水帯があり，これはSouth Pacific Convergence Zone（SPCZ）と呼ばれている．ITCZはアフリカや中米でも見られるが赤道域に位置し，海上とはその南北の位置が若干異なっている．特に太平洋ではITCZは赤道直上ではなく北に偏っている．これは赤道直上では海表面温度が低いことに起因している．赤道付近の対流圏の下層では東から西向きの貿易風が吹いており，これにより海の表面で海水が西へ引っ張られ，東側の水温の低い海水が（南北方向よりも東西方向で）流れ込むと同時に，貿易風による南北方向の海水の流れは赤道から離れるようなコリオリ力（地球の

自転に伴う力）を受け，下層のより冷たい海水が上昇するエクマン（Ekman）湧昇と呼ばれる現象による．

中緯度から高緯度域では北太平洋，北大西洋において西南西から東北東に延びる降水帯があるが，これは**ストームトラック**（storm track）と呼ばれる冬季の強い低気圧に起因している．経度方向に平均し緯度別の降水分布にすると熱帯域に一つのピークがあり，また中緯度にもう一つのピークが現れる．北半球側の中緯度の降水帯は南半球側よりも広がるが，これは前に記した海陸コントラストに起因している．また高緯度では降水量が年間 200 mm 以下となり，砂漠に近い状態となっている．極地では降雪量が多いように想像するかもしれないが実際の降水量は非常に少ない．また全球の降水分布の季節変化も大きい．世界的には降水量は夏半球側で多く，特にインドから東南アジアではアジアモンスーンによる顕著な降雨がある．モンスーンは大陸と海洋との大規模なコントラストに起因している（第 2 章参照）．ITCZ も夏に多くの降雨をもたらす．日本では，夏季は**梅雨**や**秋霖**また**台風**もあり降水量が多いが，冬季は日本海側では雪があるが太平洋側は乾燥する．

口絵 1 を見ると降水の分布は滑らかに思えるが，実際の降水分布は非常に異なる．口絵 2 は 2008 年 5 月 3 日の世界時 0 時から 1 時までの時間あたりの降雨量分布である．雨域が局地的であり，平均の降水分布からかけ離れていることがわかる．個々の雨域は低気圧に伴う前線，熱帯域の**スコール**などさまざまな要因で形成されている．

1.5.2 熱帯の雨，温帯の雨

降水の形態は温帯（中・高緯度帯）と熱帯では大きく異なる．中緯度では低気圧に伴う降水が多いが，低気圧は地球が回転している条件のもとで南北の気温傾度を解消しようとする大きな乱れであり，東西の代表的なスケールは数千 km である．その一方，熱帯域は孤立積雲からの降水が多くを占め，またそれらが集まった**スーパークラスタ**と呼ばれる**降水システム**がある．さらにインド洋から西太平洋にかけて赤道域を東に進むマデン・ジュリアン振動（Madden-Julian Oscillation）など，赤道域特有の大きな現象がある．そして，熱帯域には台風も存在する．これらは静止気象衛星から見た地球上の雲の画像（口絵 2）を見てもわか

る．熱帯域では沢山の大きな丸い雲の塊がある一方，中・高緯度帯では低気圧により東西に長く南北にうねっている雲が多い．

熱帯と中緯度帯では，降水システムの基本的な駆動源が異なっており，このような降水システムの差異は空間構造だけでなく，その時間スケールにも現れる．中緯度では低気圧またそれに伴う前線による降水が半日にもわたって継続するが，熱帯の降水はせいぜい数時間で終了する．中緯度の降水の源の水蒸気は低気圧に伴って遠くから運ばれており，低気圧がその構造を維持している限りその補給は続く．その一方，熱帯の個々の降水システムは，自ら集めた水蒸気の凝結に伴う潜熱放出が駆動源であり，その水蒸気は自らが集めてこなくてはならないが，遠くから集めてくるには，時間がかかり，その間に地球回転の影響が現れてくるため，あまり遠くからは集めてくることができない．その例外が台風である．台風は，発生場所によりハリケーンまたはサイクロンと呼ばれるが，いずれもカリブ海や西太平洋域など海表面温度が26℃以上の暖かい海上で年間80個程度発生する．台風は強大な降水システムを持ち，この降水により放出される潜熱をエネルギー源としている．台風は熱帯域の現象ではあるが，その発生・維持には台風中心へ向かう大気下層での効率的な水蒸気輸送が必要であり，このためには地球回転が必要である．そのため台風は赤道を中心に±5度の緯度帯ではほとんど発生しない．

1.5.3 陸上の雨と海上の雨

陸上の雨と海上の雨ではその性質が異なる．一般的に陸上の雨の方がいったん降り出すと強い雨となる傾向がある．海上では水蒸気が豊富であり，降水量そのものは確かに海上の方が多いが，強い降水のみを取り出すと，それは陸上で多くなる．強い降水になるには，強い上昇流によって多量の水蒸気凝結を起こすような降水システムに成長する必要がある．このためには，下層が暖かく水蒸気を多量に含んでいると同時に，周りの大気がそれに比べて冷たく乾燥している必要がある．海上では周りの大気も湿っているため不安定度は比較的小さいが，陸上では周りの大気は乾燥していることが多いため，大きな不安定度が現れる割合が多くなる．降水システムの高さの分布をとってみても，陸上では明らかに降水システムの頂きが高いことがわかっている．このことは雷の頻度でも現れており，雷

は陸上で多く，海上でははるかに少なくなる．

　陸上の降水は地形の影響を大きく受ける．湿潤な空気が山に当たるとそこで多量の降水が生じることは日本でもよく起こる．口絵1を見てもわかるように，インド北部では多量の降水があるが，ヒマラヤ山脈の存在によって多雨域が明瞭に区切られていることが見て取れる．デカン高原の西側やミャンマーの西側，またカナダの西側で降水が多いのも山脈の影響である．また熱帯のスコールに象徴されるように，陸上では日周変化も大きい．口絵3は衛星観測で得られた熱帯と亜熱帯域の降水のピークとなる地方時を示す（Adler et al., 2003）．陸上では一般に午後から夜にかけての雨が多く，陸に近い海上や大きな山脈に接した地域では明け方の雨が多いことがわかる．またインドネシアの島上やその周辺など，**海洋大陸**と呼ばれる地域では色が濃く，色のグラデーションが大きい．これは降水がピークとなる地方時が，場所により少しずつずれていることを示している．

1.5.4　中・高緯度の低気圧

　低気圧の構造は必ずしも簡単なものではない．**低気圧擾乱**は地球大気が大きく見て水平には一様，鉛直方向には安定成層を成していることと，地球が回転していることに起因して生じる．天気の移り変わりを振り返ってみればわかるように，中・高緯度の天気は数日で変化する．その一方，地球回転は1日で1回転であるので，大ざっぱに言って，数日以上の時間スケールを持つ大気現象は地球回転の影響を受けると言って良い．この低気圧は**傾圧不安定**として知られている．この**不安定擾乱**は対流圏中層の風で流されながら増幅する．また特徴的なこととして，発達中の低気圧の中心位置は，対流圏の上層では下層よりも西にずれる．この状態で低気圧とともに動いている座標で見ると，北半球の場合，低気圧の軸の東側では，中層では南風が入ることにより大気は浮力を得て上昇しようとする．このために下層に**低気圧性循環**，上層に**高気圧性循環**を作り出そうとする．また中緯度域では対流圏の上層ほど西風が強いため，低気圧の上層では西からの**低気圧性渦**の移流，下層では相対的に東からの低気圧性渦の移流があるが，それらはその場の気圧場とバランスできなくなり，発散しようとする．これにより中層では渦管の伸張が起こり，中層の低気圧性渦が強化される．このように低気圧の軸が西にずれることは低気圧の発達のために必要である．しかしあまり大きく

西に傾くと，中層の低気圧の軸の東側での上昇流が強くなり，南北の密度勾配以上に空気が上昇して浮力が働かなくなり，低気圧は発達できなくなる．

このように，低気圧の発達には南からの暖かい風の移流と上昇が必要である．低気圧擾乱は，低緯度側の暖かい空気と高緯度側の冷たい空気との間の温度コントラストを解消するように働いている．このような低気圧擾乱により，十分な水蒸気のあるところでは雲・降水活動が生じる．雲・降水活動による潜熱放出は低気圧自体の構造を変化させ，場合によっては低気圧をさらに大きく発達させる．

1.5.5　地球温暖化と降水

これまでに得られた気象データによると，過去100年で0.6～0.8℃の気温上昇を示している．**地球温暖化**は，二酸化炭素やメタンなど人為起源の物質の温室効果を考えないと説明できないとされている．近年の気温は気象観測データから求められているが，過去1,000年にわたっても，樹木年輪や珊瑚コアなどから気温変化が推定されている．その中でも近年の気温上昇は目立っている．1℃程度の気温変化は過去45億年の地球の歴史の中では，決して大きいものではないが，その急激な変化が問題である．地球温暖化が生態系や社会，そして地球システム自身に与える影響は未知数であり，今後の正確な予測が必要である．

降水量も，地球温暖化によって変化すると考えられている．地球温暖化による降水分布の変化は直接的に人間社会や生態系に影響を及ぼす．わが国においても，春の河川水は田植えにとって重要である．その水の多くは山に降った雨あるいは雪によっている．山の雪はいわば自然のダムであり，雪解け水は水資源として重要な要素となっている．また，将来，梅雨がどうなるのか，台風は増えるのか減るのか，強くなるのかどうかなど，国土の狭いわが国は降水分布の変化に将来大きな影響を受ける恐れがある．IPCC報告では，20世紀に入ってから世界の降水量は数％の増加を示しているとしているが（IPCC, 2007），降水は気温に比べて時間的・空間的変動が激しいため十分な精度の気候値を得ることが困難である．またIPCCの結果はデータのある陸上に限定されることに注意する必要がある．地球温暖化のモデル結果はおしなべて降水量の増加を示している．これは，気温上昇によって飽和水蒸気圧も増加することに起因している．実際，0.8℃の気温上昇は5％程度の飽和水蒸気圧の上昇に対応し，この値は過去100年間の降

水量の増加とオーダー的に合致している．しかしながら，モデルの不確定性は大きく結論は未だ出ていない．ここ数十年では熱帯域の降水は増加しているが全球ではほとんど変化していない，というモデルと矛盾する観測結果も報告されている（Gu et al., 2007）．また雨の降り方についても，今後は強い雨が多くなるというモデル予測結果が多いが，観測データからの検証は未だ十分にはなされていない．今後の研究が待たれるところである．

参考文献

Adler, R. F., G. J. Huffman, et al.（2003）: The version-2 Global Precipitation Climatology Project (GPCP) monthly precipitation analysis (1979-present). J. Hydrometeor., 4, 1147-1167.

Emsley, J.（2003）：『元素の百科事典』，山崎　昶訳，丸善，706pp.

Gu, G., R. F. Adler, G. Huffman, and S. Curtis（2007）: Tropical rainfall variability on interannual-interdecadal/longer-timescales derived from the GPCP monthly product. J. Climate, 20, 4033-4046.

Herschy, R. W., and R. W. Fairbridge, ed.（1998）: *Encyclopedia of hydrology and water resources*, Springer, 803pp.

IPCC（2007）: *Climate Change 2007 : The Physical Science Basis*. Contribution of Working Group I to the Fourth Assessment Report of the Intergovernmental Panel on Climate Change ［Solomon, S., D. Qin, et al.（eds.）］．Cambridge University Press, Cambridge, United Kingdom and New York, NY, USA, 996pp.

Kiehl, J., and K. Trenberth（1997）: Earth's annual global mean energy budget. Bull. Amer. Meteor. Soc., 78, 197-206.

宇宙航空研究開発機構（2008）：『宇宙から見た雨2』，109pp.

（中村健治）

第 2 章
水循環システムとしてのアジアモンスーンとその変動

2.1 はじめに

　ユーラシア大陸の南・東部に広がる東アジア・東南アジア・南アジアはモンスーンアジアと呼ばれ，夏には湿った南寄りの季節風と雨季に，冬には大陸からの乾いた季節風と乾季に特徴づけられる（**アジアモンスーン気候**）．これらの地域には，モンスーン気候に適した水田稲作農業と豊かな自然の恵みにより，地球人口の約53％にあたる33億人が暮らしている．雨に恵まれるということは，同時に降水の年々変動や季節内の変動による洪水，集中豪雨あるいは干ばつによる災害にもしばしば見舞われ，多くの被害を出している地域であることを意味する．
　近年，モンスーンアジアにおけるこれらの水災害が頻発あるいは増加する傾向が指摘されているが，このような傾向が，気候の自然変動に伴うものか，二酸化炭素などの温室効果ガスの増加に伴う**地球温暖化**に関連した気候変動によるのか，あるいは，急成長するアジアの経済に伴うエアロゾル増加や人口の都市への集中や土地利用の急激な改変などに関連した人為的な効果によるのか，あるいはこれらすべての作用によるものかについては，大きな科学的課題となっている．モンスーンアジアでは，温室効果ガスの増加が全球的に気温を上昇させる地球温暖化そのものよりも，モンスーンに伴う降水現象や水循環にどのように影響するか，ということの方が，人間活動への影響の大きさを考えた場合には重要かつ緊急な課題である．
　本章では，アジアモンスーンのしくみを概説する．さらに，地球温暖化やアジアでの人間活動がアジアモンスーンの変化にどう影響しうるか，あるいはしつつあるかを，気候モデルによる予測や過去数十年のアジアモンスーンに伴う降水量

の長期的な変化傾向などにもとづき，考察する．

2.2 アジアモンスーンとは

2.2.1 海陸分布の役割

　地球気候の地域的な分布と季節変化は，太陽放射と地球（赤外）放射による放射収支の南北分布とその季節的な変化により引き起こされている．しかし，現実の地球には**海陸分布**があり，これも気候とその変化に重要な役割を果たしている．北半球にはユーラシア大陸と北米大陸があり，その間には北太平洋と北大西洋があり，東西方向に大陸と海洋が交互に位置している．中緯度（45°N）付近で見ると，ユーラシア大陸と北太平洋がそれぞれ経度にして120°を占め，北米大陸と北大西洋がそれぞれ60°を占めている．大陸は赤道付近から極域にまでまたがり，海洋をどの緯度帯においても東西に分断したかたちになっている．一方南半球は，低緯度はアフリカ，オーストラリア，南米の三大陸で海洋が分断されているが，50〜70°Sにはほとんど陸地がなく，南極大陸を囲むように（周）南極海が存在している．このような南北両半球の海陸分布は，緯度による南北分布に加え，現実の気候分布に大きな役割を果たしているはずである．

　それでは，海陸分布はどのように地球の気候に影響を与えているのだろうか．まず考えるべきことは，海と陸（大陸）が持っている熱的特性の違いであろう．陸は岩石を母体として，それが風化や生物活動で形成された土壌および植生に覆われているが，その比熱は乾いた陸地表面は水に比べて半分程度であり，同じ熱量が加えられた場合の温度変化は水に比べて2倍程度となる．さらに重要な特性は，入射する太陽エネルギーの日周変化や季節変化を考慮した陸地表面と海洋表面の**実効熱容量**である．実効熱容量は，固体の陸地表面よりも，海洋表面のほうが，以下の過程を通してはるかに大きい（Webster, 1987）．

　1）海洋表層は，その混濁度に依存して太陽エネルギーを透過させるため，ある程度の深さまでエネルギーを吸収できる．一方，陸地は，ふつう数μm程度の表面でしか太陽エネルギーを吸収できない．

　2）陸地表面での熱移動は分子拡散でしか行われないため，土壌下層への熱輸

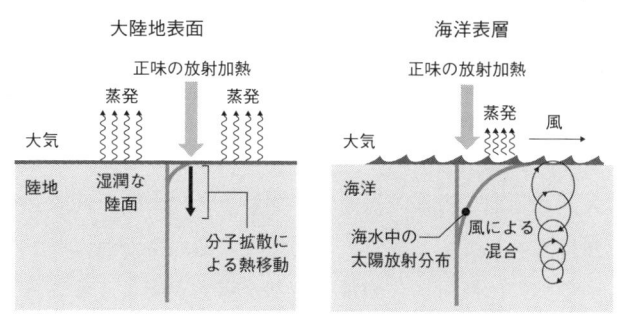

図 2.1 陸地（左）と海洋（右）の表層における放射，熱，水蒸気および風ストレス（運動量）交換と表層プロセス．(Webster, 1987)

送は効率が悪く，気温の年変化でもせいぜい数十 cm から 1 m 程度までしか伝わらない．一方，海洋表層での熱輸送は，主として分子拡散に比較して非常に効率が高い**乱流混合**（表面の風応力や不安定な温度成層による掻きまわし）によってなされる鉛直混合により，表層に 50〜100 m 程度の厚い等温層（**海洋混合層**）を形成する．この混合層により，海洋表層は実効熱容量が陸地表層に比べてはるかに大きくなる．

陸地や海洋の表面と大気の間の熱交換の季節的な違いを示したのが，図 2.1 である．夏季の陸地（図 2.1 左図）では熱伝導が悪く，入射する太陽放射エネルギーは表面の薄い層のみの温度を上げる．そのため，地表面が乾いている場合は大気と地表面間の温度差を大きくし，大気への顕熱輸送により大気は加熱される．湿っている場合は蒸発散により大気への潜熱輸送（蒸発）が起こる．顕熱輸送による大気加熱は，**乾燥対流**により，場合によっては対流圏中層の 5000 m 程度までの大気を加熱する．地表面が湿っている場合には，潜熱輸送が卓越する．潜熱輸送は，積雲・積乱雲を伴う**湿潤対流**を通して凝結の潜熱を大気に放出し，対流圏全層の大気加熱を行うことができる．特に熱帯海洋やモンスーン季の陸地では，後述するように，この対流活動に伴う潜熱放出による大気加熱が重要となる．冬季には地表面での放射冷却によって地表面温度が低下し，下向きの顕熱輸送によって地表面付近の大気層を冷却し，（地表面付近の気温がその上の大気よりも低くなる）接地逆転層を形成する．

海洋表層（図 2.1 右図）では，夏季には海洋混合層への熱の輸送と貯留によってゆっくりとした海表面水温の上昇とそれに伴う大気への熱輸送が行われる．冬

季には表層からの冷却と，混合層下層からの熱輸送により，海表面水温はゆっくりと低下する．風が強い季節（地域）では，海洋表層での熱の乱流混合を強化し，放射による表層の加熱よりも，蒸発の強化と，冷たい海洋混合層の掻きまわしの強化によって海表面水温が低下する現象も起こりうる．

このような大気と陸地・海洋表層間でのプロセスにより，同じ強さの太陽エネルギーが地表面に入射しても，夏季には陸地の表面温度が海洋のそれよりもはるかに高くなる．冬季には反対に，陸地の冷却が海洋表層よりも大きく，陸地の方が温度は低くなる．ただし，陸地の温度は，積雪の有無，土壌水分など陸地表層の湿り具合や植生分布によって大きく影響される．また，海洋表層温度の季節的な極大（極小）は，その大きな実効熱容量のため，大気からの季節的な太陽エネルギー入射変化に対し，2ヵ月程度遅れて現れる．

2.2.2 モンスーン循環の形成

アジアモンスーンは，地球上最大のユーラシア大陸とまわりの海洋（インド洋と太平洋）の間で季節的に生じる大気の温度差が作り出す巨大な大気循環系である．図 2.2(a) の模式図のように，北半球の夏季には，大陸上の大気は海洋上の大気よりも強く暖められ，大陸上の気柱は膨張する．静水圧平衡の関係から，膨張した気柱では等圧面高度が周囲の海洋よりも高くなる．その気圧勾配により，大気上層では空気が周囲に発散する．大気の加熱が続いている限り，上層で発散した空気を補償するため，大気下層では周囲（海洋）から空気が大陸上の空気柱へ流入せねばならず，下層は周囲より気圧が低くなる．すなわち，加熱された大気柱では，大気下層が低気圧，上層が高気圧となり，下層では収束，上層では発散が維持され，気柱内では質量保存のため，上昇気流が卓越する（図 2.2(b)）．後述（2.2.3 小節）するように，地球自転の効果により，下層の低気圧のまわりには，南・東側で南西風が卓越する（図 2.2(c)）．これが夏季の南・東アジア地域のモンスーン（季節風）である．ただ，大陸と海洋の表面の直接的な加熱（冷却）だけでは，この循環系を作りだすには不十分である．海洋から大陸に向かう南西風は湿潤な気流であり，大陸周辺で収束して雲を形成し，降水をもたらすため潜熱が放出され，大気の加熱はさらに強化される．これらのプロセスにより，大陸南東部には，モンスーン気候が形成される．この潜熱による大陸付近での大

気加熱が，実はモンスーン循環系の駆動力として最も大きく寄与している．その意味でモンスーンは巨大な水循環系であり，モンスーンに伴って雨が降ると同時に，その雨がモンスーン循環系を作り出しているという理解が，非常に重要である．図 2.2(c) は，このような水循環の役割を含めて，大陸と海洋の間に形成されるモンスーン循環を模式的に示している．これらの熱帯あるいは低緯度での大気循環系の維持には，**潜熱放出**を通して，水循環が決定的な役割をしている．

海陸に伴う加熱差により，周りの海洋上は高気圧になり，下降流が卓越する．冬季には反対に，大陸上が海洋よりも強く冷却されて地表面付近は高気圧に，海洋上は低気圧になる．これらの高低気圧は，大気加熱（冷却）の水平スケールが大きいほど顕著であるため，ユーラシア大陸の加熱によるアジアモンスーンは，北米大陸よりも，はるかに強いモンスーンとして現れる．

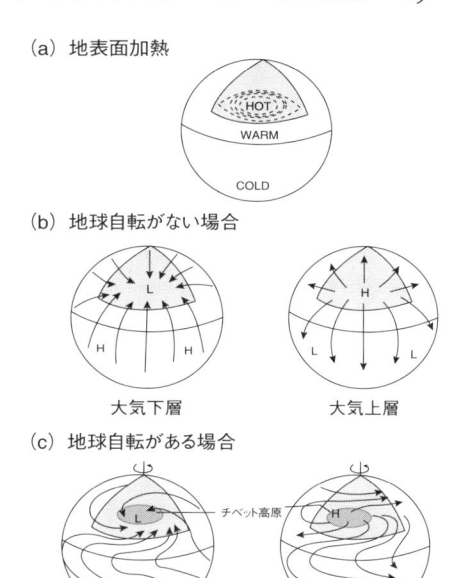

図 2.2 モンスーン循環の模式図．（Webster, 1987）

大陸に赤道側から流入する湿潤な気流による潜熱の解放が，この循環の維持と強化には重要である．さらにユーラシア大陸では，大陸東南部に位置するチベット・ヒマラヤ山塊の存在により，この循環はさらに強化される．

2.2.3　モンスーン気候と砂漠気候——東西非対称な気候の形成

前小節で述べた大陸（海洋）スケールでの加熱・冷却に伴う下層の低気圧（高気圧）と対流圏上層の高気圧（低気圧）は，亜熱帯にその中心があり，東西・南北のスケールは数千 km から一万 km と大変大きい．このような気圧分布に伴う風には，地球の自転効果に起因するコリオリ力が重要な役割を果たしている．自転する地球での大気の流れは，地表面付近の摩擦の効果がなければ，（温度分布に起因する）気圧分布（p）と**コリオリ力**のバランスによる**地衡風**で近似できる．

地衡風の東西成分（u_g）と南北成分（v_g）は，

$$u_g = -\frac{1}{\rho f}\frac{dp}{dy} \qquad v_g = \frac{1}{\rho f}\frac{dp}{dx} \tag{2.1}$$

と書ける．ただし，fは**コリオリ因子**で $f = 2\Omega\sin\phi$ であり，Ω は地球の自転の角速度，ϕ はその地点の緯度である．また ρ は大気密度である．

　この式から（南北の温度差に起因する）南北の気圧勾配が支配的な中高緯度では，等圧線に対し平行に，低圧部（北）を左に見るように偏西風が卓越することになる．夏季のユーラシアでは，前小節で述べたように，対流圏下層では，大陸側が低気圧，海洋側が高気圧となるため，南寄りの風（即ちモンスーン）が地衡風として吹くが，コリオリ因子 f が高緯度ほど大きいため，上記の地衡風の式より，同じ気圧勾配でも南風成分 v_g は，高緯度に流れるにしたがい，小さくなる（反対に，北寄りの風では低緯度に流れるにしたがい，大きくなる）．このコリオリ因子 f の緯度変化（$=\partial f/\partial y \equiv \beta$）による地衡風の変化とその流れへの力学的効果は **β（ベータ）効果**と呼ばれ，中緯度偏西風の蛇行や赤道付近の波動形成にも大きな役割を果たしている．この β 効果により，たとえば下層の低気圧東側では卓越する南風が北上と共に弱くなり，大気は収束する（図2.2(c)左）．対流圏上層のチベット高気圧の東側（西側）では，下層とはまったく反対に大気は発散（収束）する．そのため，上層高気圧の東側（西側）では上昇流（下降流）がより強化される（図2.2(c)右）．これは，スヴェードロップ・バランス（Sverdrup Balance）と呼ばれている（Wu et al., 2009）．この効果により，大陸の東側での上昇流の強化，即ち対流活動と降水の強化，モンスーンの強化を伴い，いっぽう大陸の西側では，下降流が卓越する乾燥・砂漠気候が強化される．

　このように，大気加熱・冷却の分布を伴う大気では，等圧面上でも温度（密度）の分布が存在し，**傾圧大気**と呼ばれている．赤道と亜熱帯の間の南北加熱の差による傾圧大気に伴って形成された大気循環系は**ハドレー循環**と言われているが，大陸・海洋間の季節的な加熱（冷却）の差による大規模な傾圧大気に伴って形成された大気循環系が，モンスーン（季節風）循環系なのである．

　亜熱帯高気圧は，季節平均，東西平均した南北分布では，ハドレー循環の下降流域で形成される地上付近の高気圧として理解されている．しかし実際には，夏季と冬季で大きく異なり，夏冬のモンスーンと対になった現象として，夏季には海洋上に，冬季には大陸上にその中心がある．すなわち，夏季には，海洋上のほ

うが大陸上よりも気温が低くなるため，地上付近で高気圧，上層で低気圧になっている．そして，海洋上の亜熱帯高気圧の東（西）で下降（上昇）気流が卓越することになる．このように，海陸分布は大気の加熱（冷却）分布の差と β 効果によって，亜熱帯地域において，大陸あるいは海洋の東西で対照的な気候を形成させている．

2.2.4 チベット・ヒマラヤ山塊の影響

　アジアモンスーンが北米大陸でのモンスーンに比べ，比較にならないほど強大である理由は，前小節の議論にあるように，ユーラシア大陸のスケールが関与していることに加え，**チベット・ヒマラヤ山塊**の存在が大きいことが 1970 年頃からの大気大循環モデル（GCM）を使った数値実験で指摘されてきた（Manabe and Terpsta, 1974 ; Hahn and Manabe, 1975 など）．特に，高度数千 m の高原と山脈はその上の大気を効率的に暖め（熱力学的効果），アジアモンスーンに伴う地表の低気圧を強め，インド洋からの水蒸気の流入を増やし，対流・降水活動を強化し，その潜熱放出によってさらに大気を暖めて低気圧を強化する，といった**正のフィードバック**が示されている．チベット・ヒマラヤ山塊の効果は，山岳が無い場合と現在の高度の山岳が存在する場合とで，どの程度アジアモンスーンや周辺の気候が異なるかを調べることでより定量的に評価できる．さらに，現実の地球気候の変化の中で，プレートテクトニクスなどに伴う造山運動により，アジアモンスーンが過去から現在までどう変化したかは，チベット・ヒマラヤ山塊の高さや広がりを少しずつ変え，どのように気候が変化するかを調べることにより明らかにできる．その場合，大陸と海洋の加熱差に伴うモンスーン循環をより正確に見積もるためには，大気循環によって海洋表層の水温が変化し，その水温変化がさらに大気にも影響するという**大気-海洋相互作用**も考慮することが必要である．

　筆者らは，このような大気-海洋相互作用も取り入れた気象庁・気象研究所の**大気海洋結合大循環モデル**（MRI-CGCM）を用いて，チベット・ヒマラヤ山塊が無い過去の時代（第三紀）から現在に至るチベット高原の隆起に伴い，アジアモンスーン気候を含めた地球気候がどう変化してきたかを調べた（Abe et al., 2003 ; Abe et al., 2004 ; Abe et al., 2005）．実際には，このモデルを用いてチベット高原（＋ロッキー山脈）が無い状態から，現在の高さまでいくつかの山岳の平均高度を

想定して，それぞれの山岳の高さを境界条件とした気候の平衡状態を，数値実験として調べたわけである．

口絵4は，北半球の夏季に，チベット・ヒマラヤ山塊（＋ロッキー山脈）が現在のようにある場合（上図：M）と無い場合（下図：M0）の数値実験結果の地上気圧分布である．M（上図）では，チベット高原の位置を中心に深い低気圧が現れ，同時に，北太平洋高気圧が非常に強くなり，現在の実際のモンスーン低気圧，北太平洋高気圧にほぼ対応した強さを示している．M0（下図）を見ると，ユーラシア大陸の東半部を中心に広くて浅い低圧部が広がり，北太平洋と北大西洋には弱いながらも亜熱帯高気圧が存在している．海陸分布に対応した低気圧・高気圧の分布が現れているが，現実の高・低気圧の分布よりも，はるかに弱いこ

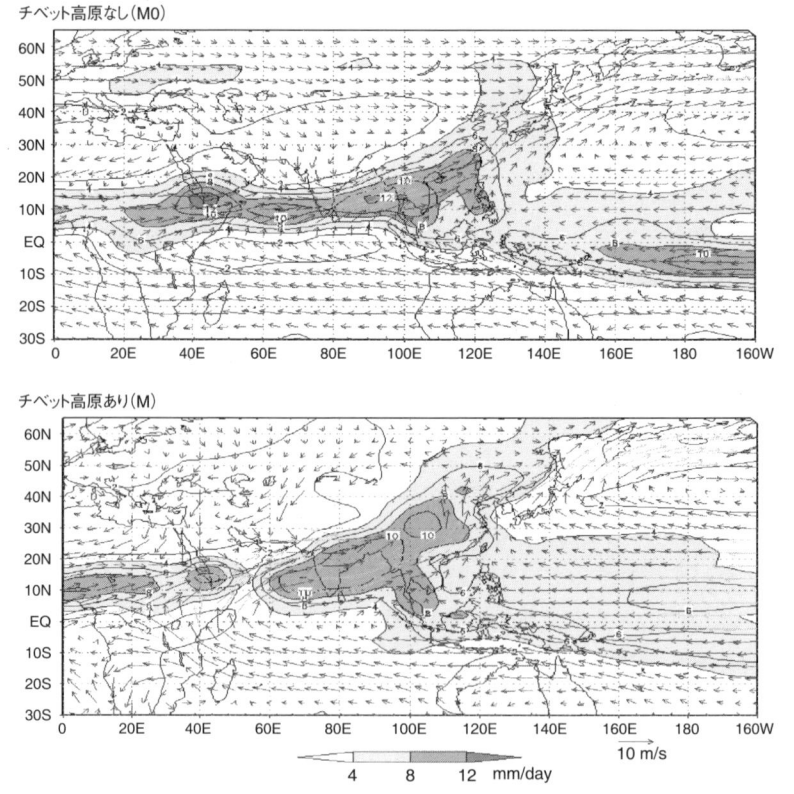

図 2.3 山岳なし（M0）と現在の山岳の状態（M）における夏季のアジア地域の降水量分布．（Abe et al., 2003）

とがわかる.

　降水量分布（図2.3）を見ると，M0では大陸の低圧部の縁に沿うように，大陸と海洋の境目沿いにのみ降水量の多い地域が分布している．一方Mでは，南アジアから東アジアにかけての内陸部まで多降水量地域が広がり，現実の降水量分布に似た分布となっている．チベット高原の存在は，特に高原の東側の東アジア地域の亜熱帯・温帯地域の降水量を増加させている．ほぼインド亜大陸を境にした東に湿潤，西に乾燥という東西の対照的な気候の分布の形成にも，チベット高原が大きな役割を果たしていることがわかる．図2.4には，M0とMのそれぞれの，チベット高原の存在する緯度帯（35～45°N）での降水量分布の東西断面（横軸）が，季節変化（縦軸）として示されている．M0では，モンスーン季（6～9月）を含め，それほど顕著な東西の違いはない．一方で高原がほぼ現在の高さの場合には，モンスーン季に，高原の東で5 mm/日以上の湿潤な気候，西で0.5 mm/日以下の乾燥気候という，非常に顕著な東西分布が形成されている．日本を含む東アジア特有の梅雨前線の形成には，チベット高原の北からの冷たくて乾いた空気と南からの暖かくて湿った空気が，高原の風下側のこの地域で合流し，不連続線を形成するというメカニズムが加わっている．

　このように，チベット・ヒマラヤ山塊の存在は，アジアモンスーンを強化し，特に東アジアでの降水量を増加させるとともに，西アジアから北アフリカの乾燥気候を強化し，アフロ・ユーラシア大陸域における気候の東西コントラストの強化に大きな役割を果たし

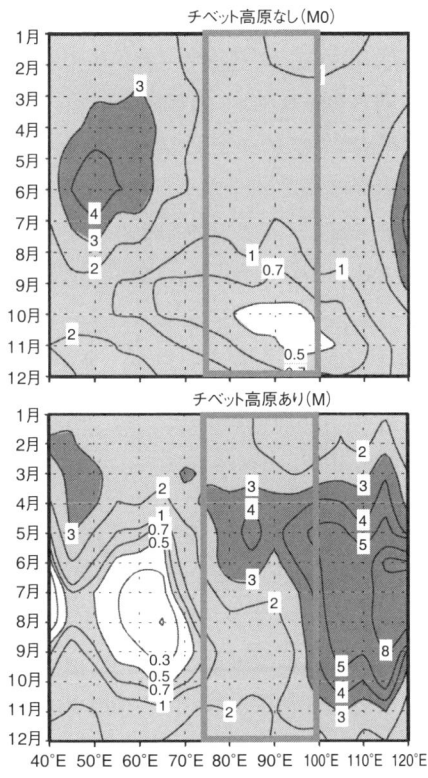

図2.4　山岳なし（M0）と山岳あり（M）におけるチベット高原の緯度帯（35～45°N）での降水量の季節変化．（Abe et al., 2005）

ている.

2.3 アジアモンスーンの年々変動はどう決まっているか？

2.3.1 モンスーンと大気–海洋相互作用

　アジアモンスーンは（チベット高原などの山岳の効果も含めて），大陸と海洋の熱的コントラストで生成される大気循環であることは既に述べた．しかし，大陸と海洋の間の大気循環は海洋の状態にも大きく影響する．例えば，夏季アジアモンスーンと太平洋の亜熱帯高気圧の形成は，大気–海洋のコントラストで同時に形成される．モンスーンが強まると，亜熱帯高気圧も強まり，高気圧から吹き出す偏東風（貿易風）も強化される．この貿易風は，熱帯太平洋上では赤道沿いの東風となり，ペルー沖に近い東部赤道太平洋沿いには赤道湧昇流を引き起こし，海表面水温を低くする（**ラ・ニーニャ状態**）一方，西部熱帯太平洋には暖かい海水を蓄積して海表面水温を高くする．すなわち，強いモンスーン循環とラ・ニーニャ状態とは結合しやすく，反対に弱いモンスーン循環と**エル・ニーニョ状態**は結合しやすい関係にある．古くからエル・ニーニョの年にはアジアモンスーンが弱いことが知られていたが，筆者らを含む 1990 年代頃からの研究により，夏季アジアモンスーンが強い（弱い）と，その後の冬の北西太平洋の対流活動が強く（弱く）なり，ラ・ニーニャ（エル・ニーニョ）状態になるという連鎖が見いだされてきた．すなわち，アジアモンスーンの変動が，熱帯太平洋の大気–海洋系の変動を強く決めているという方向性が，図 2.5 の時差相関として明らかになってきた（Yasunari, 1990；Meehl, 1997 など）．

　すなわちアジアモンスーンは，熱帯太平洋域の大気–海洋結合系と密接にリンクしており，筆者はこれを**モンスーン・大気–海洋結合系**（略して MAOS）と名付けた．この MAOS は，準 2 年周期の振動特性を持っており（図 2.5），その年々の偏差は，アジアの夏のモンスーン季から始まり，約 1 年間持続するという特異な季節性として表出することが明らかになった（Yasunari, 1991）．

　この MAOS の偏差状態は，亜熱帯高気圧の強弱や**ロスビー波**（惑星規模の大気波動の一つで，赤道から少しだけ高緯度側で振幅が最大となる波動）の伝播という機

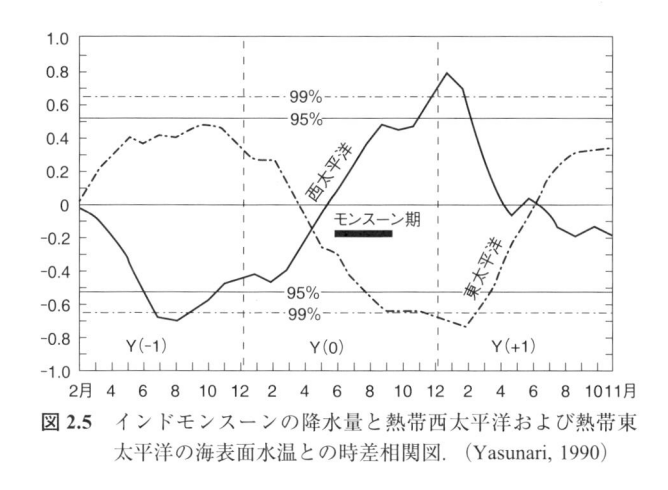

図 2.5 インドモンスーンの降水量と熱帯西太平洋および熱帯東太平洋の海表面水温との時差相関図.（Yasunari, 1990）

構を通して，北太平洋の亜熱帯や中緯度の夏から秋にかけての大気循環に，大きな影響を与えていることがわかった．例えば，夏のアジアモンスーンが弱い年には，**PNA** パターンと呼ばれる北太平洋から北米大陸で偏西風が大蛇行する大気循環が卓越する．そして，引き続く冬の半球スケールの偏西風循環は，この秋の大気循環が初期条件（きっかけ）となって，より風下側の北米東岸あるいはユーラシア大陸の東部（ロシア極東あたり）で大きな気圧の谷が発達し，ユーラシア大陸上は蛇行のない偏西風のパターンとなる．反対に，モンスーンが強いと，引き続く冬には，北太平洋から北米域の偏西風は蛇行のない強い流れとなる一方，ユーラシア大陸上では気圧の谷が発達しやすくなる．

2.3.2　モンスーンと大気-陸面相互作用

一方で，ユーラシア大陸での冬から春の積雪の変動は，引き続く夏のアジアモンスーン変動に大きく影響することが古くから知られていた．これは 2.2.1 小節で指摘した夏の陸の加熱に，その前の冬から春の積雪の多寡が影響するという物理過程を考えれば理解できるもので，いくつかの GCM を用いた数値実験などでもその可能性が指摘されている（Barnett et al., 1989；Yasunari et al., 1991；Verneker et al., 1995 など）．冬のユーラシア大陸上の気圧の谷の発達・未発達は，大陸上の積雪の多寡を決め，さらに，そこでの冬から春の積雪面積の偏差の形成という物理過程を通して，次の夏のアジアモンスーンの偏差に影響することになる．すな

わち，MAOSと中・高緯度の偏西風循環を含む気候システムの準2年振動的変動の機構は，弱い（強い）夏季アジアモンスーン→エル・ニーニョ的（ラ・ニーニャ的）熱帯大気-海洋系→中緯度偏西風循環変動→ユーラシアの少ない（多い）積雪→強い（弱い）夏季アジアモンスーンという，熱帯と中・高緯度の間の，季節を違えた相互作用に依存している部分が大きいことが強く示唆された（Yasunari and Seki, 1992）．このような気候変動の物理過程には，モンスーン，大気-海洋相互作用，積雪-大気相互作用など，水の相変化を含む水循環が重要な役割を果たしている．

現実の気候システムの年々変動は，偏西風循環でカオス的な変動をしているとされる**北大西洋振動**（NAO）や**北極振動**（AO）などによりストカスティックな強制を受けて，より複雑になっている．いずれにせよ，アジアモンスーンは，熱帯と中・高緯度の気候変動をつなぐ重要な要素なのである．

2.4 人間活動でアジアモンスーンはどう変化するか？

2.4.1 「地球温暖化」はモンスーンにどう作用するか？

20世紀末頃から，アジアモンスーンと熱帯太平洋の大気-海洋系のMAOS的関係が弱くなっている．これに対しては，「地球温暖化」がモンスーンと熱帯大気-海洋系の結合系を変えつつあるからではないか，という指摘もある（Krishna Kumar et al., 1999）．それでは，二酸化炭素などの温室効果ガスの全球的な増加は，アジアモンスーンやMAOSをどう変化させるのだろうか．この問いに答えるために，いくつかの温室効果ガス増加のシナリオにもとづいて，多くのGCMや大気-海洋結合大循環モデル（CGCM）を用いた予測研究が数値実験的に行われている．気温変化に関しては，どのモデルも程度の差はあれ，特に北半球高緯度の大陸域や北極域での顕著な気温上昇を予測しており，年平均気温で数℃から10℃におよぶ大きな昇温を示している．これらの地域は，冬の積雪や海氷域が気温の上昇に伴って縮小するため，**地表面アルベド**（放射反射率）がますます小さくなり，入射する太陽放射エネルギーがさらに増加するという正のフィードバックが有効に働いているためである．しかし，2100年頃の降水量変化の予測（口

絵5）は，モデルごとあるいは地域ごとに大きく異なる結果を示しており，**IPCC**（気候変動に関する政府間パネル）による温室効果ガス増加のシナリオにもとづく降水量変化でも，モデル間で共通した結果は現れておらず，水循環が関わる気候予測の難しさを示している．特に口絵5からもわかるように，緯度30°以内の熱帯域やアジアモンスーン域の降水量変化については，モデル間のばらつきも大きく，共通に現れる有意な変化傾向は小さいが，アジアモンスーンによる降水量が増加している傾向は，弱いながらも現れているモデルが多い（IPCC, 2007）．

例えば，図2.2で示したモンスーン循環の模式図を使って温室効果ガス増加の効果を考えてみよう．温室効果（すなわち，地表面への放射エネルギーの実質的な増加と大気層の気温上昇）が海表面を暖め，水蒸気の蒸発量をさらに増加させたとしたら，熱帯海洋上の対流活動（と降水量）は増加し，熱帯と亜熱帯の間でハドレー循環は活発化し，亜熱帯では下降流が強化されて，より乾燥気候化が進む可能性がある．さらに，大陸上の温暖化が進むことにより，冬季およびチベット高原などの山岳地域の積雪量が減少し，土壌が乾燥すれば，大陸の夏の加熱は促進され，海洋上の水蒸気の蒸発が同時に強化されれば，非常に強いモンスーン循環が期待されることになる．しかし，海表面水温の上昇や海洋上での水蒸気輸送の強化，そして大陸域の乾燥化は，対流（降水）活動の中心を，より海洋側に移動させる可能性もある．IPCC（2007）では，多くの気候モデルが二酸化炭素の増加により，エル・ニーニョ的な状態を強化し，特に中・東部熱帯太平洋全体での降水量を増加させる傾向を報告している．

一方，大気下層の水蒸気量が増加すると，大気は不安定になる（対流活動が生じやすくなる）ことが気象学的に知られている（第3章参照）．特に熱帯やモンスーン地域で増加した水蒸気量は，大気の不安定化を強く促進し，対流性の積乱雲系の降水が増加する．積乱雲系の降水頻度の増加は，降水の集中化により豪雨の頻度が増加する一方，雨が降らない地域，すなわち干ばつ傾向の地域も増加する可能性が高い．

いずれにせよ，蒸発，雲形成，降水，土壌水分，積雪などの水循環過程は，放射や気温のわずかな分布の差やわずかな地形や植生の違いなどに影響を受けて変化するため，モンスーン循環や降水量の変化が，温室効果ガスの増加によりどう変化するかの予測には，まだまだ大きな不確定性が存在している．

2.4.2 エアロゾルは放射収支や降水量を変える

　温室効果ガスの増加だけでなく，最近話題になっているもうひとつの人間活動の影響が，**エアロゾル**（大気微粒子）の増加である．アジア地域は中国，インドを中心として，人間活動による大気中へのエアロゾルの増加が著しく，このエアロゾル増加が広域の大気加熱・冷却過程と雲形成過程への影響を通して，アジアモンスーンに影響を与えていることが大きな問題となりつつある．エアロゾルの放射や気候に与える影響には，**直接効果**と**間接効果**がある．直接効果とは，エアロゾルが太陽放射を直接散乱させるか吸収することにより，大気および地表面での放射収支に影響する効果である．間接効果とは，エアロゾルが雲の凝結核として働くことにより，雲粒を小さくする一方で雲粒の数を増加させることを通して雲の光学的性質を変化させ，ひいては雲が放射収支に影響する効果である．さらに，この雲生成過程への影響は雲の寿命や降水量にも影響を与える可能性があり，この効果は**第二種間接効果**と呼ばれている．

　さて，これらのエアロゾルの効果がアジアモンスーンに影響を与えることは十分にあり得る．実際，中国やインド上空のエアロゾル濃度は世界でも最も高く，大気の**光学的厚さ**（放射に対する大気の不透明度の指標）への影響は非常に大きい．エアロゾルによる直接効果や間接効果が大きければ，夏季の地表面加熱が弱められることから，その過程だけに着目すると，大陸と海洋の加熱のコントラストで形成されるモンスーンは弱くなることになり，そのような結果を出した気候モデル実験もある．ただ，太陽放射エネルギーを直接吸収する**ブラックカーボン**（すす）も増加しており，特にインドでの人間活動によりヒマラヤ付近に増加したブラックカーボンは，大気加熱を強化してアジアモンスーンを強化する方向で影響している可能性もある．エアロゾルによる大気加熱への影響を放射強制力の変化として地域ごとにまとめた最新の結果（Arai et al., 私信）によると，アジアモンスーンの中心地域である中国とインドで，影響が正反対になっており，今後，このような地域的な変化傾向の差異がアジアモンスーンにどう作用するか，大きな問題である．口絵5に示された（IPCCでまとめられた）気候モデルによる降水量変化の予測結果は，エアロゾル増加は2100年時にはかなり抑制され，全体としては温室効果ガス増加の効果が効いているとされている．しかし，モンスーンアジアの地域については，エアロゾル増加がこのまま続けば，モンスー

循環や降水量に対し，地域的な影響が大きくなる可能性が大いにあり得る．

2.4.3　地表面改変が引き起こすモンスーン気候の変化

　人間活動のアジアモンスーンへの影響でもうひとつ考慮すべき要素は，植生などの地表面の改変である．森林から耕地や草原への変化は，地表面アルベドや**地表面粗度**，光合成活動による蒸散量などの変化を通して，地表面の熱収支・水収支を変え，これが大規模に起こった場合は，陸地の加熱の程度を変化させ，ひいてはモンスーンを変化させる可能性がある．例えば，もともと大部分が森林で覆われていた18世紀頃のインドで，大英帝国による植民地化の過程で森林から耕地に大規模に地表面が改変された際に，インドモンスーンの降水量が減少した可能性（口絵6）を，筆者らによる気候モデル実験は示唆している（Takata et al., 2009）．ただ，森林は一方で，テルペンやイソプレンといった**揮発性有機化合物**（VOC）を放出しており，これらのVOCは大気のオゾンやNO_3，OHなどと反応して**二次有機エアロゾル**（SOA）を生成することが知られている．したがって，森林破壊はこれらのSOA生成を減少させ，直接・間接効果を弱めて大気加熱を強める方向に働くことになる．実際，エアロゾルの効果を取り入れた現在のインドの放射強制力の見積もりによれば，森林減少によるSOAの減少により，大気加熱が強化されていることが示唆されている．したがって，地表面改変のインパクトは，地表面の物理的特性の変化による熱収支への影響と，エアロゾル生成への影響という，ふたつの効果を評価していかねばならない．全体としてアジアモンスーンにどう影響するかについては，これらの過程を正確に取りこんだ気候モデルでの研究が不可欠である．

2.5　変わりつつあるアジアの雨の降り方

　それでは，すでに人間活動の影響が顕在化してもおかしくないと想像される20世紀後半のアジアモンスーンに関連した変化はどう現れているのだろうか．例えば，中国での夏季モンスーン降水量には，長江流域で増加傾向，黄河流域で減少傾向の分布が南北に異なって現れている（Endo et al., 2005）が，他の地域で

は，まだあまり顕著な変化傾向は現れていない．しかし，日降水量や時間降水量という時間分解能の高い観測データによる降水強度別の降水頻度（あるいは降水強度別の降水量）の長期的な傾向は，例えば図2.6に示すインドモンスーンの例のように，季節的な総降水量そのものの増減傾向には特徴的な変化はないにも関わらず，豪雨の頻度が増加し，弱い雨の頻度が減少するという傾向が，1960年以降に顕著になっている．このような豪雨や強雨の頻度とそれらによる降水量が増加している傾向は，中国，韓国，日本などの東アジアでも，過去数十年から百年間のデータではっきり現れている．例えば図2.7 (Fujibe et al., 2005) は，気象庁（中央気象台）が1898年から2003年に観測した日本の約60地点の気象データにより，地点ごとの降水強度を10階級に分けて，降水強度別の降水量の増加・減少傾向を調べたものである．どの地域も，階級で9や10にあたる強い降水強度の降水量が増加傾向を示し，反対に，階級1から4付近までの弱い降水強度の降水量が減少していることがわかる．1970年代以降のアメダス観測地点での自動降水観測でも，最近（特に1998年以降），日降水量で400

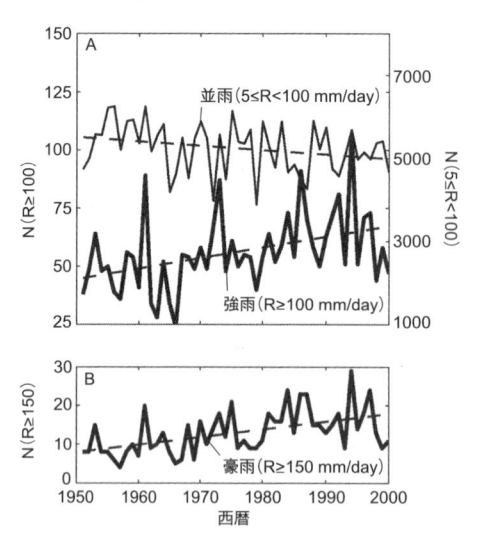

図2.6 インドモンスーンの降水強度別の降水量の変化傾向．(Goswami et al., 2006)

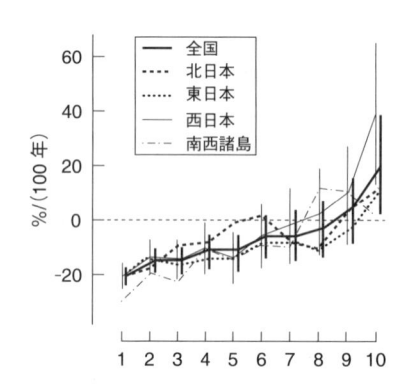

図2.7 1898年から2003年の期間における全国および地域別の各降水強度別の降水量の経年変化率（年平均）．(Fujibe et al., 2005)
全国および西日本について95%信頼幅を縦棒で示す．強い雨（階級10）ほど増加傾向，弱い雨（階級1）ほど減少傾向を示す．

mmを超えるような豪雨の頻度が急増しており，豪雨（強雨）頻度の増加は最近ほど顕著である．このような豪雨頻度の増加と弱雨頻度の減少傾向は，アジアモンスーン地域を含め，世界的に現れている．この傾向は，気候モデルで予測されている温室効果ガス増加に伴う降水パターンの変化（2.4.1小節参照）とも整合的であり，地球温暖化が現実の地球の水循環に与えている影響として，今後さらに注目する必要があろう．

参考文献

Abe, M., A. Kitoh, and T. Yasunari (2003): An evolution of the Asian summer monsoon associated with mountain uplift — simulation with the MRI atmosphere-ocean coupled GCM. J. Meteor. Soc. Japan, 81, 909–933.

Abe, M., T. Yasunari, and A. Kitoh (2004): Effects of large-scale orography on the coupled atmosphere-ocean system in the tropical Indian and Pacific Oceans in boreal summer. J. Meteor. Soc. Japan, 82, 745–759.

Abe, M., T. Yasunari, and A. Kitoh (2005): Sensitivity of the central Asia climate to uplift of the Tibetan Plateau in the couple climate model (MRI-GCM). Island Arc, 14, 378–388.

Barnett, T. P., L. Dumenill, et al. (1989): The effect of Eurasian snow cover on regional and global climate variations. J. Atmos. Sci., 46, 661–685.

Endo, N., B. AiLi Kun and T. Yasunari (2005): Trends in precipitation amounts and the number of rainy days and heavy rainfall events during summer in China from 1961 to 2000. J. Meteor. Soc. Japan, 83, 621–631.

Fujibe, F., N. Yamazaki, et al. (2005): The increasing trend of intense precipitation in Japan based on four-hourly data for a hundred years. SOLA, 1, 41–44.

Goswami, B. N., V. Venugopal, et al. (2006): Increasing trend of extreme rain events over India in a warming environment. Science, 314, 1442–1445.

Hahn, D. G., and S. Manabe (1975): The role of mountains in the south Asian monsoon circulation. J. Atmos. Sci., 32, 1515–1541.

IPCC (2007): *Climate Change 2007: The Physical Science Basis.* Contribution of Working Group I to the Fourth Assessment Report of the Intergovernmental Panel on Climate Change ［Solomon, S., D. Qin, et al. (eds.)］. Cambridge University Press, Cambridge, United Kingdom and New York, NY, USA, 996pp.

Krishna Kumar, K., B. Rajagopalan, and M. Cane (1999): On the weakening relationship between the monsoon and ENSO. Science, 284, 2156–2159.

Manabe, S., and T. B. Terpsta (1974): The effects of mountains on the general circulation of the atmosphere as identified by numerical experiments. J. Atmos. Sci., 31, 3–42.

Meehl, G. A. (1997): The south Asian monsoon and the tropospheric biennial oscillation. J. Climate, 10, 1921–1943.

Takata, K., K. Saito, and T. Yasunari (2009) : Changes in the Asian monsoon climate during 1700-1850 induced by preindustrial cultivation. Proc. Nat. Acad. Sci., cgidoi 10.1073 Proc. Nat. Acad. Sci., 0807346106.

Verneker, A. D., J. Zhou, and J. Shukla (1995) : The effect of Eurasian snow cover on the Indian monsoon. J. Climate, 8, 248-266.

Webster, P. J. (1987) : Chap. 1, The Elementary Monsoon. In Fein, J. S. and P. L. Stephens, *Monsoons*. John Wiley & Sons, pp. 3-32.

Wu, G. X., Y. Liu, et al. (2009) : Multi-scale forcing and the formation of subtropical desert and monsoon. Ann. Geophys., 27, 3631-3644.

Yasunari, T. (1990) : Impact of Indian monsoon on the coupled atmosphere-ocean system in the tropical Pacific. Meteorology and Atmospheric Physics, 44, 29-41.

Yasunari, T. (1991) : The Monsoon Year — A new concept of the climatic year in the tropics. Bull. Amer. Meteor. Soc., 72, 1131-1138.

Yasunari, T., A. Kitoh, and T. Tokioka (1991) : Local and remote responses to excessive snow mass over Eurasia appearing in the northern spring and summer climate. — A study with the MRI-GCM. J. Meteor. Soc. Japan, 69, 473-487.

Yasunari, T., and Y. Seki (1992) : Role of the Asian monsoon on the interannual variability of the global climate system. J. Meteor. Soc. Japan, 70, 177-189.

（安成哲三）

ヒマラヤの氷河湖

　ブータン，ネパールといった，世界の屋根・ヒマラヤ山脈の麓の国々では，氷河の縮退にともなって拡大した氷河湖の決壊洪水（Glacial Lake Outburst Flood：GLOF）が，現在切迫した環境問題となっている．ヒマラヤにおける GLOF は 1960 年代から頻発しており，河川沿いに大きな被害が出ている．下図は，1998 年に発生した，もっとも最近の GLOF である，ネパールのサバイ氷河湖の 1974 年 12 月と 2007 年 11 月に空撮された写真である．決壊前後の写真の比較から，決壊した場所と，決壊によって水位が低下した様子が見て取れる．サバイ氷河湖は比較的規模の小さい氷河湖にもかかわらず，流域に深刻な被害をもたらしている．

　近年の氷河湖の拡大は，地球温暖化とともに語られることが多いが，湖を堰き止めている土砂堆積物（モレーン）は，小氷期と呼ばれる 17〜19 世紀中頃にかけての寒冷な時期に拡大した氷河によって運ばれてきたものである．地図や衛星画像の解析により，多くの氷河湖は 1960 年代頃から拡大し始め，湖ができた後はその拡大速度がほぼ一定であることが知られている．従って，氷河湖の多くは 20 世紀前半の温暖化によってその発生が決定づけられていると言え，1980 年代以降のそれをいわゆる地球温暖化と呼ぶのであれば，それが氷河湖形成の直接の引き金になっているとは言えないだろう．

　　　　　　　　　　　　　　　　　　　　　　　　　　　　（藤田耕史）

図　サバイ氷河湖の 1974 年 12 月（左）と 2007 年 11 月（右）の空撮写真．2007 年の写真の後方には，雲がたなびくエベレストが写っている．（写真提供：名古屋大学・雪氷学会）

第3章

東アジアの降水活動と特徴

3.1 東アジアの降水活動を見る意義

　世界的に，熱帯から温帯にかけての一定の降水量がある地域に人口の集中が見られる．特に年降水量の多い東アジアにおける大都市の発展は豊富な降水量と密接な関係がある．その一方で大都市における豪雨災害は近年の大きな問題となりつつある．東アジアの中でも長江流域から東シナ海，日本に至る梅雨前線帯は，1.5節で示されたように，赤道域の熱帯収束帯を除くと全球的に見ても降水量の多い地域になっている．このような降水がどのような**降水システム**（雨や雪をもたらす降水雲からなるシステム）によってもたらされるのか，降水の源となる水蒸気はどのように供給されているのか，降水システムの中で降水はどのように生じているのか，等々の問題の基礎的理解は「人間にとっての水」の諸問題を考える上で重要である．「水の環境学」という，聞き慣れない"学"が何であるかを知ってもらうのが本教科書のねらいである．そこで，東アジアの降水に関する基礎知識だけではなく，東アジアの降水活動に焦点を当てつつ被害をもたらす可能性のある豪雨のメカニズムに関する最近の研究についても述べ，「東アジアの降水活動と特徴」についての著者の知見を紹介し，読者の皆さんに「水の環境学」について考える「きっかけ」や「ヒント」を与えることをねらいとしたい．

3.2 雨のでき方

　東アジアのように雨の多いところでは，大雨によってもたらされる降水が全降

水量の中で大きな割合を占める．降水量を地球表面にまんべんなく広げた場合の厚さは，1.3.3 小節で述べられているように，水蒸気の厚さ 3 cm に比べて 7.5×10^{-2} mm と非常に小さい．しかし，降水が集中すると1時間で 100 mm 以上の雨量をもたらす豪雨になることがある．防災や水資源を考える上では，「降水が集中する」という特性も理解しておく必要がある．降水活動とその特徴を理解するために，降水システムの主な構成要素である**対流性降水**と**層状性降水**の中から，時として**集中豪雨**をもたらす対流性降水に焦点をあてて，雨のでき方について説明する．

3.2.1 降水セル

何らかの熱力学的過程により空気の温度が下がり，飽和すれば凝結が起きる．すなわち，空気中の水蒸気（気体）の一部が雲粒（液体）に変わる．雲粒を含む空気が一定の広がりを持つと，雲として識別される．雲の中に種々の粒径の雲粒が存在していると，落下速度の差があるため，**衝突併合**して，より大きな粒子に成長する．直径 100 μm 以上に成長した雲粒は，より大きな**降水粒子**（雨粒・雪粒子・霰粒子の総称）となるにつれて大きな落下速度を持つ．降水粒子のうち，液体である雨粒はさらに大きな速度で落下し雲粒と衝突併合を繰り返し，さらに大きくなる．このような過程は**積乱雲**の中で起きている．積乱雲は，中心部における強い上昇流と周囲の弱い下降流からなる**対流セル**で構成される（ここで「セル」とは生物学で言うところの「細胞」であり，強い上昇流域と周囲の弱い下降流域が，上から見ると細胞のように見えるためこの用語が使われている）．対流セル中の上昇流域では，雲粒ができ，雨粒ができる．雨や雪が降る状態になった対流セルを**降水セル**と呼ぶ．降水セルからなる積乱雲が集まったものが降水システムである．

降水セルの中でどのように雲粒や降水粒子ができるかを概説する（図 3.1）．空気塊が上昇すると冷やされて空気塊中の水蒸気が凝結し雲粒が生成する．空気塊が上昇する原因は，1）日射による地表面の加熱により地表面に接している空気塊が暖められる，2）斜面などの地形によって地表付近の空気塊が強制的に持ち上げられる（斜面に沿う上昇流など），3）前線における暖かい空気の上昇，などがある．梅雨前線などの**停滞前線**を例にして説明すると，冷たく乾いた空気と暖

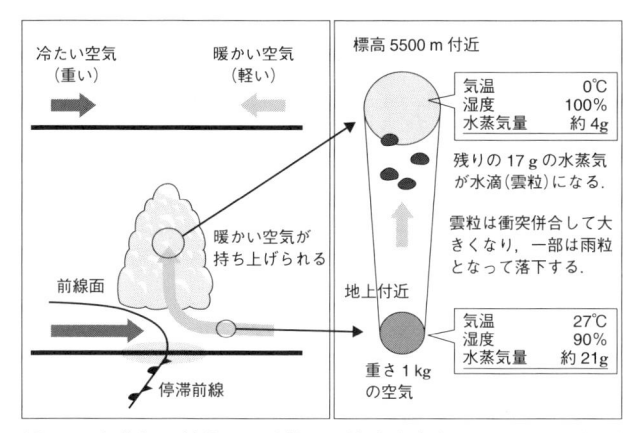

図 3.1 水蒸気が凝結して雲粒・雨滴を生成するプロセスの概要説明図．(山田広幸提供)

冷たくて乾いた空気と暖かくて湿った空気が衝突する前線部分（断面図では前線面）で暖気側の空気塊が上昇する．たとえば，地表付近の 1 kg（地表付近では 1 m³）の気温 27℃で相対湿度 90％の空気塊（中には 21 g の水蒸気を含む）が周りと熱のやり取りをしないで（断熱的に）上昇し，5,500 m に達し，気温が 0℃になったとすると，その中に含むことができる（相対湿度 100％の時の）水蒸気量は 4 g であるので，差し引き 17 g の水蒸気は凝結して雲粒になる．雲粒の一部は衝突併合して大きくなり雨滴となって落下する．

かく湿った空気が衝突する前線部分（断面図では前線面）で暖気側の空気塊が上昇する．地表付近の 1 kg（地表付近では 1 m³）の空気塊が気温 27℃で 21 g の水蒸気を含んでいる場合を考えよう．空気中に含まれる水蒸気の量は温度（気温）によって決まっている．例えば，気温 27℃の空気塊が含みうる最大の水蒸気量（飽和水蒸気量）は 23.3 g/kg（その時の相対湿度は 100％）である（飽和水蒸気量（水蒸気量）については，小倉 (1999) や武田ほか (1992) を参照のこと）．先の 21 g/kg の空気塊（相対湿度 90％となる）が周りと熱のやり取りをしないで（断熱的に）上昇し，5,500 m に達し，気温が 0℃になったとすると，その中に含むことができる（相対湿度 100％の場合）水蒸気量は 4 g であるので，差し引き 17 g の水蒸気は凝結して雲粒になる．持ち上げられた空気塊は冷やされ水蒸気を雲粒に変えながら上昇を続ける．雲粒は衝突併合を繰り返して雨粒になるものもある．雲粒のうちのどのくらいの割合が雨粒や雪粒になるかは雲のでき方，降水粒子のできる過程によって異なる．空気 1 kg 中に含まれている雲粒の質量の合計，雨粒の質量の合計，雪粒の質量の合計をそれぞれ，雲水量，雨水量，雪水量と呼ぶ．雲底

44　第Ⅰ部　自然的観点から

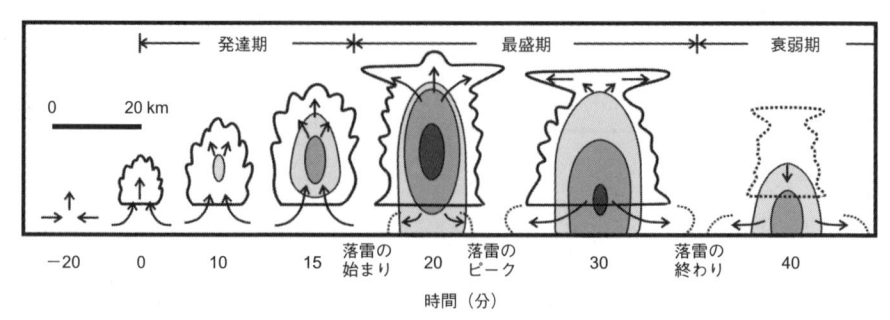

図 3.2　孤立した積乱雲の発達過程の概念図．（Houze Jr., 1994 を改変）
雲の中に雨粒ができ，上昇流によって雨粒の領域が上空に伸びると同時に上昇流で支えきれない雨粒が下降して雨粒の領域は下方へも伸びる．融解層高度（0℃高度）を超えて発達した雲の中では，雲粒が凍り，氷の雲粒（氷晶）になり，その一部は雪粒子に成長する．上昇流が対流圏界面に達すると，それ以上上昇できなくなり対流圏上部で水平に層状に広がり，積乱雲は衰弱する．

から雲に流入する水蒸気に対して雨として降る割合を**降水効率**と呼ぶが，降水効率がどのくらいであるかということは未だ研究課題である．

　降水セルや積乱雲からの降雨量を見積もってみる．たとえば，雲の中で，雲水の一部が雨水に変化して，雲底 500 m から上空 5,500 m の厚さ 5 km の中に空気塊 1 m^3 あたり平均 1 g の雨水になったとし，その雨がすべて地上に降ったとすると，雨量は 5 mm になる（1.3.3 小節参照）．すなわち，地上に 1 m^2 の面積を考え，その上にある雨水の量は 1(g/m^3)×5,000(m)×1(m^2) = 5,000(g) = 5,000(cm^3) である．単位面積あたりに降った雨の深さを計算すると，5,000(cm^3)÷10,000(cm^2) = 0.5(cm) = 5(mm) になる．このような雲からの雨が 1 時間で起きたとすると，**時間雨量 5 mm** の**降雨強度**になる．時間雨量 50 mm を超えるような大雨は，1 g/m^3 以上の多量の雨水を雲の中に含み，しかも雲ができ，雨粒ができ，その雨粒が地上に到達するということが複数回繰り返されなければいけないことが容易に想像できる．しかし，どのくらいの雨水が，どのくらいの早さで形成され，どのくらいの早さで地上に降ってくるのか，雨のもとになる水蒸気や雲水はどこからどのように降水雲に供給されるのかは，まだよくわかっていない．最近，高機能の**気象レーダー**（レーダーについては 3.7 節で説明する）が開発され，また数値モデルが向上して，このような問題に取り組むことができるようになった．

　孤立した積乱雲を例にして，**降水雲**の発達過程を示した図 3.2（Houze, 1994）に見られるように，雲の中に雨域（雨粒ができている領域）ができ，上昇流によって雨域が上空に伸びると同時に，上昇流で支えきれない雨粒が下降して雨域

は下方へも伸びる．**融解層高度**（0℃高度）を超えて発達した雲の中では，雲粒が凍り，氷の雲粒（氷晶）になり，その一部は雪粒子に成長する．上昇流が**対流圏界面**に達するとそれ以上上昇できなくなり，対流圏上部で層状に広がる．

3.2.2 降水システム

降水をもたらす雲は降水雲と呼ばれている．降水雲には**対流雲**（モクモクと盛り上がったかたまり状の雲）と**層状雲**（層状に全天を覆う雲）がある．発達した対流雲からの降水が地上に達すると積乱雲と呼ばれる．**寒冷前線**や**温暖前線**では，前線部に対流雲が並びその周りに層状雲が広がる．上空では，地上から発達した対流雲に伴わない層状雲も多く存在するが，強い降水をもたらす現象はほとんど対流雲に伴うものである．降水セルからなる積乱雲が集まって降水システムを形成する．降水システムにはさまざまな形があり，目視で雲の種類を分類する10種雲形などが定着しているが，全降水システムを系統的に分類する方法はまだ確立していない．

構造が良く知られている降水システムとして，寒冷前線や温暖前線に伴う降水システムや，主要な寒冷前線から離れて出現する**スコールライン**と呼ばれる線状の激しい雷雨などがある．また，台風の**レインバンド**や雷を伴う激しい対流性降水である雷雨もある．アメリカの中西部で発現する持続する強い雷雨は**シビアストーム**（severe storm）と呼ばれ，**マルチセル**（multicell）ストームか**スーパーセル**（supercell）ストームと呼ばれる構造を持つことが知られている．

降水システムを見るときには，衛星で見た雲域，レーダーエコーで見た雨域，地上雨量計で見た降雨分布などがあり，降水システムの分類をするためには分類の視点（ねらい）を決めなければならない．降水システムの分類は，いわば分類の分かれ道を決めることである．しかし，発生・維持機構を議論しないで，降水システムの水平スケールに注目した階層性から，図3.3に示すように，**メソαスケール**（200〜2,000 km）の**クラウド・クラスター**，**メソβスケール**（20〜200 km）の**積乱雲群**，**メソγスケール**（2〜20 km）の**積乱雲**という分類がなされている（武田ほか，1992）．種々の降水システムの構造を理解し，発達機構を統一的に説明するために，レーダー観測や数値モデルを用いた実験による研究が行われており，発生・発達・維持機構に基づく降水システムの分類がなされる日もそう遠く

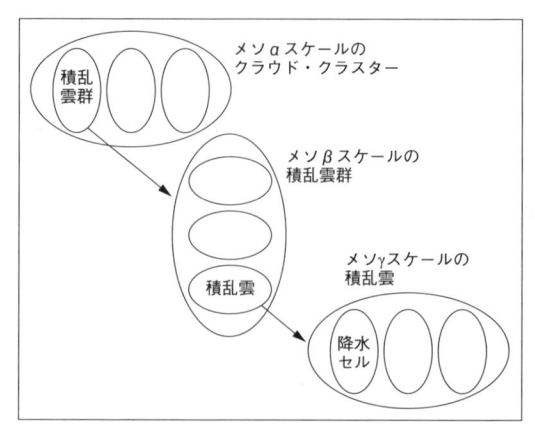

図 3.3 降水システムの階層性.（武田ほか, 1992）
メソα（200〜2,000 km）スケールのクラウド・クラスター，メソβ（20〜200 km）スケールの積乱雲群，メソγ（2〜20 km）スケールの積乱雲という分類がなされている．

ないと考えられる．

3.3 梅雨前線帯の降雨

　口絵1に示される日本を含む東アジアの降雨量の多い領域の降雨は，主に梅雨と秋雨によってもたらされている．秋雨は台風の影響もあり，その構造についてはまだ研究段階のものが多いが，**梅雨前線**に伴う降雨については理解が進んでいる．日本の夏季には梅雨前線に伴う降雨が多い．**太平洋高気圧**とその北側の高気圧との境目にできる東西に数千 km にわたってつらなる低圧部に沿ってできるのが梅雨前線である．世界的に見て最も顕著な停滞前線であり，多くの雨をもたらす．

　梅雨前線に伴う降水システムの階層構造については，二宮（2001）によって，「梅雨の多種スケール階層的様相」としてまとめられている（図 3.4）．梅雨の**多種スケール階層**の模式図の中の図 3.4(a) は**大規模循環場**の環境下における梅雨前線帯を示す．**インドモンスーン**西風と**太平洋亜熱帯高気圧**循環は南シナ海上で合流収束し南から南西風に転じ梅雨前線を形成することを示す．図 3.4(b) は，梅雨前線上の**総観スケール現象**（水平距離 2,000 km 以上の広がりを持つ現象）の概念図

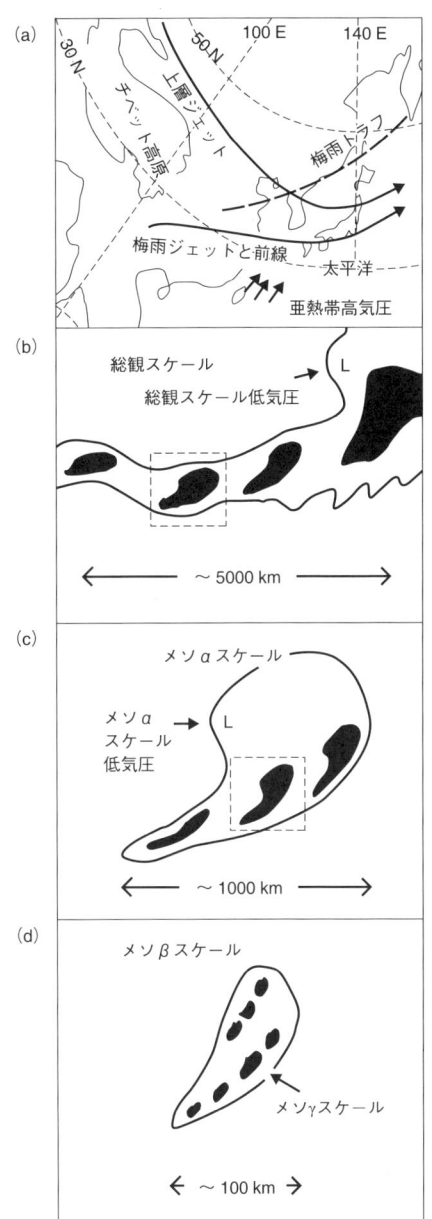

第 3 章　東アジアの降水活動と特徴　47

図 3.4　梅雨の多種スケール階層の模式図．（二宮，2001 を改変）

(a) 大規模循環場の環境下における梅雨前線帯を示し，インドモンスーン西風と太平洋亜熱帯高気圧循環は南シナ海上で合流収束し南から南西風に転じ梅雨前線を形成することを示す．(b) 梅雨前線上の総観スケールの概念図．数日間の周期で前線帯において総観スケールの低気圧が発達し，その後面ではクラウド・クラスターを伴うメソαスケール低気圧ファミリーが形成されることを示す．(c) クラウド・クラスターの内部構造の概念図．複数のメソβスケールの対流システムが引き続き発生し，クラウド・クラスターを維持している様子を示す．(d) メソβスケール降水システムの微細構造の概念図．メソβスケール降水システムが多様な形態をとるメソγスケール降水システムからなることを示す．

で，数日間の周期で前線帯において総観スケールの低気圧が発達し，その後面ではクラウド・クラスターを伴うメソαスケール低気圧ファミリーが形成されることを示す．図 3.4(c) は，クラウド・クラスターの内部構造の概念図で，複数のメソβスケールの**対流システム**が引き続き発生し，クラウド・クラスターを維持している様子を示す．図 3.4(d) は，メソβスケール降水システムの微細構造の概念図で，メソβスケール降水システムが多様な形態をとるメソγスケール降水システムからなることを示す．

梅雨前線に伴う降雨の特徴については武田ほか (1992) や小倉 (1999) など多くの教科書に取り上げられている．梅雨前線については膨大な研究があり，日本における梅雨前線に伴う降水システムの観測例をまとめた詳しい解説が吉崎・加藤 (2007) によってなされている．

最近では**ドップラーレーダー**（降水強度と同時に降水雲中の風を測定するレーダー）を用いた梅雨前線に伴う降水システムの構造に関する研究がおこなわれ，中国における観測も行われた．1998 年と 1999 年に中国淮河流域において，日本から 3 台のドップラーレーダーを搬入して日本と中国の共同研究（GEWEX アジアモンスーンエネルギー・水循環観測研究計画／淮河流域観測研究計画）の一環として，梅雨前線に伴う降水システムの観測がなされた．Maesaka (2003) によると，梅雨前線がゆっくり北上して，前線の南北の温度差が小さい場合に，梅雨前線上に対流システム（積乱雲群）が存在する他に，梅雨前線の南側に梅雨前線に向かって伸びる線状の降水システムが存在することが示された．この降水システムは，大気下層が非常に湿潤な環境で発達し，背は低いが一定の降水をもたらすことが示された．

中国における梅雨前線に伴う降水システムの研究は，2001 年と 2002 年にも日本から 3 台のドップラーレーダーを長江下流域に搬入し，日中の共同研究として行われた．Yamada et al. (2003) の解析例では，梅雨前線に向かう，湿った強い南西風と下層の海からの東風の**収束域**で背の高い積乱雲が発達し小さな低気圧になり，翌日その低気圧が発達して日本海に入り，九州や四国に大雨をもたらすことがあることが示された（図 3.5）．また，東シナ海上での航空機観測などから梅雨前線の南に水蒸気量の差の大きな**水蒸気前線**とも呼ぶべき構造があることが示され (Moteki et al., 2004a, b)，**雨前線**の南側にある厚さ 1 km 以下の非常に湿った層が梅雨前線帯の降水システムに果たす役割について理解が進んでいる．現在，

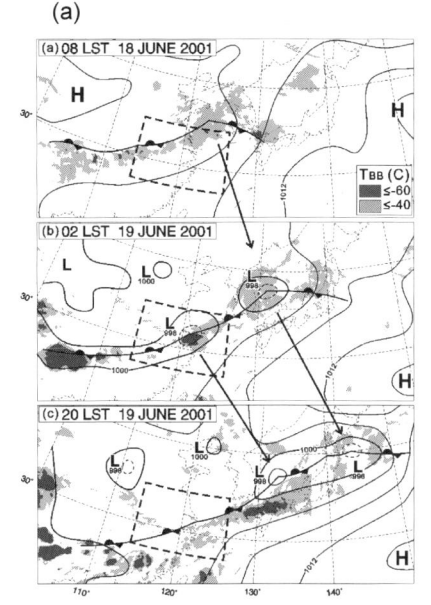

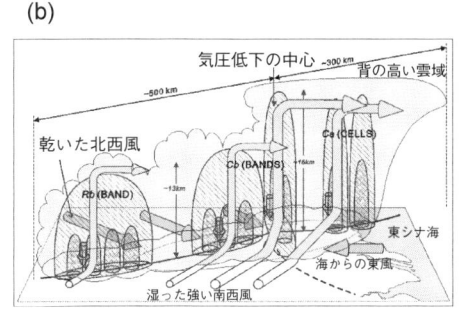

図 3.5 (a) 2001 年 6 月 18 日から 19 日にかけての長江下流域上海周辺における低気圧の発生と九州北部から四国にかけての雲域（雨域）の発達，(b)上海付近における積乱雲の急激な発達の概念図．（Yamada et al., 2003 を改変）

ドップラーレーダーの特別観測データの解析から，梅雨前線に向かう，湿った強い南西風と下層の海からの東風の収束域で背の高い積乱雲が発達し小さな低気圧になったことが示された．翌日その低気圧が発達して日本海に入り，九州や四国に大雨をもたらした．

梅雨前線の南側の下層が湿った領域における背の低い降水セルについての関心が高まっている．

3.4 梅雨前線周辺の降水システムの構成要素

梅雨前線周辺で見られる降水システムを構成する最小単位は，他の降水システムと同様，図 3.3 に示したように，メソγスケールの積乱雲を構成する降水セルである．降水セルは，3.7 節で述べる「レーダー」電波が降水域から強く返ってくるまとまった小領域（メソγスケール）として識別される．東アジアのように湿潤な環境場で発達する降水セルの特徴について，梅雨前線に伴う降水システム内の降水セルを例にして説明する．

梅雨前線帯やその南側においては対流圏界面に達する非常に発達した降水セルにより形成される積乱雲も存在するが，Maesaka (2003) によって梅雨前線帯の南側の亜熱帯気団域で発生する降水セルの一部は背の高い降水セルでないことが示された．その後淮河流域レーダー観測データの解析から，Zhang et al. (2006a) は，背の高くない，対流圏中層に**エコー頂**（レーダーの反射波で見た降水域の高さの上限）を持つ降水セルを **CMD**（Convection of Medium Depth；中程度の深さの対流）と定義した．CMD は熱帯海洋上で発達する**雄大積雲**（cumulus congestus；Johnson et al., 1999 など）と似ているが，すべての発達段階において**レーダー反射強度**が 15dBZ（ごく弱い降雨強度に相当）の**レーダーエコー頂高度**が 8 km を超えないこと，エコー域のコア（**最大エコー**）とみなされるレーダー反射強度 35dBZ（中程度の降雨強度に相当）の上端高度が 4 km を超えないことにより定義した．中国安徽省の合肥ドップラーレーダーを用いた 3 年分の梅雨期のデータの解析結果から，CMD による降水量への寄与率が梅雨前線帯の南側では 49％ と大きな寄与があること，梅雨前線帯でも降水域がゆっくり動く場合には 16％ と無視できない寄与があることを示した．また，CMD の形成においては，浮力のなくなる高度（Level of Neutral Buoyancy；LNB）が低いことが原因であることを，**雲解像モデル**を用いた数値実験の結果から示している（Zhang et al., 2006b）．

その後ドップラーレーダーにより観測された多くの降水セルの解析から，レーダー反射強度 30dBZ で定義される雨域のレーダーエコー頂高度の頻度分布が調べられた．頻度分布の解析から，梅雨期に中国大陸上で発達する降水セルのおよそ 70％ が地上高度 6 km（0℃ 高度（およそ 5 km）の 1 km 上空）よりも低いことが示された．これらの研究により，梅雨前線付近の多くの降水セルのレーダーエコー頂が低いことが明らかになりつつある．このような降水セルからなる降水システムの発達には，日射と水田からの蒸発の効果が大きいことが Yamada et al. (2007) によって示された．水田からの水蒸気の供給と積雲の発達の関係については篠田ほか (2009) によって解説されている．

3.5 豪　雨

梅雨前線や台風に伴う大雨とは別に，最近，大都市域で局地的に発生する**豪雨**

が問題になっている．局地的な豪雨は非常に発達した降水セルからなるメソγスケールの降水システムによってもたらされると考えられる．豪雨のメカニズムを考える前に，まず，豪雨の定義をしておく必要がある．豪雨や大雨は社会的用語であり，気象学的には厳密に定義されていない．たとえば『気象科学事典』(日本気象学会編，1998) には「平年値に比して降雨の多い雨や，災害が発生するほど降雨量の多い雨を大雨，又は豪雨とよぶ．大雨の気象学的な定義はないが，気象庁では大雨警報などの防災上の観点から，各地の大雨の雨量基準を定めている．(二宮洸三)」とある．最近では，集中豪雨を，下水管の設計を時間雨量 50 mm にしていることなどから，「目安として直径 10 km から数十 km の範囲に時間雨量 50 mm を超える場合」とされるようになっている．

梅雨前線に伴う豪雨や梅雨期の豪雨についての説明は，二宮 (2001) が詳しく，日本列島で発生した多くの豪雨として以下の四つの典型例を示している．

1) 次々に発生する**梅雨前線豪雨**：梅雨前線豪雨の降水は日本列島の一部分 (100 km スケール) に集中し，10〜20 時間内に終息する．事例は少ないが，このような豪雨が日本列島の各地で繰り返し発現する年がある．
2) 100 km スケールの豪雨：多くの事例があり，100 km の水平スケールと 10 時間の時間スケールの集中性によって特徴づけられる．
3) バンド状の降水分布を示す豪雨：豪雨の降水分布が明瞭なバンド状の集中を示す．全長 700 km に達する降水帯が見られる．大きな降水帯に集中した豪雨が，準周期的に発現するメソスケール降水システムによってもたらされる．
4) **局地的豪雨**：小領域に集中する豪雨で短時間に終息する．

最近では，狭領域に集中する豪雨が都市域の豪雨災害との関わりから注目されている．都市域に発生する局地的豪雨は梅雨期以外にも発生し，10 km 四方の範囲内で急激に発達する雷雲が多く短時間に大雨をもたらすので，監視や短時間予測が難しい．また，持続時間が 2〜3 時間程度あり降水域が大都市域を含む狭い範囲に集中する大雨もある．これらの降水域の監視にはレーダーが有効である．一方，これらの降水雲の発達機構の理解のためには，特に下層の水蒸気の分布を知り，高分解能のレーダー観測による降水雲の構造の解析により理解を深めることが必要であると考えられる．

3.6 豪雨の降水システムの観測例

　大雨をもたらした降水システムの中から 2008 年 8 月 28〜29 日に愛知県に豪雨をもたらした例を紹介する（図 3.6）．この例は最新の**マルチパラメータレーダー**（次節参照）による観測と高解像度の数値モデルを用いた解析の例である．気象

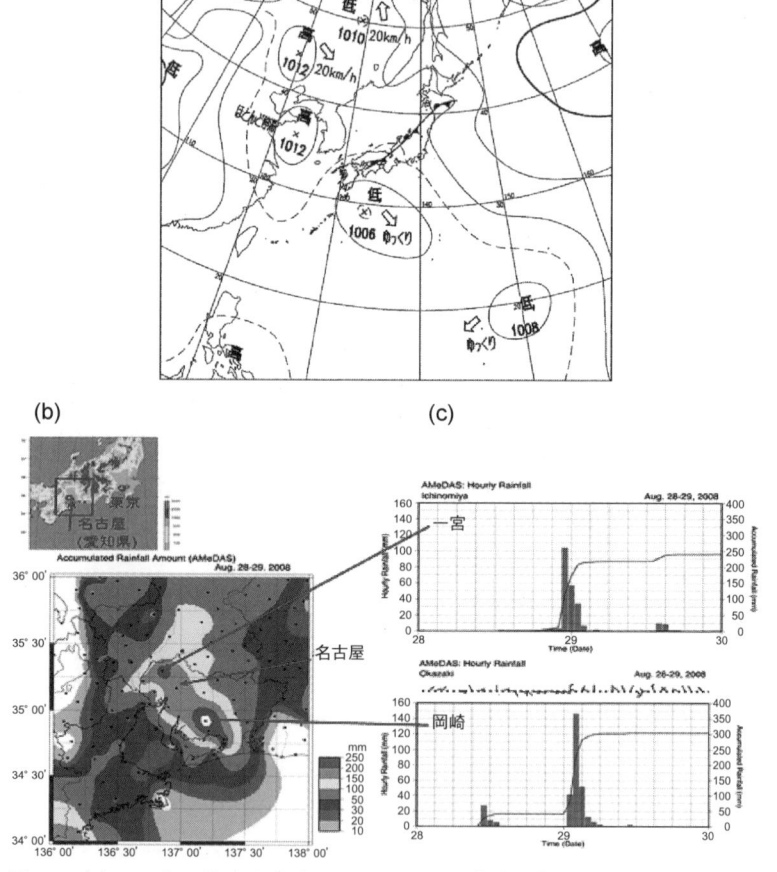

図 3.6　(a) 2008 年 8 月 28 日から 29 日にかけて，東海地方に大雨がもたらされた時の天気図．(b) 気象庁のアメダスによる雨量分布．(c) 愛知県一宮と岡崎の一時間降水量と積算降水量．(Shinoda et al., 2009)

庁のアメダスによれば，8月28日から29日の2日間の**積算降水量**は愛知県岡崎市で304.5 mm，一宮で240.0 mm，名古屋で202.0 mmを記録し，一時間降水量でも岡崎で8月29日01時から02時の1時間に146.5 mmという全国の観測史上第7位の降水量を記録した．これらの日には関東地方でも大雨があり，降雨災害が発生したため，気象庁は「平成20年8月末豪雨」と命名した．愛知県の豪雨時には名古屋大学のマルチパラメータレーダーの観測があり，雲解像モデルによる数値実験と組み合わせて，豪雨発生機構の一端が明らかにされた（Shinoda et al., 2009）．

マルチパラメータレーダーの観測結果から，この降水システムは南南西―北北東に伸びる線状の降水システムであり，約7 m/sでゆっくり南東進したこと，そして降水システム下層には南東風と北西風による収束が存在したことが示された．また，マルチパラメータレーダーの観測から，大粒径の雨滴（平均粒径で2.7 mmを超えるもの）が存在していたことが示唆された．加えて，大粒径の雨滴による強い雨がある上空には**あられ**（霰）の存在が推定された．名古屋大学の屋上で行われた雨滴粒径分布の観測結果からも大きな雨滴の存在が観測されており，この降水システムにおける多量の降水生成には大きな雨滴が重要な役割を果たしていたと考えられる．

一方，雲解像モデルCReSS（http://vl.hyarc.nagoya-u.ac.jp/vl-tool.html）を用いて，中部日本域を対象とした水平解像度2 kmでの降水システムの再現実験を行った．再現された降水システムの発生位置，移動速度，一時間降水量は観測結果と

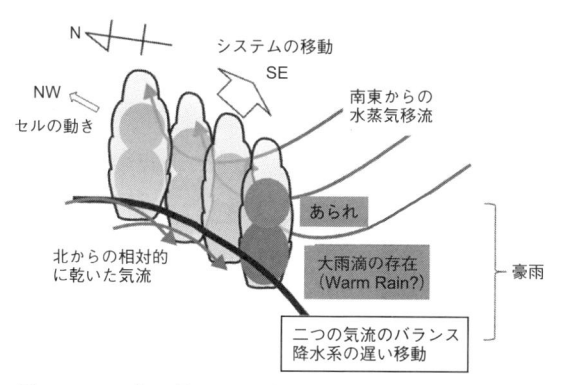

図3.7　2008年8月28日から29日にかけて，東海地方に大雨をもたらした降水システムの構造の概念図．

よく合っていた．数値実験の結果，降水システムの南東側下層からの暖湿気塊の流入と，降水システムにより形成された相対的に冷たく乾燥した気塊が下層で収束することにより，降水システムが維持された．南東側の高相当温位の気塊と低相当温位の気塊の温度差が小さかったためにその進行速度は大きくならずに同じ場所で2〜3時間降水が持続したことが，降水量の増加に寄与したと考えられる．一方，50 mmを超える大きな時間雨量には，降水セルの上部で霰が形成されそれが一挙に落下するときに融解し，強い降雨をもたらしたと考えられ，マルチパラメータレーダーからも強い降雨域の上部に霰の存在が推定されたことと整合的であった．これらのことを整理して，図3.7のような概念図が描かれた．

3.7 マルチパラメータレーダー

3.3〜3.6節で気象レーダー，ドップラーレーダー，マルチパラメータレーダー（最近は，単に**偏波レーダー**と呼ぶことが多い）による降水雲の観測について説明してきたので，レーダーについてまとめて説明する．

通常の気象レーダーは，アンテナから電波（**送信電波**）を発射し，雨粒に当たって返ってくる（**後方散乱**した）電波（**受信電波**）を受信し，その電波の振幅情報を測定し，雨が降っている場所を特定するとともに降雨の強さを推定する．通常レドームと呼ばれるドームの中にアンテナがあるのでアンテナが見えないことが多いが，気象レーダーは，図3.8に示されるように，水平方向と鉛直方向に回転するパラボラアンテナからなる．パラボラアンテナから電波を発射し，数100 mの直径を持ち奥行き100 m程度の**サンプリングボリューム**内にある雨粒から返ってくる電波をアンテナで受信する．レーダーはアンテナを回転して，面的な雨量分布を測定することができる．レーダーの原理や観測方法については，上田ほか（1996），

図 3.8 名古屋大学地球水循環研究センターの偏波レーダー．

深尾・浜津（2009），吉野（2002）などを参考にしていただきたい．

　ドップラーレーダーは，受信電波振幅情報に加えて位相情報（ドップラーシフト）を測定し，雨滴のレーダーに向かう動径速度（**ドップラー速度**）を求めることができる．受信電波の周波数が雨滴の移動速度（レーダー方向の動径速度）に応じて生じる位相のずれ（**ドップラー効果**）を測定し，雨滴が風で流されると考えて風速を推定することができる．

　通常の気象レーダーやドップラーレーダーが発射する電波は水平偏波の1種類であるのに対して，マルチパラメータレーダーは水平と垂直の偏波面を持った2種類の電波を発射する．雨粒から返ってくる信号からはさまざまなパラメータが得られる．マルチパラメータレーダーによる降雨強度の推定の原理は，降雨が強くなると，雨滴の形状が球形から扁平な形になるという事実に基づいている．大粒の雨が扁平になると，水平の偏波面を持った電波からの後方散乱は，垂直の偏波面を持った電波からの後方散乱より電波の強度が強く戻ってくる．

　降雨強度の推定に利用されるパラメータには次のようなものがある．

- **反射因子**（Zh）：雨から反射して返ってくる電波の強さで，通常の気象レーダーが観測できるパラメータである．レーダー反射強度は$10\log_{10}Zh$（単位はdBZ）であらわされる．たとえば，15dBZはごく弱い降水で，50dBZを超えると**ひょう**（雹）の存在も推定される非常に強い降水である．降雨強度は，あらかじめ経験的に決めたレーダー反射強度と降雨強度との関係式から計算される．

- **反射因子差**（Zdr）：**水平偏波**の反射因子（Zh）と**垂直偏波**の反射因子（Zv）の比で定義される．マルチパラメータレーダーで測定できる重要な偏波パラメータの一つで，雨滴の粒径分布に関する情報を得ることができる．この情報は雪片（雪粒子）や霰粒子の識別に利用することができる．大きな雨滴は落下中に鏡餅のように下が平らで扁平な形になり，大きなレーダー反射因子差を示す．例えば，直径4mmに達する雨滴のレーダー反射因子差は4.5dB程度である（直径1.3mm程度ならレーダー反射因子差は1.3dBと小さい）．

- **比偏波間位相差**（KDP）：水平偏波と垂直偏波の受信波の単位距離（1km）あたりの位相の差で定義される．マルチパラメータレーダーが測定する偏波パラメータの一つで，正確な降雨強度を求めることができる．通常の気象

レーダーで測定できる降雨強度と比偏波間位相差の水平分布の測定例を比べると，レーダーの近くにある強い降雨域の奥にある降雨域のレーダー反射強度は電波減衰の影響で小さくなるのに対して，比偏波間位相差では強い降雨域が精度良く測定できることが知られている．

比偏波間位相差を用いると降雨強度の正確な推定ができるので，現業観測でのマルチパラメータレーダーの利用に期待が集まっている．東アジアの降水においては降雨が主な問題であるが，日本では降雪も大切な問題であるので，降水粒子の種類と形状の識別が可能なマルチパラメータレーダーに対する期待は大きい．

3.8 降雨の短時間予測

気象レーダーの機能が向上すると降雨の**短時間予測**の精度は格段に向上する．通常の気象レーダーでは降雨域の位置と降水強度の測定だったが，ドップラーレーダーでは降水域の風の情報が加わり，降水システムの移動速度の測定が可能になり発達機構の理解が深まった．さらに，マルチパラメータレーダーでは，降水粒子の判別と降雨強度の高精度の推定が可能になった．これらのレーダー観測網が完備し，常時データが得られると高分解能の数値モデルに観測データを入れて（同化して），10分先，30分先，1時間先の降雨予測の精度があがることが期待される．

最近では，国土交通省によって大都市圏の大雨の監視・予測を目的として設置が進められているX-バンド（波長約3 cm，周波数約9 GHz）のマルチパラメータレーダーへの期待が高まっている．韓国気象庁でもマルチパラメータレーダー網の計画が進んでおり，東アジアの降雨観測は2010年代に大きく変わろうとしている．このような降雨の観測網と降雨の短時間予測の必要性は人間活動の高度化とともに高まっている．これらが，東アジアの降雨特性を考えるときにどこまで有効であるかは検討の余地があると思われる．

3.9 将来の降水の変動に備えて

　地球温暖化に伴い，海表面温度も上昇し，蒸発量が多くなり大気下層に含まれる水蒸気量が上昇し，豪雨が発生しやすくなっていることが懸念されている．豪雨が発生するたびに原因を地球温暖化で説明しようとする傾向がある．しかし，豪雨は温暖化が問題になる前から発生していたので，温暖化と結びつけるときには，豪雨の発生頻度が多くなっているのか，一回に発生する降雨量が多くなっているのか，年降水量の変動のなかで豪雨の占める割合が多くなっているのか，等についてきちんとした解析が必要である．3.5節で述べたように，豪雨にも多くの種類があり，豪雨の降り方は局地的なので，豪雨と温暖化の関係を説明するためには，降水システムの環境場とともに降水セルの発達機構の解明が必要である．そしてそのための各種レーダーの観測データの蓄積と詳細な解析が必要である．最近の中国，韓国，台湾などの東アジアにおける気象レーダー網の展開は国際協力によるデータの共有の可能性を示唆しており，豪雨と温暖化の関係を国際協力によって解明し，降雨予測に生かされることが近い将来期待される．レーダー観測に対応した空間分解能で降雨の再現ができる高分解能の数値モデルが開発されていることも，これらの期待を高めている．

　日本で時間雨量 50 mm を超える豪雨の発生頻度が最近高くなっていると言われることが，東アジア全体で見たときにどうなっているか，雨の降り方も含めた研究により，将来予測をする必要がある．観測技術や数値モデルの開発を常に進め，東アジアの降水に係る問題の解決に向けた対応力をつけていくことが，「水の環境学」を学ぶ意義の一つであろう．

参考文献

深尾昌一郎・浜津享介（2009）:『気象と大気のレーダーリモートセンシング（改訂第2版）』，京都大学学術出版会，502pp.

Houze Jr., Robart A.（1994）: *Cloud Dynamics*, Academic Press, 573pp.

Johnson, R. H., T. M. Rickenbach, et al.（1999）: Trimodal characteristics of tropical convection. J. Climate, 12, 2397-2418.

Maesaka, T.（2003）: Study on the formation process of precipitation systems in the Meiyu front on the

China continent. Doctoral Dissertation, Hokkaido University.
Moteki, Q., H. Uyeda, et al. (2004a): Structure and development of two merged rainbands observed over the East ChinaSea during X-BAIU-99 Part I : Meso-β-scale structure and development processes. J. Meteor. Soc. Japan, 82, 19-44.
Moteki, Q., H. Uyeda, et al. (2004b): Structure and development of two merged rainbands observed over the East China Sea during X-BAIU-99 Part II : Meso-α-scale structure and build-up processes of convergence in the Baiu frontal region. J. Meteor. Soc. Japan, 82, 45-65.
二宮洸三（2001）:『豪雨と降水システム』, 東京堂出版, 247pp.
日本気象学会編（1998）:『気象科学事典』, 東京書籍, 637pp.
小倉義光（1999）:『一般気象学（第二版）』, 東京大学出版会, 320pp.
Shinoda, T. and H. Uyeda (2002): Effective factors in the development of deep convective clouds over the wet region of eastern China during the summer monsoon season. J. Meteor. Soc. Japan, 80, 1395-1414.
Shinoda, T., M. Kato, et al. (2009): Structure of a precipitation system developed around Aichi prefecture, Japan, on August 28-29, 2008. Conference on MCSs and High-Impact Weather/Climate in East Asia (ICMCS-VII), Seoul, Korea, November 11-13.
篠田太郎・山田広幸ほか（2009）: 中国華中域における大気境界層・降水システム研究の進展 ～GAME/HUBEX 特別集中観測からの10年～. 天気, 56, 971-981.
武田喬男・上田 豊ほか（1992）:『水の気象学』, 東京大学出版会, 185pp.
上田 博・竹内謙介ほか（1996）:「気象海洋観測」. 平 朝彦・浜野洋三ほか,『地球の観測（岩波講座地球惑星科学4）』, 岩波書店, pp. 213-254.
Yamada, H., B. Geng, et al. (2003): Three-dimensional structure of a mesoscale convective system in a Baiu-frontal depression generated in the downstream region of the Yangtze River. J. Meteor. Soc. Japan, 81, 1243-1271.
Yamada, H., B. Geng, et al. (2007): Role of the heated landmass on the evolution and duration of a heavy rain episode over a Meiyu-Baiu frontal zone. J. Meteor. Soc. Japan, 85, 687-709.
吉崎正憲・加藤輝之（2007）:『豪雨・豪雪の気象学』, 朝倉書店, 187pp.
吉野文雄（2002）:『レーダ水文学』, 森北出版, 175pp.
Zhang, C.-Z., H. Uyeda, et al. (2006a): Characteristics of mesoscale convective systems over the east part of continental China during Meiyu from 2001 to 2003. J. Meteor. Soc. Japan, 84, 763-782.
Zhang, C.-Z., H. Uyeda, et al. (2006b): Characteristics of convections of medium depth to south of the Meiyu front analyzed by using numerical simulation. SOLA, 2, 160-163, doi : 10.2151/sola. 2006-041.
Zipser, E. J. and K. R. Lutz (1994): The vertical profile of radar reflectivity of convective cells : A strong indicator of storm intensity and lightning probability? Mon. Wea. Rev., 122, 1751-1759.

（上田　博）

第4章

沿岸域の水・物質循環

4.1 はじめに

　沿岸域とは水深200 m よりも浅い海域であり，**河口域**，**内湾域**，**陸棚域**などに大別される．沿岸域は陸域と外洋域それぞれと接しており，陸域からは河川を通じた淡水（浮力）や物質の流入，外洋域からは黒潮などの変動に伴う擾乱の伝播や外洋水の湾内への流入などにより沿岸域の海洋環境は変化する．特に，沿岸域は複雑な水平地形と浅い水深のため，陸や外洋からの擾乱や風の変化に対し非常に複雑な応答をする．河川から流入した淡水の挙動や風に対する流れの変化は理想的な矩形湾を設定すれば理論的に説明できるが，実際の沿岸域の変動は極めて複雑であり，一つの内湾の特性を理解すればそれをすべての湾に適用できるものではない．また，同じ内湾でも湾のスケール，閉鎖的か開放的か，湾に接する外洋域の状況により湾内で起こる現象の時空間スケールも異なる．このような理由により，沿岸域は我々の暮らす陸域から極めて近い場所でありながら，そこでの物理過程はもちろん，より複雑な変化をする化学・生物過程は必ずしも理解されつくしているわけではない．

　陸域と接する沿岸域では，人間活動の影響を直接受け，その結果さまざまな環境問題が発生している．高度経済成長期以来，河川からの物質流入の増加により有害物質汚染が発生したほか，植物プランクトンが異常増殖する**赤潮**，海底に沈降・堆積した有機物の分解により底層の**溶存酸素**（Dissolved Oxygen；DO：コラム「水質の指標」参照）の濃度が低下し，生物が生息できなくなる底層の**貧酸素化**（**貧酸素水塊**の発生），貧酸素水塊が湧昇し海面の色が青白くなる**青潮**など，さまざまな環境問題が顕在化してきている．これらの環境問題を解決するため，内湾

と外洋との海水交換や，内湾から外洋への物質輸送に関する研究が長年精力的に行われると同時に，**水質汚濁防止法**や**瀬戸内海環境保全特別措置法**など法律により河川からの排出規制が行われてきた．しかしながら，現在もなお沿岸域での赤潮や貧酸素水塊は解消されておらず，沿岸域の一度悪化した海洋環境を改善することが極めて困難であることがわかる．最近の研究によると，瀬戸内海の窒素の起源の大部分が陸域からではなく外洋域であるという報告もあり（石井・柳，2006），沿岸域が物質の供給源であるという概念は変わりつつあり，陸域-沿岸域-外洋域を一つのシステムとして考えなければ我々が直面している環境問題を解決できないと考えられるようになってきた．

　沿岸域の海洋環境を改善もしくは維持するためには，そこでの水・物質の挙動を理解できればよいわけであるが，地形が複雑で現象の時間スケールも短く変動の大きい沿岸域での物質の挙動を理解することは容易ではない．海洋の物質は「流れ」により移流され，「乱れ」によって拡散される．それでは，沿岸域にはどのような「流れ」や「乱れ」があり，それらによって物質はどのように移流，拡散されるのであろうか．本章では，海洋物理学的な視点から，沿岸域での物質循環を理解するために必要となる沿岸域の「流れ」を概説する．また，河口域・閉鎖性内湾として東京湾と伊勢湾，陸棚域として東シナ海を例にして，それぞれの海域での環境問題や物質循環の特徴を紹介する．

4.2　沿岸域での物質輸送過程

　陸域や外洋域から沿岸域に流入する物質には，化学・生物過程により変化する**非保存性物質**と変化しない**保存性物質**がある．沿岸域での物質循環を考える上では非保存性物質の挙動を知ることが重要であるが，ここでは物理過程による物質の輸送過程を説明するために，簡単のため保存性物質を考える．

　ある場所での保存性物質の濃度変化は，以下の**移流拡散方程式**で表すことができる．

$$\frac{\partial C}{\partial t} + u\frac{\partial C}{\partial x} + v\frac{\partial C}{\partial y} + w\frac{\partial C}{\partial z} = K_h\left(\frac{\partial^2 C}{\partial x^2} + \frac{\partial^2 C}{\partial y^2}\right) + K_z\frac{\partial^2 C}{\partial z^2} \tag{4.1}$$

ここで C は保存性物質の濃度，t は時間，x, y と z は水平，鉛直軸，u, v, w は流

速の x, y, z 成分，K_h と K_z はそれぞれ水平方向，鉛直方向の**拡散係数**である．(4.1)式からわかるように，ある場所での物質濃度の時間変化は**移流**（左辺 2, 3, 4 項）と**拡散**（右辺）により起こる．従って，対象とする海域の流動場が正確にわかれば物質の挙動を把握することができるわけである．

ところで，(4.1)式の移流と拡散とはどのような流れや乱れによるものであろうか．一般的に，水深の浅い沿岸域では 1 日 1 回もしくは 2 回起こる潮の干満に伴う**潮流**が卓越する．例えば，瀬戸内海の来島海峡では潮流は最大 8 ノット（約 4 m/s）以上となる．このような強い流れがあると数時間のうちに物質はある方向へ輸送される．つまり移流されるわけであるが，半日もしくは 1 日での物質の挙動を考えると潮流が**往復流**であるため，もとの場所に戻ってくることになり，ある場所の物質濃度は拡散により変化するものの移流の影響はほとんどない．このことを模式的に示したのが図 4.1 である．図 4.1 は半日周期の潮流が卓越し，非常に弱い反時計回りの**循環流**がある内湾のある場所 I から物質を投入した場合の 3 時間，30 時間，30 日，300 日後の物質の広がりを模式的に示したものである．I から投入された物質は 3 時間後には拡散により広がりながら西方へ移流される．30 時間後の物質の輸送経路，広がりを見ると，潮流により投入地点 I 付近を往復しながら拡散により広がりわずかであるが北へ輸送されている．30 日後の物質の挙動と広がりを見ると，潮流により振動しながら弱い反時計回りの循環流により湾内を移流され，拡散により広がっている．さらに 300 日後には物質は湾内全体に拡散している．この内湾で卓越する潮流に注目すると，3 時間という短い時間の中では潮流は移流として働いているが，潮流の振動周期より長い 30 時間，30 日間の物質の挙動に対して潮流は拡散として働き，潮流に比べ非常に弱い循環流が移流として働いている．さらに，潮流と循環流の時間スケールよりはるかに長い 300 日間となると潮流，循環流とも拡散として働いている．つまり，対象とする時間スケールにより潮流は移流として働くこともあれば，拡散として働くこともある．このことは海洋での物質輸送過程を理解するためには対象とする時間スケールを把握するとともに，その場所での流れの時空間変動を知ることが重要であることを意味している．以下では，沿岸の物質の移流，拡散に関わる主な流れについて説明する．

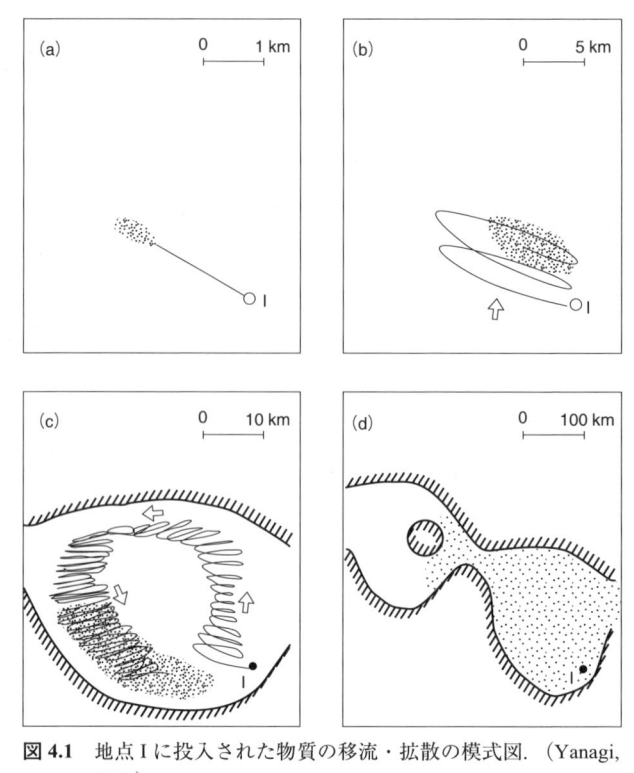

図 4.1 地点 I に投入された物質の移流・拡散の模式図．(Yanagi, 1999)

図の上向きが北であり，それぞれ，(a) 3 時間，(b) 30 時間，(c) 30 日，(d) 300 日後の物質の広がりと軌跡を示している．

4.3 沿岸域の流れ

　沿岸域の流れには往復流である潮流と，潮流以外の成分である**残差流**がある．図 4.2 は伊勢湾において海上保安庁により観測された，1999 年 2 月 15 日〜3 月 3 日の海面下 5 m の流速の南北成分の時系列である．1 日に 2 回正負の大きな流速が見られ非常に規則正しく変動している．この周期的な流れは潮流によるものである．図中の太線は南北流速データから 25 時間以内の変動を除いた流速で，残差流と呼ばれる．残差流には潮流の非線形性により生じる**潮汐残差流**，海上を吹く風による**吹送流**，河川流入など密度差に起因する**密度流**がある．4.2 節で述べたように潮流と残差流は沿岸域の物質の移流，拡散に直接関係している．これら

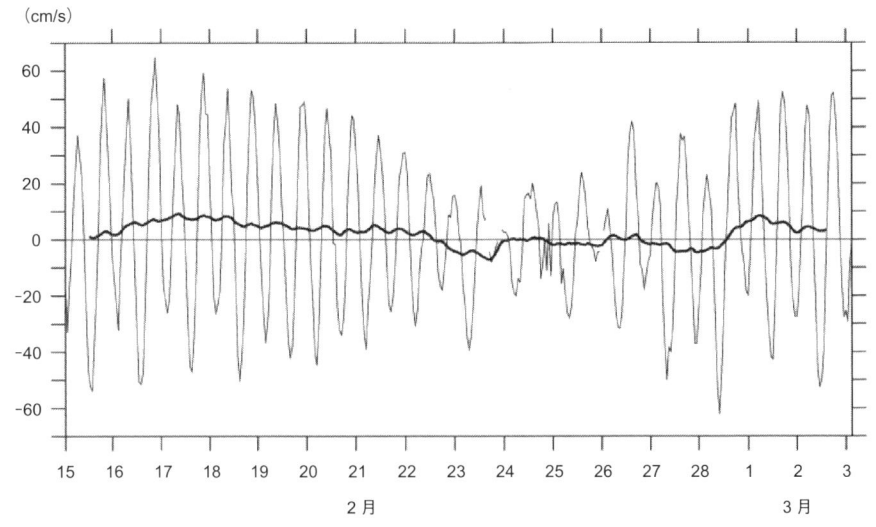

図 4.2 伊勢湾の海面下 5 m で観測された 1999 年 2 月 15 日～3 月 3 日の流速の南北成分．正の値が北向きの流れを示す．細い実線は 1 時間毎の南北流速，太い実線は 1 時間毎の南北流速に 25 時間の移動平均をかけたものである．

の流れを以下で簡単に解説する．

4.3.1 潮流

海洋では月や太陽が海水に及ぼす起潮力により 1 日 2 回もしくは 1 回の水位変動が起こる．これが**潮汐**である．水深の浅い沿岸域では海底の摩擦の影響もありその水位変動は外洋に比べ大きい．潮汐による水位変動（干満）は，海水の移動を伴うものであり，干満に伴い流速も 1 日 2 回もしくは 1 回の周期的な変動をする．潮汐・潮流の変動はいくつもの異なる周期の波の重ね合わせで表すことができ，それぞれを**分潮**と呼ぶ．各分潮の周期は理論的にわかっており，振幅の大きい 12.42 時間周期の **M_2 分潮**（主太陰半日周潮），12.00 時間周期の **S_2 分潮**（主太陽半日周潮），23.93 時間周期の **K_1 分潮**（日月合成日周潮），25.82 時間周期の **O_1 分潮**（主太陰日周潮）の四つの分潮を**主要 4 分潮**と呼ぶ．図 4.2 の伊勢湾の流速データを見ると，周期的に変化する流れの振幅は観測期間中に変化しているものの，1 日 2 回の正負の流速変動が規則正しく起こっていることがわかる．この流速データから主要 4 分潮の変動の振幅を計算すると，M_2, S_2, K_1, O_1 分潮はそ

れぞれ，32.3 cm/s，6.4 cm/s，6.9 cm/s，6.5 cm/s となり，すべての分潮が重なるとすると最大で 52 cm/s というかなりの流速となる．ただし，それぞれの分潮の周期と位相が異なるため常に最大流速になるわけではない．また，1日2回の正負の流速変動の他に，2月中旬に全体的に流速振幅が大きく，2月下旬に流速振幅が小さくなるといった変動が見られる．この変動は，太陽と月の位置関係により海水への起潮力が変化するためで，満月や新月の時（大潮）に流速が大きくなり，下弦や上弦の月の時（小潮）に流速が小さくなる．その周期は主に月の起潮力により起こる半日周期の M_2 潮流と，主に太陽の起潮力により起こる半日潮流である S_2 潮流の重ね合わせで説明でき，その周期はこれら二つの分潮の合成波の周期である 14.77 日となる．再度，1日内での流速変動に注目すると，1日の中で1回目と2回目の最大流速が違うことがわかる．これは M_2 や S_2 分潮のような半日周期の潮流と K_1 や O_1 分潮のような日周期の潮流があるためで，日潮不等と呼ばれる．

これまで説明したように潮流の周期が既知であることから，1時間程度の時間間隔で15昼夜以上の連続流速データがあれば主要4分潮の潮流の振幅と位相を求めることが可能であり，いったんその場所の潮汐の振幅と位相がわかれば任意の時刻の潮流をかなり正確に計算することができる．新聞などに掲載されているように，日本全国の主要な港での干潮・満潮の時刻が正確に予報できるのは，先に説明した流速観測と同様に水位を観測することで，潮汐の振幅と位相を計算できるからである．このように，ある場所の潮流や潮汐はかなり正確に予測もしくは再現できるわけであるが，伊勢湾全域といったような潮流・潮汐の空間分布を観測データから知ることは難しく，沿岸域の物質輸送を調べるためには，数値モデルにより潮流・潮汐の空間分布を正確に再現する必要がある．

4.3.2 残差流

図 4.2 の太線のように，観測された流速データから半日，1日の周期で往復する潮流を差し引いても流速はゼロにならない．この流れは残差流と呼ばれる．残差流の流速は潮流に比べ非常に小さいが，図 4.1 に示したように潮流周期以上の時間スケールにおける物質の輸送にとっては極めて重要な働きをする．以下ではこの流れを起こす，潮汐残差流，密度流，吹送流について説明する．

a) 潮汐残差流

図 4.3 は数値モデルにより伊勢湾の M_2 潮流を再現し，約 1 分間隔で得られた M_2 潮流をその周期である 12.42 時間で平均して得られた流速の空間分布である（柳・黒田，1998）．周期関数で表すことのできる M_2 潮流をその周期で平均すると流速はゼロになるはずであるが，弱いながら伊勢湾全体で流速が見られる．特に，地形が複雑な湾口付近では 5 cm/s 以上の平均流が存在している．このように往復流である潮流のみで駆動した数値モデルにも関わらず現れる平均流が潮汐残差流である．潮汐残差流は潮流の非線形性と複雑な地形の効果により起こる．潮流は基本的には季節変化しないため，図 4.3 に見られるような平均流は一年を通して存在する．また，潮汐残差流は M_2 分潮以外の分潮でも起こるので，M_2 分潮と S_2 分潮が卓越する沿岸域の場合，潮汐残差流も約 15 日の周期で変化する．

伊勢湾の M_2 潮流による潮汐残差流は比較的弱いが，大阪湾の場合，明石海峡を通過する非常に速い潮流とその地形により図 4.4 のように 50 cm/s 以上の速い潮汐残差流が起こる（柳・高橋，1995）．大阪湾の潮汐残差流はそれを引き起こす潮流よりも場所によっては大きくなり，大阪湾の物質輸送に対し極めて大きな影

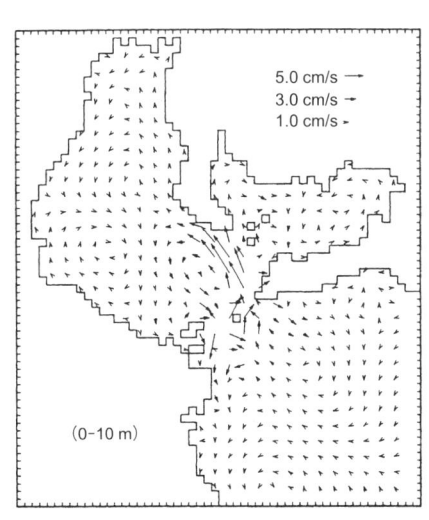

図 4.3 数値モデルにより計算された伊勢湾表層の M_2 潮流による潮汐残差流．（柳・黒田，1998）

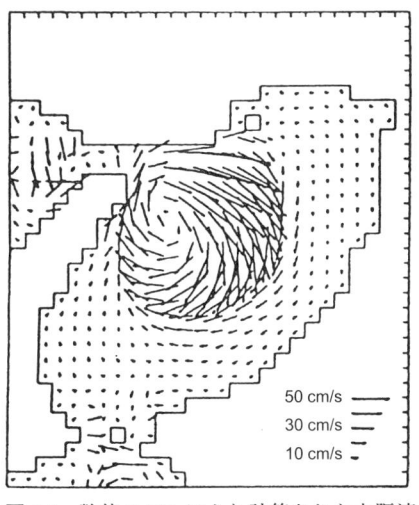

図 4.4 数値モデルにより計算された大阪湾の M_2 潮流による潮汐残差流．（柳・高橋，1995）

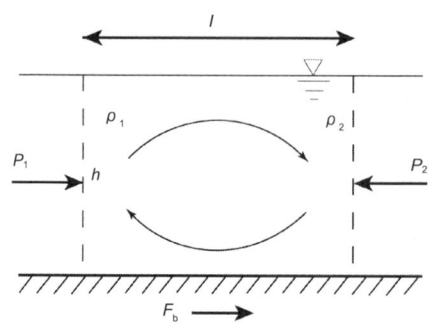

図 4.5 エスチュアリー循環の模式図.

b) 密度流

湾奥にある河川からの淡水流入が多い伊勢湾，大阪湾，東京湾などでは，淡水供給による浮力流入により湾奥から湾口への水平圧力勾配が生じ，その圧力勾配を調節する流れが発生する．つまり，河川水の影響を強く受けた密度の小さい表層水は湾外へ，密度の大きい湾外の海水は湾の底層を通り湾奥へという鉛直循環流が湾内に形成される．この流れは密度差に起因して起こることから密度流と呼ばれ，湾内の鉛直循環流は**エスチュアリー循環**と呼ばれる．エスチュアリー循環はどのような湾で発達するのであろうか．ここで，図 4.5 に示すような深さ h，長さ l の矩形湾を考える．左側の密度を ρ_1，右側の密度を ρ_2，$\rho_2 - \rho_1 = \Delta\rho$ とし，ρ_2 は ρ_1 より大きいとする．左側と右側にかかる全圧力を P_1, P_2，海底摩擦を F_b とする．このとき，定常状態では

$$P_2 - P_1 = F_b \tag{4.2}$$

となる．代表的な流速を U，平均密度を ρ，鉛直方向の**渦粘性係数**を K_z とすると，P_1, P_2, F_b それぞれの大きさは，

$$P_1 \approx \rho_1 g h^2, \ P_2 \approx \rho_2 g h^2, \ F_b \approx \rho K_z U l / h \tag{4.3}$$

となる．式(4.3)を式(4.2)に代入すると

$$U \approx \frac{\Delta\rho g h^3}{\rho K_z l} \tag{4.4}$$

となり，密度差 $\Delta\rho$ が大きいとエスチュアリー循環は発達し，潮流などによる鉛直混合が大きいか，湾の長さが長いとエスチュアリー循環は発達しないことがわかる．河川流入量の多い伊勢湾はエスチュアリー循環の発達する内湾の一つであり，伊勢湾の物質輸送過程に大きな影響を与えている．

c) 吹送流

海上を風が吹き，その風応力により生じる流れは吹送流と呼ばれる．海上に風が吹いた場合どのくらいの流れが海洋で起こるのか考えてみる．海面での風応力 τ は

$$\tau = \rho_a C_d W^2 \tag{4.5}$$

と表される．ここでρ_aは大気の密度，C_dは**摩擦係数**，Wは海上 10 m での風速である．風が長期間連吹し，波が十分発達した状態では大気から海洋，海洋から大気への摩擦力が同じであると仮定できる．すなわち，

$$\tau = \rho_a C_d W^2 = \rho C'_d U^2 \tag{4.6}$$

となる．ここでρは海水の密度，C'_dは大気と海洋の境界での摩擦係数，Uは吹送流である．C_dとC'_dが等しいとすると

$$U = \sqrt{\frac{\rho_a}{\rho}} W \approx 0.035 W \tag{4.7}$$

となり，海上 10 m の風速の 3.5％の速度を持つ流れが生じることになる．ここでは波が十分発達した状態を仮定しているが，実際の海洋では常にそのような状況ではなく，風速と吹送流の関係は一定ではない．また，観測データに基づく最近の研究結果によれば，海洋内部の成層構造によっても風速と流速の関係が変わることが報告されている（Yoshikawa and Masuda, 2009）．

　小さな池の上を風が吹くと水面の木の葉が風下側へ流される．これは我々が日常で経験することであるが，海上を長い時間風が吹き続けると地球自転の影響により海面の流れは風向と異なる方向へ流れる．北半球において無限に深く広い海の上を一方向に一様な風が吹いている場において，定常流としてどのような流れが起こるのかを計算すると図 4.6 のように，海面では風向に対して右 45 度，下層になるにつれて流速は遅くなり螺旋を描きながら右へ偏向し，深さ D で流速は海面流速の 1/e となる流れとなる．ここで，深さ D までの層を**エクマン層**と呼び，図 4.6 の流れを**エクマン螺旋**と言う．エクマン螺旋は無限に広く深い海を考えているが，沿岸域では陸地や海底

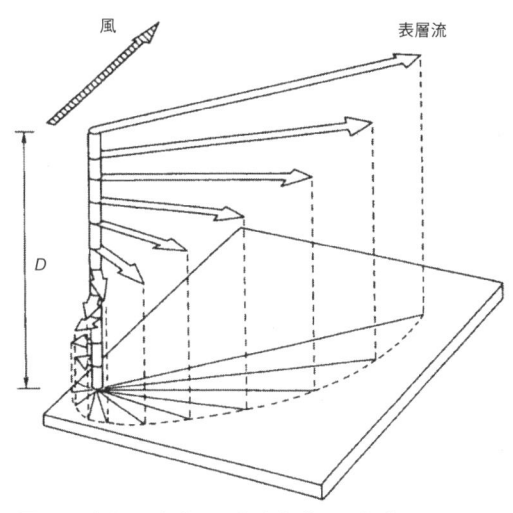

図 4.6　無限に広く深い海を仮定した場合のエクマン螺旋．（Yanagi, 1999）

の影響があるため図 4.6 のように風向に対して 45 度の方向に流れる訳ではない．また，沿岸域では風の時空間変化が大きいため沿岸域の吹送流を正確に把握するのは非常に難しい．

以上，沿岸域の物質輸送に深く関わる潮流，残差流について述べてきた．それぞれの流れの理論はわかっているが，実海域，特に沿岸域でこれらすべての流れの時空間変動を正確に知ることは極めて難しく，それゆえ沿岸域の物質の挙動を知ることが難しい．

4.3.3 拡散と分散

海洋での物質の広がりを考える上では移流だけでなく，拡散過程も重要である．ビーカーの中にインクを一滴たらすとそのインクは広がる．これは水分子の**ブラウン運動**によるもので**分子拡散**と呼ばれている．海洋においても同様に物質は拡散するがビーカーの中のインクの拡散とは異なるものである．海洋には大小さまざまな渦や乱れがあり，海洋の物質は分子拡散よりかなり速く拡散する．このような渦や乱れによる拡散を**渦拡散**と呼ぶ．実際の海洋での渦拡散は物質の広がりのスケールと同程度の渦の影響を受け，それより大きな渦は物質の輸送を行

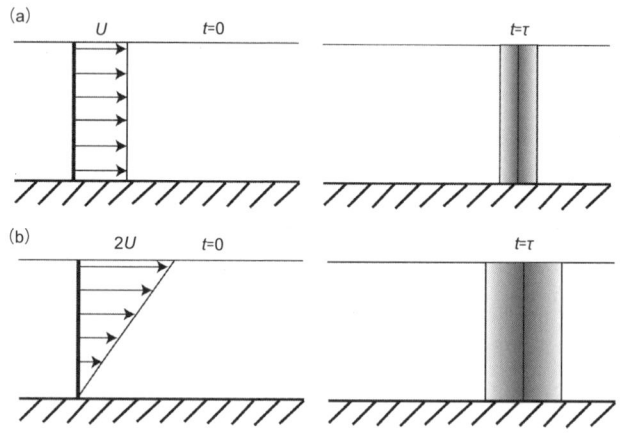

図 4.7 鉛直拡散時間より長い時間 τ における渦拡散(a)と分散(b)．
(a)，(b)の平均流速はともに U である．

う．つまり，物質の広がりは乱れのスペクトルに依存する．水平方向の渦拡散係数は $10\sim10^8$ cm^2/s の範囲で変化し，水平スケールの 4/3 乗に比例して大きくなる．一方，鉛直方向の渦拡散係数は水柱の安定度と**シアー**（摩擦応力）に依存し，$0.1\sim100$ cm^2/s 程度の大きさである．

　流れにシアーがある場合，流れのシアーと流れのシアーに直交する渦拡散の組み合わせにより，渦拡散とは異なった拡散が起こる．これを分散と呼ぶ．図 4.7 (a, b) は，どちらも平均流速は U であるが，図 4.7(a) は海面から海底まで一様流，図 4.7(b) は海面で $2U$，海底でゼロとなっておりシアーがある．このような場において，鉛直拡散時間より長い時間 τ の物質の広がりを考える．図 4.7(a) の場合，物質は流速 U により移流され水平渦拡散により広がる．一方図 4.7(b) の場合，海面では物質は $2U\tau$ まで広がる．τ は鉛直拡散時間より長いため物質は鉛直に広がる．その結果図 4.7(b) の物質は図 4.7(a) より広範囲に広がることになる．海底摩擦の影響が強い沿岸域ではこのような分散により短時間に広範囲な物質の広がりが起こる．

4.4　沿岸域の環境問題

　沿岸域の物質輸送について説明してきたが，実際の沿岸域でどのような環境問題が起こっているのであろうか．ここでは，人口が集中し河川から水と物質が大量に流入している東京湾，伊勢湾と，これら二つの内湾とは全くスケールは異なるが大河川である長江からの大量の水と物質の供給がある東シナ海・日本海について紹介する．

4.4.1　東京湾

　東京湾周辺には日本の人口の 2 割以上の人々が生活しており，東京湾へは大量の物質が流入している．1950 年代から有機物の流入が増加し湾内の水質汚濁が進み 1970 年ごろに水質汚濁はピークに達した．河川からの有機物の流入のほか，溶存態の無機の窒素やリンなど栄養塩の流入により，赤潮，貧酸素化，貧酸素水塊の形成，青潮などの環境問題が起こった．水質汚濁防止法の施行や**化学的酸素**

要求量（Chemical Oxygen Demand；**COD**：コラム「水質の指標」参照）の総量規制，環境基準に窒素とリンが追加されたことで，河川から流入する物質量は減少したが，赤潮や貧酸素水塊は現在もなお解消されていない．河川から負荷される窒素とリンは，1979〜1980年に比べ1997〜1998年では窒素が7%，リンが36%も減少している（松村，2000）．しかし，表層の溶存態無機リンの濃度と湾内の赤潮発生件数は上記の期間でほぼ横ばいとなっており減少していない（野村，1998）．貧酸素水塊に関しても，東京湾奥の底層では，1年の半分が貧酸素状態であり，成層の発達する夏季には東京湾のほぼ半分の海域に貧酸素水塊が形成されている（松村・野村，2003）．

　これは東京湾の海水が交換するのに時間がかかるためであろうか？　東京湾を一つのボックスとして湾内の淡水，溶存態無機窒素，溶存態無機リンの平均滞留時間（水・物質が湾内に留まる時間）を計算すると，それぞれ1.0ヶ月，1.2ヶ月，1.3ヶ月となり（柳，1997），比較的短い時間で水や物質は湾外へ輸送されていることがわかる．しかしながら，栄養塩濃度，赤潮件数，貧酸素水塊は長年にわたり減少していない．松村（2000）の見積もりによると，湾内に存在するリンのかなりの部分が底質からの溶出によるものであり，特に8月では溶出によるリンの量は湾全体のリンの60%にものぼることが報告されている．また，湾内底層での溶存態無機窒素と溶存態無機リンの生産は陸からの流入負荷に対して年平均でそれぞれ48%，146%と非常に大きい（松村ほか，2002）．松村・野村（2003）の試算によれば，陸上からの窒素，リンの負荷量を約6割削減しなければ，1950年代の東京湾の状態に戻すことができない．このように，東京湾の海洋環境を改善するためにはさらなる努力が必要なのである．

4.4.2　伊勢湾

　木曽三川から大量の淡水が流入する伊勢湾ではエスチュアリー循環が発達している．東京湾の場合と同様に，伊勢湾を一つのボックスとして淡水，溶存態無機窒素，溶存態無機リンの平均滞留時間を計算すると，それぞれ0.9ヶ月，1.4ヶ月，1.5ヶ月となる（柳，1997）．淡水の平均滞留時間は東京湾より少し短いが，溶存態無機窒素と溶存態無機リンの平均滞留時間は東京湾より長い．これは，東京湾よりエスチュアリー循環が発達しているためで，河川から流入し表層を湾口

方向へ輸送される栄養塩が植物プランクトンにより取り込まれるなどして有機物となり，その一部が下層へ輸送され下層で湾奥方向へ輸送されるために平均滞留時間が長くなっていると考えられる．

　伊勢湾も東京湾と同様，伊勢湾周辺の人口が多く，河川から大量の有機物や栄養塩が流入するため，赤潮，貧酸素水塊，青潮が起こっている．特に，毎年夏季に発生する貧酸素水塊は生物の斃死をもたらし大きな漁業被害を与えることから，伊勢湾での最も深刻な環境問題といえる．伊勢湾の貧酸素水塊の形成には，下層への有機物供給だけでなく，湾内と湾口付近の海水の密度バランスによる湾口水の湾内への**貫入深度**の季節変化が強く影響している（高橋ほか，2000）．伊勢湾の湾口は狭く潮流が速いため湾口付近の海水は鉛直的に混合され酸素を豊富に含んでいる．冬の場合，湾奥では河川水による浮力供給があるため湾口の海水は湾内の海水より重く湾の下層へ流入する．一方，春から夏にかけては，湾内の下層に冬に冷やされた冷たい水塊があるため，湾口で鉛直混合され酸素を豊富に含む水塊は湾内の下層ではなく，中層へ進入する．その結果，底層の水塊が孤立し停滞するため貧酸素化が進む（高橋ほか，2000；Fujiwara et al., 2002）．下層が貧酸素になった状態のときに，塩分の高い外洋水の影響を受け湾口の海水の密度が大きくなると，湾内と湾口の密度バランスが変わり間欠的に湾口水が湾底層へ進入する．このような底層進入が起こると底層の貧酸素水塊は持ち上げられるため中層が貧酸素化し，底層の貧酸素は解消される（藤原，2007）．伊勢湾では有機物の負荷だけでなく，湾内外での密度バランスに伴う密度流の変化により貧酸素化の度合いが変化している．このように湾内の流れだけでなく外洋の変化も把握しなければ，伊勢湾の貧酸素化の状況を説明できない．

4.4.3　東シナ海・日本海

　これまで見てきた内湾に比べ非常に広く外洋と直接つながっている東シナ海は，沿岸域というイメージとは異なるが，河川の影響を強くうけ，浅い水深のため潮流が卓越するなどいわゆる沿岸域としての特徴を持つ海域である．東シナ海へは中国の大河川長江から膨大な淡水が流入している．図4.8は5～8月の表層塩分分布の変化を示したものである．5月には長江河口付近だけで見られた低塩分水は，河川流量の増加する夏に向けて東シナ海全体に広がっている．東シナ海

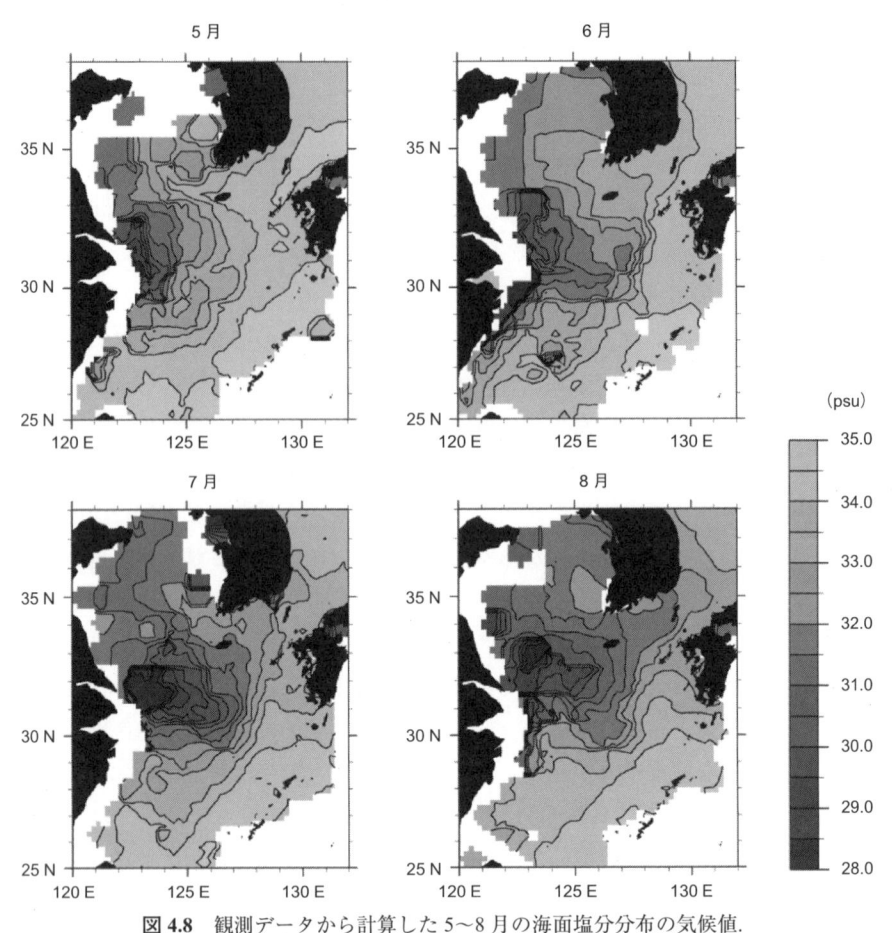

図 4.8 観測データから計算した 5〜8 月の海面塩分分布の気候値.
塩分の単位は千分率 (‰) が使われるが,ここで使用した塩分データは化学分析ではなく電気伝導度から計算されたデータのため**実用塩分単位** (psu) としている.

に広がった淡水は対馬海峡から日本海へ輸送されており,その量は長江の河川流量の少なくとも 7 割以上である (Isobe et al., 2002).このように,長江からの河川水は,東シナ海はもちろん日本海へも広がっている.

長江起源の河川水 (**長江希釈水**) の広がりは東シナ海,日本海の海洋環境や生物生産に大きく影響している.人工衛星により観測された植物プランクトンの分布と長江希釈水の分布を比べると,長江希釈水の分布と植物プランクトン量が多い海域の分布がおよそ一致する (Matsuno et al., 2006).長江希釈水に含まれる栄

養塩は長江河口付近で使われるため，日本海まで広がる間どのようなメカニズムで植物プランクトンの増殖が維持されるのか明らかではないが，長江希釈水の広がりが東シナ海の基礎生産に大きな役割を果たしていることは間違いない．また，長江の河川流量の長期的な増加により東シナ海の溶存態無機窒素が増加しているという報告もあり（Siswanto et al., 2008），近年の中国の経済成長に伴う栄養塩増加が黄海・東シナ海を富栄養化させているとも言われている．黄海・東シナ海の富栄養化と直接関係しているのかは不明であるが，2000年代になってエチゼンクラゲの大発生が頻繁に起こり，淡水とともに東シナ海から日本海へ大量に運ばれ，日本海沿岸で大きな漁業被害を起こしている．また，東シナ海から日本海へは大量の栄養塩が対馬暖流により輸送されている．その量は長江から流入する栄養塩の数倍であり，日本海の生物生産に大きな影響を与えていると考えられる（Morimoto et al., 2009）．この東シナ海から日本海への栄養塩輸送量は長江希釈水が日本海へ輸送される量と関係していることが示唆されている．

このように長江希釈水の挙動が東シナ海だけでなく日本海の海洋環境に大きな影響を与えているわけであるが，長江中流には世界最大の水力発電ダムである三峡ダムが建設され，さらに中国北部の水不足を解消するために長江の水を運河により北部の都市へ送る南水北調という事業が実施されている．これらの事業により，長江から東シナ海へ流入する河川水の量と，河川水に含まれる栄養塩の変化が起こっている（Gong et al., 2006）．長江河口付近では三峡ダム建設によりすでに海洋環境の変化が起こっているという報告もあり（Jiao et al., 2007），この影響は東シナ海全体だけでなく日本海へも及ぶと考えられる．

参考文献

Fujiwara, T., T. Takahashi, et al. (2002): The role of circulation in the development of hypoxia in Ise Bay, Japan. Est., Coast. and Shelf Sci., 54, 19-31.
藤原建紀（2007）：伊勢湾の貧酸素水塊はどのようにしてできるのか．月刊海洋，39(1), 5-8.
Gong, G.-C., J. Chang, et al. (2006): Reduction of Primary production and changing of nutrient ratio in the East China Sea: Effect of the Three Gorges Dam. Geophys. Res. Lett., 33, L07610.
石井大輔・柳 哲雄（2006）：瀬戸内海に存在する太平洋起源のリン・窒素．沿岸海洋研究，43 (2), 119-127.
Isobe, A., M. Ando, et al. (2002): Freshwater and temperature transports through the Tsushima-Korea Straits. J. Geophys. Res., 107 (C 7), 10. 1029/2000JC000702.

Jiao, N. Z., Y. Zhang, et al.（2007）: Ecological anomalies in the East China Sea : Impacts of the Three Gorges Dam? Water Res., 41, 1287-1293.

Matsuno, T., J.-S. Lee, et al.（2006）: Measurements of the turbulent energy dissipation rate ε and an evaluation of the dispersion process of the Changjiang Diluted Water in the East China Sea. J. Geophy. Res., 111, C11S09.

松村　剛（2000）：東京湾における栄養塩の収支に関する研究．東京水産大学大学院博士論文，69pp.

松村　剛・石丸　隆・柳　哲雄（2002）：東京湾における窒素とリンの収支．海の研究，11, 613-630.

松村　剛・野村英明（2003）：貧酸素水塊の解消を前提とした水質の回復目標．月刊海洋，35(7), 464-469.

Morimoto, A., T. Takikawa, et al.（2009）: Seasonal variation of horizontal material transport through the Eastern Channel of the Tsushima Straits. J. Oceanogr., 65, 61-71.

野村英明（1998）：1900 年代における東京湾の赤潮と植物プランクトン群集の変遷．海の研究，7, 159-178.

Siswanto, E., H. Nakata, et al.（2008）: The long-term freshening and nutrient increases in summer surface water in the northern East China Sea in relation to Changjiang discharge variation. J. Geophy. Res., 113, C10030.

高橋鉄哉・藤原建紀ほか（2000）：伊勢湾における外洋系水進入深度と貧酸素水塊の季節変動．海の研究，9, 265-271.

柳　哲雄・高橋　暁（1995）：大阪湾の残差流変動．愛媛大学工学部紀要，14, 377-391.

柳　哲雄（1997）：東京湾，伊勢湾，大阪湾の淡水・塩分・DIP・DIN 収支．沿岸海洋研究，35, 93-97.

柳　哲雄・黒田　誠（1998）：伊勢・三河湾の潮汐・潮流．愛媛大学工学部紀要，17, 291-298.

Yanagi, T.（1999）: *Coastal Oceanography*. Terra Scientific Publishing Co., Tokyo, 162pp.

Yoshikawa, Y. and A. Masuda（2009）: Seasonal variations in the speed factor and deflection angle of the wind-driven surface flow in the Tsushima Strait. J. Geophys. Res., 114, C12022.

（森本昭彦）

伊勢湾の水の流れ

　下図は，2000年9月に発生した東海豪雨を対象とした伊勢湾海域の表層塩分と表層流速の計算結果を例示したものである．計算には，メソ気象モデルMM5，多重σ座標系沿岸海洋モデル，第3世代波浪推算モデルSWANの三つのモデルから構成される大気-海洋-波浪結合モデルを使用し，東海豪雨による大規模出水の前後を含む2000年9月8日0時～14日12時（協定世界時UTC）の期間を計算対象とした．9月10日21時は出水前であり，低塩分水塊が木曽三川の河口付近のみに存在している．一方，出水後の9月12日0時を見ると，木曽三川，櫛田川，宮川，矢作川，豊川から大量の淡水が湾内に流入している．また，20 psu以下の低塩分水塊が伊勢湾中央の東側を除く湾全域に広がっており，大規模出水が伊勢湾海域の流動・密度構造を一変させている．このように，大出水や台風通過など，異常気象時に急変する沿岸海域の流動・密度・水質構造を把握・解明することは，生態系を含む海域環境を考える上で，極めて重要であるといえる．

(川崎浩司)

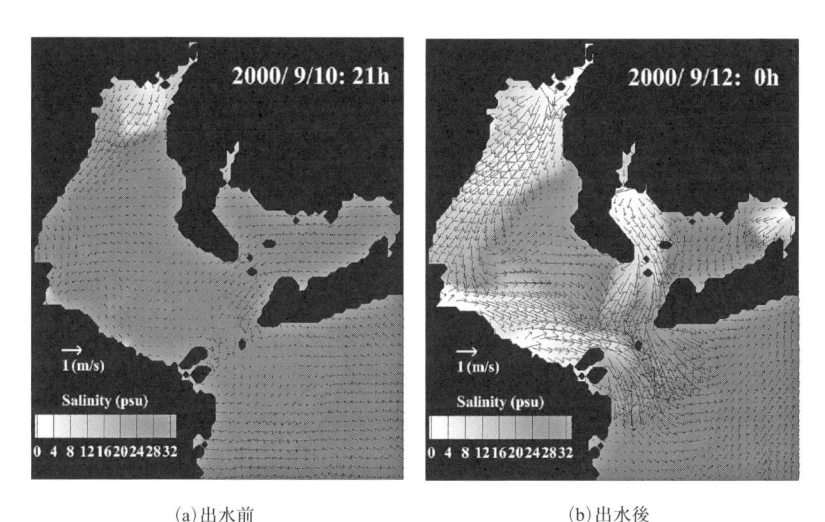

(a) 出水前　　　　　　　　　(b) 出水後

図　東海豪雨時を対象とした伊勢湾海域の表層塩分と表層流速の計算結果の一例．

第5章

森林と水循環

5.1 はじめに

　現在，わが国の森林面積は約2,500万haで，その4割の約1,000万haをスギやヒノキなどの人工林が占めている．これらは戦後の荒廃山地への植栽や拡大造林などによるものであり，その後の成長によりわが国の森林蓄積は大幅に増大し，現在の森林蓄積は昭和20年代と比較して2倍以上の約44億m^3と見積もられている（林野庁，2009）．しかし，近年，**間伐**などの保育作業が遅れていたり，放置されたり，伐採後に植栽されないなどの林地が増加の一途を辿っており，森林資源の適正管理への支障や森林の発揮する**多面的機能**の低下が危惧されている．これらは木材価格の低迷などによる林業採算性の悪化に加え，林業労働者の高齢化，地域社会の衰退などが原因として指摘される．このような課題の解決のため，適切な間伐などの保育作業の推進，伐採地への造林，路網整備と高性能林業機械の導入による低コスト作業システムの構築，森林の団地化による施業の集約化，さらには地方公共団体による独自課税（たとえば森林環境税）による森林管理・整備などの多様な取組みが行われ，森林の機能の維持・向上や地域林業の活性化が進められている．

　このような森林，林業を取り巻く背景の中で，**森林管理・整備**が水循環に及ぼす影響に関する情報については，現場からのニーズが多いといえる．たとえば，放棄された林分と適切に管理された林分の水保全機能の違いを知るためには，水循環プロセスがどのように異なるかについての情報が必要である．また，強度の間伐を実施し，広葉樹の侵入を促し**針広混交林**の成立を目指す施業が増えているが，針葉樹一斉林と針広混交林の水保全機能の比較に関する情報はまだ不十分で

ある．さらに，流域レベルでの**長伐期林**（更新から主伐までの期間，つまり伐期が通常の伐期（たとえばスギの伐期は40年程度）より約2倍以上長い森林）や**複層林**（樹冠が一層の単層林と異なり，二段林や多段林など，高さ方向に複数の樹冠層を有する森林）に係わる水保全機能評価の研究情報はほとんど得られていない．しかし，現場ではこのような多様な森林作りが急速に展開されているのが現状であり，それに対し，森林が発揮する機能の定量的評価に関する研究はその歩みが遅いため，依然として解明すべき課題も多く，現場へフィードバックできる成果はまだ手薄な状況である．

本章では，森林管理・整備が水循環に及ぼす影響に関する研究成果を，現場を意識して森林変化に視点をおいて整理するとともに見直し，今後の研究展開の方向を探るものとしたい．

5.2 森林流域における水循環

森林流域における降水から流出，蒸発散に至るプロセスは**水循環**として位置づけられ，そのプロセスで生起する個別の現象は**水文素過程**と呼ばれる．流域における水循環は数多くの素過程で構成され，それらは気象，森林，地形・地質などの立地環境要因の複雑な組合せの影響を受けて，多様な動態を呈する．そのため，流域の水保全機能を維持・向上させる森林管理・整備を進めるには，その基盤として，いろいろな立地環境下における水循環の実態把握とそれに及ぼす森林の影響の定量的・体系的評価が必要である．

水流出に及ぼす森林の影響を評価する流域試験の歴史は，わが国では1900年代初期まで遡ることができる（木村・山田，1914）．その後，大学，研究機関などにより各地に試験流域が開設され，今日まで森林流域における水文観測が長期にわたって継続されてきた．長期水文観測が実施された試験流域では，**流域水収支**や水流出特性などの実態解析が行われてきたが，森林施業が計画的に実施され，それに伴う林況（森林の状況）の変化が水循環に及ぼす影響を継続的・体系的に究明した例は比較的少ない．本邦の試験流域における森林施業，森林回復などが水流出に及ぼす影響に関する研究成果は，蔵治（2003）や野口・藤枝（2007）により整理されている．森林施業の流出への影響は，流域における水収支を基礎と

第 5 章　森林と水循環　　79

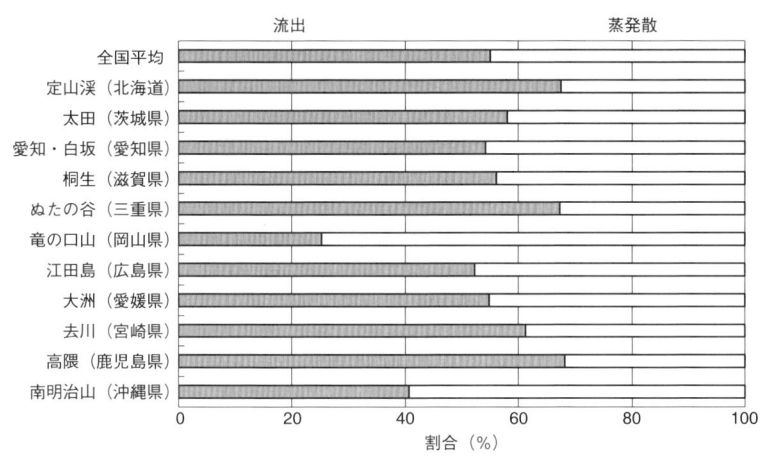

図 5.1　森林試験流域における水収支．（服部ほか，2001 より作図）

する．次式により評価される．

$$R = P - E \pm \Delta S \tag{5.1}$$

ここで，R，P，E，ΔS はそれぞれ水流出量，降水量，**蒸発散量**，貯留変化量である．森林管理・整備が水循環に及ぼす影響の評価は，管理や整備の導入前後における水収支の変化を知ることから始まる．1 水年を単位として水収支を計算するときには，(5.1)式の ΔS を無視することができるので，P と R が既知であれば，E を計算することができる．しかし，流域における水収支計算を行うに当たり，流域からの漏水や他流域からの流入が無視できること以外に，伐採方法，集材搬出法，作業などのための路網の開設などによる，表土層などへの影響の有無についても確認する必要がある．

　わが国の森林水文試験地における長期観測データの整理結果（服部ほか，2001）を用いて，流域水収支の実態を図 5.1 に示した．この図では林況に自然放置と記載された流域を中心にデータを抽出した．これにより，わが国における森林流域の水収支の大枠を把握することができる．なお，これらの森林水文試験地の位置，気象，地形・地質，林況，流況などの詳細情報は前掲の論文を参照していただきたい．この図は年間降水量に対する水流出量と蒸発散量の内訳を割合で示している．ここで，森林流域からの蒸発散は樹木などの気孔からの蒸散，濡れた樹体からの蒸発および林床面からの蒸発で構成される．

　ここに示した 11 試験流域の平均値を見ると，年間降水量の約 55% が流出し，

残り約 45% が蒸発散として大気に戻ることがわかる．しかし，水収支の内訳すなわち流出と蒸発散の割合は流域により異なり，その振れ幅は大きい．たとえば地理的に概観すると，寡雨地域に位置する竜の口山（岡山県）や島嶼である南明治山（沖縄県）では蒸発散の占める割合がほぼ 60% 以上と高い．一方，冬季に積雪のある定山渓や降水量の多い高隈（鹿児島県），ぬたの谷（三重県）では蒸発散量の割合は 30% 程度と小さい．流域からの蒸発散の寡多は河川に流出する水量を強く規定することがわかる．このような振れ幅は，前述した気象，地形・地質，林況など多数の要因の影響を受けて決まると考えられるので，ここから森林成長や森林施業の影響のみを抽出するためには気象など他の要因の影響を取り除く工夫が必要になる．また，振れ幅が大きいことは，同種で同程度の強度の森林施業が入ったとしても，その応答である流出量の変化は流域ごとに異なることを予期させる．しかも，森林成長に伴う水収支への影響はそれほど大きくない可能性があり（蔵治，2003），影響検出にはより精緻で体系的な観測と解析が求められる．

5.3 森林管理・整備が水流出に及ぼす影響

　森林成長や森林施業が水流出に及ぼす影響を定量的に見積もるため，長期の研究計画のもとに流域試験が世界各地で展開され，継続されてきた．そこでは森林施業などの影響を流域レベルで定量的に検出する方法として，単独流域法，並行流域法および**対照流域法**（森林に手を加える流域（処理流域）と手を加えない流域（対照流域）を併置して観測，解析を行う方法）などが用いられてきた．この中で，対照流域法は森林変化が水流出に及ぼす影響を精度良く推定できることから，世界各地の流域試験に広く適用されてきた（太田，1996）．その結果，流域で生起した植生変化が水収支，出水特性，流況などに及ぼす影響が定量的に解析され，実態の解明が進められた．図 5.2 は Stednick（1996）が取りまとめたデータを用いて，流域における森林処理の面積割合とそれに伴う年水流出増加量の関係を図示したものである．これらはアメリカにおいて対照流域法を用いて行われた研究結果が基になっている．なお，増加量は処理後 5 年間における最大量で表示されている．

第 5 章　森林と水循環　81

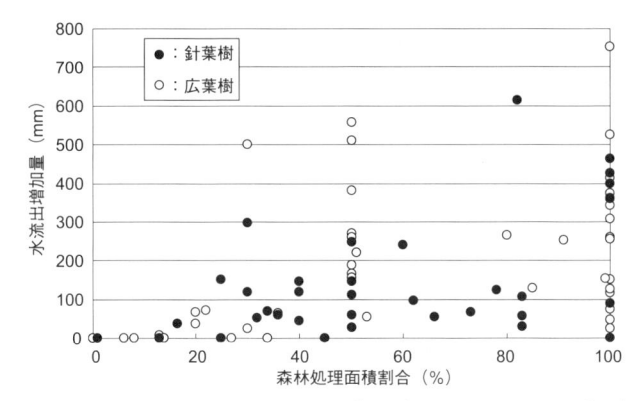

図 5.2　森林処理が水流出に及ぼす影響．(Stednick, 1996 より作図)

　この図から，森林処理量の増加とともに年流出量は増加する傾向を確認することはできるが，全体的にバラツキが大きく，森林処理量のみで年水流出増加量を精度良く推定することは難しいことがわかる．森林処理量が流域の20％以下の場合，年流出量の増加は極めて少ないことから，その効果を検出し，評価することが難しい傾向も読み取れる．また，この図からは針葉樹と広葉樹の違いを定量的に評価することも難しいと思われる．
　このような小流域を中心とした流域試験は世界各地で実施されてきており，それら多数の流域試験の研究成果を整理し，取りまとめた論文が数多く発表されている（たとえば，Hibbert, 1967；Bosch and Hewlett, 1982；Sahin and Hall, 1996；Scott et al., 2000；Zhang et al., 2001；蔵治，2003；Brown et al., 2005）．これらの研究は立地環境を異にする多数の流域を対象に，植生変化と水流出量変化の対応関係を体系的に説明し，両者の関係を定量化することを目指しており，森林施業と水流出に関わる重要な情報を提供している．
　これらの論文では，伐採，造林，樹木成長，林相転換などに伴う水流出量変化が解析されており，そこでは導入した樹種や施業種，伐採量・伐採方法などさまざまに異なる施業形態が含まれている．その中でほぼ共通的に見出されるのは，森林伐採などのように流域の植生が除去されると，年水流出量が増加し，反対に流域への植栽が進行し，森林が成長すると，年水流出量は減少するという結果である．しかも，このような水流出の増加量や減少量は植生変化量とおおむね対応する傾向が指摘されている．植生処理の水流出に及ぼす定量的な評価としては，

たとえば Bosch and Hewlett（1982）は流域の植生を 10%処理すると，年間ベースで針葉樹で 40 mm，落葉広葉樹で 25 mm，低木林で 10 mm までの流出量変化が生じるとしている．また，Sahin and Hall（1996）は 145 流域を対象として，同様に植生を 10%処理したときの流出量変化を推定し，針葉樹で 20〜25 mm，落葉広葉樹で 17〜19 mm，ユーカリで 6 mm など，Bosch and Hewlett（1982）より小さい変化結果を報告した．田中・鈴木（2008）は Bosch and Hewlett（1982）の論文中の各試験流域の情報を詳細に確認し，流域での植生変化が伐採，造林，山焼きなど，どのような処理方法によるものかを十分に吟味する必要があること，植生処理に伴う土壌へのインパクトが重要な因子であることを指摘している．また，流出量の変化に強い影響を及ぼす因子として降雨量が指摘されており，たとえば，Brown et al.（2005）は平均年降雨量と年流出量の変化量は相関を示すことを確認している．Zhang et al.（2001）は 250 を超える森林流域と草地流域の流域水収支比較から，森林流域と草地流域の年流出量の差異は蒸発散量の違いで説明できることを示すとともに，その違いは年降水量の増加とともに大きくなることを報告している．さらに，林齢に伴う流域からの水流出量変化がユーカリ林で調査されており，年間水流出量は森林焼失後の再生により急激に減少し，林齢 27 年を過ぎると再び増加に転じ，焼失前の状況に戻るのにおよそ 150 年を要することを報告している（Kuczera, 1987）．なお，ユーカリ林の成長に伴い，最大で年間約 600 mm の水流出の減少が確認されており，成長期にあるユーカリ林は水消費が大きいことを示唆させる．

　このように森林施業などに伴う水流出量変化の実態解析は，対照流域法などを中心に世界各地で多数展開されているが，立地環境の異なる森林における多様な取扱が水流出に及ぼす影響を定量的に評価できるまでには至っていない．そのため，今後，森林管理・整備が水流出に与える影響の定量化研究を推進する上で検討すべき課題として，①試験流域における間伐や針広葉樹混交林，複層林，長伐期林の造成などを目指した施業の導入促進と長期モニタリング，②流域の森林情報収集の統一化と定量化，③①の各種施業が水流出変化に与える影響の統合的評価，④流域水収支解析と素過程解析の整合性検証，⑤情報公開の促進と研究の連携強化などが挙げられる．また，これまでの研究対象流域は流域規模が小さい傾向があり，下流域の水保全を想定すると大規模流域での影響評価に関する研究・調査の実施とデータの蓄積が必要である．

5.4 森林流域の水貯留量

　森林は「**緑のダム**」として一般に広く認知されるようになった．森林が緑のダムにたとえられるのは，森林地が降った雨の多くの部分をいったん流域の中に蓄え，後に徐々に河川へ流すという，流量平準化の働きがダムの機能に似ているためと考えられ，この機能は森林の水源涵養機能や水保全機能などと呼ばれる．この機能は流域での水循環を通して発揮されるので，それを評価するためには水文素過程を理解しなければならない．(5.1)式からもわかるように，流域における主要な水収支項である水流出，蒸発散，**水貯留**は相互に影響を受け時系列的に変動する．ここでは水収支項の一つである水貯留を取り上げ，その実態を把握する．

　流域の水貯留量やその変動特性は，蒸発散に加え，水貯留の場となる土壌層および基岩層の透水性・保水性や層厚などに強く依存する．そのため，これまで流域水貯留量に関する研究の多くは，立地分野における土壌層の孔隙解析と水文分野における流出解析の両面から進められてきた．流域の水貯留量は時間とともに変動する動的な物理量であるが，前者においては土壌層の保水容量として，後者においては流域の最大保留量という静的な取扱がなされてきた．これは森林流域の土壌層が空間的に不均一に分布することに加え，蒸発散による水消費も時空間的にバラツキが大きいため，流域全体の水分分布や水貯留量変化を追跡することが技術的に難しいためである．

　そのため，土壌の保水量は土粒子間隙の量と質に基づいて算定されてきた．土壌は多様なサイズの土粒子で構成されるため，それが作り出す孔隙も非常に多様，複雑である．孔隙サイズを表現する名称は研究者により異なるが，サイズにより粗孔隙，大孔隙，中孔隙，小孔隙，細孔隙などに区分されることが多い．藤枝（2007）は水貯留に関与するのは中孔隙から小孔隙までと定義する場合が多いことを指摘するとともに，母材別の保水容量を算出し，花崗岩類や火山灰地域では堆積岩や火山岩地域より保水容量が大きくなることを報告している．また，保水容量は土壌型や母材などの地況条件により異なるが，土壌厚を 1 m と仮定すると，保水容量はおおむね 150～250 mm の範囲に分布することを指摘している．流域スケールでの保水容量調査も実施されており，対象流域の詳細な土壌図と土

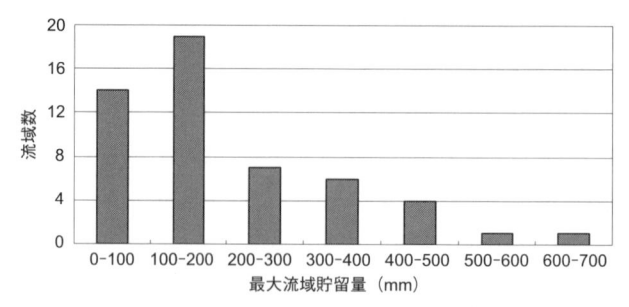

図 5.3　最大流域貯留量の頻度分布．(藤枝，2007 より作成)

層厚分布図を作成し，それに土壌分析の結果を重ねることにより計算されている(有光ほか，1995；荒木ほか，1997)．そこで得られた結果では，流域の保水容量が 120～200 mm の範囲にあり，前述の藤枝の示した分布範囲とおおむね重なる．しかし，これまで水貯留の場となる基岩層の保水量についてはほとんど調査されていないので，基岩層における保水性と透水性の調査手法の開発とデータ蓄積が今後の課題となる．

次に，水文学的な推定法により得られる流域貯留量について述べる．ここでは保留量曲線法によって推定された最大流域貯留量について流域間の比較を行う．1回の降雨イベントにおける総降雨量とそれにより発生する直接流出量の差は，いったん，流域に貯留されることから損失雨量と呼ばれる．最大流域貯留量は，次式で近似される総降雨量 (P) と損失雨量 (L) の関係を表す**保留量曲線**から推定される．

$$L = S_{\max}[1 - \exp(-kP)] \tag{5.2}$$

ここで，$S_{\max}$ は最大流域貯留量，k は流域の地質や土壌などの条件に依存する定数である．藤枝 (2007) は国内外の 52 流域の水文データを整理し，それに (5.2) 式を適用することにより，各流域の最大流域貯留量を推定し，比較している．そのデータを用いて適用流域における最大流域貯留量の頻度を求めると図 5.3 のような分布を示し，250 mm 以下の流域が約 77% を占める．保留量曲線から推定された最大流域貯留量は土壌分析から得られた保水容量と比較的似た数値を示すが，最大流域貯留量には土壌層のみならず基盤岩の水貯留量，くぼ地貯留量なども含むことに留意する必要がある．また，最大流域貯留量や保水容量の変化に及ぼす森林施業の影響を切り出して評価した報告は非常に少ないので，たとえば適

切に管理された流域と放置され土壌層が劣化した流域での調査，比較解析が待たれる．

この他に，流域の水貯留量は表層地質に依存し，花崗岩・火山灰流域＞変成岩類流域＞堆積岩・火山岩流域の順であることが指摘されている（藤枝，2007）．この結果は，例えば志水（1980）が第三・四紀火山岩類や花崗岩類の流域は中・古生層や第三紀層の流域に比べ，渇水流量が豊富であるとする指摘とおおむね符合している．したがって，森林管理・整備が水循環に及ぼす影響を解明する上で，保水容量や流域貯留量を規定する土壌や表層地質に関する詳細な情報は不可欠であり，これらのデータをベースに地域性を踏まえて，影響を議論しなければならない．このような静的な評価に加えて，表土層内における雨水の鉛直浸透過程に関する貯留量指標の提案がなされ，物理的で動的な評価法の開発も進んでおり（小杉，1999），流域での素過程を組み込んだ長期的な適用により，森林土壌の水源涵養機能の定量化の前進が期待されている．また，森林土壌の形成には長時間が必要であり，気象・水文データとともに土壌環境の長期的モニタリングも今後の重要な課題である．

5.5 間伐が遮断蒸発量に及ぼす影響

近年，スギやヒノキの人工林に間伐が積極的に導入されている．間伐は混みすぎた森林を適正な密度で健全な森林に導くために，また徐々に収穫するために行う間引き作業である（藤森，1996）．平成13年度に森林・林業基本法が制定され，その基本理念として，森林の有する多面的機能の発揮が謳われたことに伴い，地域の特性に応じた造林，保育および伐採の計画的な推進が展開されることになった．わが国の人工林の約60％が間伐時期（4〜9齢級）を迎えていることに加え，間伐を入れながら針広混交林，複層林，長伐期林への誘導，育成などを目指した多様な森林整備が推進されている（林野庁，2009）．このような動向は，地球温暖化対策における二酸化炭素の吸収目標達成の観点からも加速されている．しかしながら，森林管理・整備により森林の多面的機能がどの程度改善，向上したかを見積もるための定量的なデータの蓄積や評価法の開発はまだ不十分である．

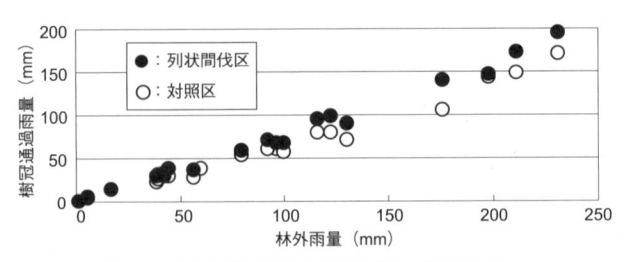

図 5.4 樹冠通過雨量と林外雨量の相関関係.

　間伐が水文素過程に及ぼす影響に関する研究例は少ないが，その中で，間伐と**樹冠遮断**（降雨の一部が樹冠で遮断され，葉，幹，枝に付着した雨水の一部が降雨中や降雨後に蒸発し，地表面に落下しない現象）に関する研究は増加しつつある（村井・熊谷, 1989；服部・近嵐, 1988；Crockford and Richardson, 1990；Whitehead and Kelliher, 1991；小松ほか, 2009）．それは，樹冠遮断量は蒸発散量に占める割合が高く，森林施業などの手入れに伴って顕著に変化し，水循環に及ぼす影響が大きいと考えられるからである．小松ほか（2007）は，非管理林と管理林の年間蒸発散量の違いは蒸散量よりも遮断蒸発量に依存することを指摘している．そのため，この節では間伐に伴う樹冠遮断量変化の事例を紹介しながら，その推定における課題を整理する．なお，ここで事例として取り上げる**列状間伐**は立木の形質・形状などを考慮して単木的に選木する定性間伐と異なり，機械的に選木ができ，集材・搬出が容易であるなどの利点を持つため，近年，生産性の向上やコスト縮減などを図る間伐方法として増加傾向にある．

　対象林分は41～45年生のヒノキ人工林で，それが対照区と間伐区に2分され，間伐区に1伐2残すなわち1列伐採し2列残す列状間伐（本数間伐率39.3％）が行われ，両区において**樹冠通過雨量**と**樹幹流下量**が測定された．対照区および列状間伐区の立木密度はそれぞれ1,872本/haと1,136本/ha，また，測定期間は列状間伐が行われた2008年と2009年の成育期である．列状間伐が樹冠での降雨配分とくに樹冠通過雨量に及ぼす影響を図5.4に示した．この図からわかるように，樹冠通過雨量と林外雨量の間には直線回帰が成立し，また樹冠通過雨量は明らかに列状間伐区の方が大きく，列状間伐により林内に落下する降雨量は増加している．対照区の樹冠通過雨量率は64.4％で，列状間伐区は73.2％であったことから8.8％の増加と見積もられた．このとき，樹幹流下量は対照区が7.2％で，列状間伐区が3.3％であったので，両者の収支として樹冠遮断量は対照区の28.4％

から列状間伐区の23.6%へと4.8%減少する結果となった(図5.5). この減少量はこれまでに報告されている数値と大きな開きはないものと考えられる.

たとえば, 村井(1970)は28年生のカラマツ林において本数換算で66.6%の間伐により樹冠遮断率が6.9%減少したこと, 村井・熊谷(1989)はクロマツ林において本数換算で3.1%, 39.0%, 57.6%の間伐を行った結果, 樹冠遮断率がそれぞれ0.3%, 6.4%, 4.3%減少したことを確認した. また, 服部・近嵐(1988)は24年生ヒノキ林における本数間伐率24.3%で樹冠遮断率は4.5%減少したことを報告している. 通常行われている本数間伐率20〜40%程度の場合, 樹冠遮断率の減少は年間ベースでおおむね5%以下であることが推察される. また, 小松(2007)が提案している立木密度(D)と遮断率(I)の関係式($I=0.00498 \times D+12.0$)に, 対照区と列状間伐区の立木密度データを入力して算定された樹冠遮断率は過小に評価される結果となった. これが列状間伐の特性かどうかについては明らかでない. しかし, 対照区と列状間伐区の樹冠遮断率の差については, 実測値と前記関係式からの推定値は比較的近似した. そのため, 本数割合で40%以下の間伐であるならば, 間伐方法の違いが樹冠遮断に及ぼす影響は小さいことも予想されるが, 列状間伐による樹冠における降雨配分のデータをさらに積み上げ, 検証する必要がある.

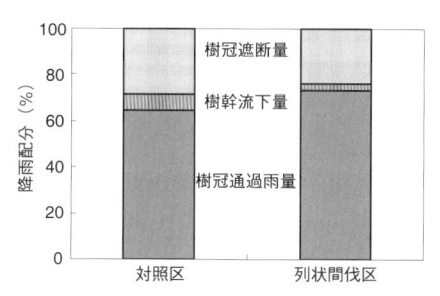

図5.5 対照区と列状間伐区の降雨配分比較.(三浦・服部, 2010にデータ追加)

目標とする各種機能を高度に発揮する健全で多様な森林を育てる上で, 間伐は不可欠であり, 強度, 種類の異なる間伐が樹冠遮断に及ぼす効果を定量的に評価することは, 水循環を制御する上で重要である. そのため, とくに森林情報について, 今後の調査・研究において留意すべき点を整理してみたい. 森林基礎情報として立木密度, 胸高直径, 樹高, 胸高断面積, **葉面積指数**(単位土地面積あたりに存在する全葉の片面面積(単位はha/haやm^2/m^2)で, **LAI**(Leaf Area Index)と略記される), 樹冠開空度に関するデータを整備し, 森林詳細情報として樹冠投影面積, バイオマス量の高さ分布, 群落の空気力学的パラメータ, 下層植生量などのデータを積み上げることが望まれる. また, 間伐に伴う蒸発速度の変化を理解

する上で，森林内の微気象環境の変化を追跡し，樹冠での雨水貯留量，樹冠の乾湿などの動態を把握することにより，水収支的な観測結果を微気象学的な観点からも評価する必要がある．さらに，近年，間伐率を高め下層植生の侵入，成長を促す管理が行われていることから，下層植生の成長とそれに伴う降雨遮断量の経時変化についても測定データの収集が求められている．

間伐が流域からの水流出に及ぼす影響の定量化は喫緊の課題となっており，すでに対照流域法に基づいた間伐影響の実証研究も開始されており，その中で樹冠遮断も観測されていることから，今後の研究成果が期待される（藤枝・金子, 2006）．また，流域レベルでの課題として，間伐に伴う作業路開設および伐木集材による林地土壌の攪乱などが水流出に及ぼす影響に関しても並行して調査・研究し，データや成果を集積したい．

5.6 樹冠構造の変化に伴う林床面蒸発の動態

5.3節で示したように，流域での伐採，造林などの施業による水流出量変化は，流域での主として蒸発散量の変化に起因するが，蒸発散量を構成する3成分（蒸散，樹冠遮断，林床面蒸発）の変化が示されることは少ない．その中でも，とくに林床面からの蒸発量の情報は相対的に乏しいのが現状である．それは上層木の被覆により林内に入る日射や風が弱く，しかも湿度が高いなど林内の微気象環境から蒸発強度が微小と見積もられることと，蒸発面となる落葉層・土壌層の堆積状況および水分環境の時空間的な不均一性評価の困難性などに起因すると考えられる．しかし，近年，亜寒帯地域の疎林や落葉樹林では林床や下層植生からの蒸発・蒸散が水収支に占める割合が大きく，無視できない素過程であることが指摘されるようになった（Black and Kelliher, 1989；Kelliher et al., 1993）．また，わが国でも針葉樹人工林に強度の間伐を導入し，落葉樹の侵入を促進することにより針広混交林の成立を目指す施業，一斉林に間伐を入れ複層林化する施業，さらには広葉樹林，長伐期林の育成などの施業が各地で積極的に展開されている（林野庁, 2009）．これらの施業では上層林冠閉鎖の減少や冬季の落葉などにより，林地に開空度の高い地点が形成されるので，林床面からの蒸発が加速されることになる．そのため，林床面蒸発の実態をこれまで以上に精度良く測定し，評価する

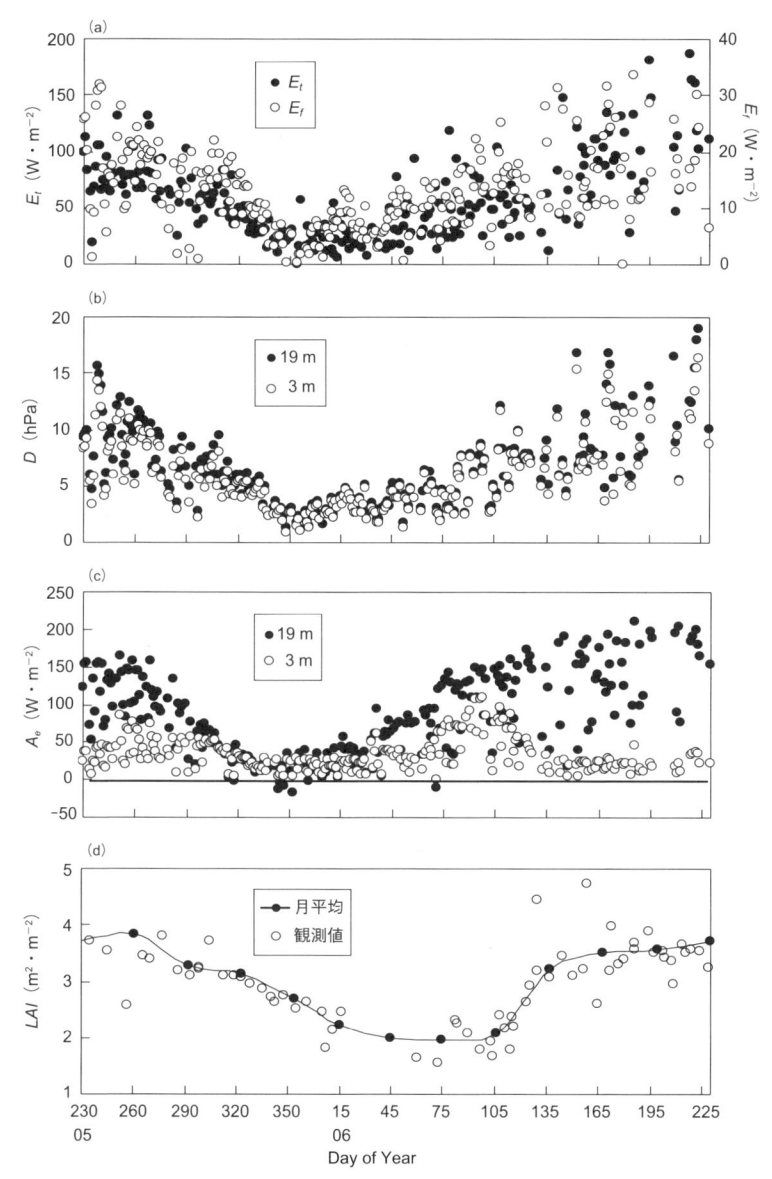

図 5.6 (a) 林床面蒸発（E_f），蒸発散（E_t），(b) 飽差（D），(c) 有効放射（A_e），および (d) LAI の季節変化．（Daikoku et al., 2008）

点は日平均値を表し，降雨継続時間 12 時間以上の降雨日ははずしている．横軸は 1 月 1 日を 1，1 月 2 日を 2 として（Day of Year で）目盛っている．

必要性が高まっている．そこで，本節では林床面からの蒸発に関する研究動向を樹冠構造との関係に視点を置いて整理する．

落葉常緑混交林における**林床面蒸発**の季節変化を図5.6に示した．林床面蒸発は日量40 W/m^{2}以下に分布し，群落からの蒸発散と同様に夏季に大きく，冬季に小さい季節変化を示すものの，夏季にはバラツキが大きい傾向がある．これまでの研究では林床面蒸発の平均強度は0.5 mm/日以下とする報告が多く，たとえば林分ではヒノキ林で0.38 mm/日（服部，1983），落葉広葉樹林で0.20 mm/日（Deguchi et al., 2008），ダグラスファー林で0.23 mm/日（Schaap and Bouten, 1997）などの報告がある．また，地衣類で覆われた立木密度の疎な北方林では表面の乾湿状況により異なるが，湿潤な条件化では1.3〜1.6 mm/日と大きくなることが報告されている（Lafleur and Schreader, 1994）．ただし，これらの数値の比較においては測定方法，観測期間・時期，林況（落葉，常緑，林床の様子など）などが異なっていることに留意する必要がある．

蒸発現象である林床面蒸発は微気象環境と蒸発面の水分環境に依存し，図5.6からは季節変化パターンの類似性から，大気側因子として飽差や有効放射の影響を指摘できる．蒸発面である落葉層の水分環境も律速因子として重要であるが（佐藤ほか，1999；佐藤ほか，2003），林床に堆積した落葉層の水動態への影響，たとえば落葉の量と質が落葉層での水貯留や水・水蒸気移動に及ぼす影響評価，落葉層の時空間的変動などの情報はまだ少ない．加えて，間伐などの森林施業に伴う林床面蒸発の変化量を予測するため，林内の微気象環境の実態に関する時系列データの蓄積も必要である．ここでは，施業に伴い林床面蒸発量がどの程度変化するかの大枠を理解するため，各地の林分で観測された林床面蒸発量と林分葉面積指数の関係を図5.7に描いた．

この図はKelliher et al. (1992)，Whitehead et al. (1994)，Lafleur and Schreader (1994)，Baldocchi and Vogel (1997)，Wilson et al. (2000)，Vertessy et al. (2001)，Daikoku et al. (2008) のデータを用いて作図したものである．前述したように，測定方法や観測期間などが異なること，下層植生の蒸散量が含まれるデータがあることなどを考慮する必要はあるが，全体として，林分の葉面積指数（*LAI*）が大きくなるほど林分蒸発散量に占める林床面蒸発量の割合は小さくなることがわかる．間伐などにより葉面積が小さくなると林床面からの蒸発は指数的に増加し，水循環において重要な成分となることが予想されるが，図5.7中の*LAI*が小

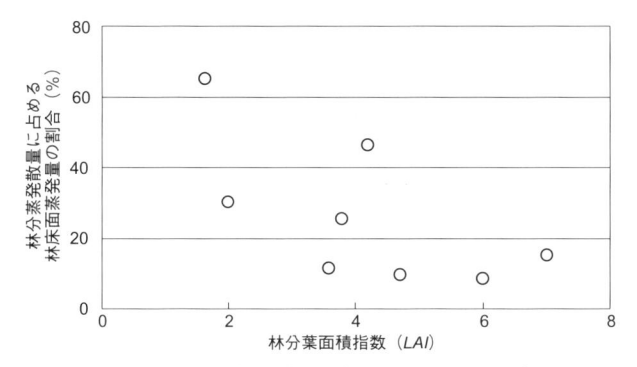

図 5.7　林分葉面積指数が林床面蒸発に及ぼす影響.

さい林分は北方林のデータであることから，今後は低・中緯度における立木密度の小さい林分での実態解析が必要である．その際，本邦の森林では強度間伐により上層木のLAIが減少すると，林内の下層・林床の植生が繁茂するため，結果的に林床面蒸発は大幅に増加しないことも考えられる．そのため，林床面蒸発と下層・林床の植生による蒸発散を分離して評価することが重要になる．また，森林整備・管理のための間伐などの実行により，上層木の蒸発散，下層・林床の植生からの蒸発散および林床面蒸発などの変化は連動して生起するので，水循環の変動を総合的に評価するには，それらを同時に追跡する必要がある．このとき，林分構造の鉛直プロフィールの数値化やその時系列変化に関する調査・研究も並行して行うことが望まれる．

参考文献

荒木　誠ほか（1997）：花崗岩山地小流域における保水容量と保水量の変動．森林応用研究，8, 49-52.

有光一登ほか（1995）：宝川森林理水試験地における土壌孔隙量をもとにした保水容量の推定―初沢小試験流域1号沢および2号沢の比較―．森林立地，37 (2), 49-58.

Baldocchi, D. D. and C. A. Vogel (1997): Seasonal variation of energy and water vapor exchange rates above and below a boreal jack pine forest canopy. J. Geo. Res., 102(D24), 28939-28951.

Black, T. M. and F. M. Kelliher (1989): Processes controlling understory evapotranspiration. Philosophical Transactions of the Royal Society of London, Series B, Biological Sciences, 324, 207-231.

Bosch, J. M. and J. D. Hewlett (1982): A review of catchment experiments to determine the effect of

vegetation changes on water yield and evapotranspiration. J. Hydrol., 55, 3-23.
Brown, A. E., et al. (2005) : A review of paired catchment studies for determining changes in water yield resulting from alternations in vegetation. J. Hydrol., 310, 28-61.
Crockford, R. H. and D. P. Richardson (1990) : Partitioning of rainfall in a eucalypt forest and pine plantation in southeastern Australia : IV the relationship of interception and canopy storage capacity, the interception of these forests, and the effect on interception of thinning the pine plantation. Hydrol. Pro., 4, 169-188.
Daikoku, K., et al. (2008) : Influence of evaporation from the forest floor on evapotranspiration from the dry canopy. Hydrol. Pro., 22, 4083-4096.
Deguchi, A., et al. (2008) : Measurement of evaporation from the forest floor in a deciduous forest throughout the year using microlysimeter and closed-chamber systems. Hydrol. Pro., 22, 3712-3723.
藤枝基久・金子智紀（2006）：秋田県長坂試験地における森林流域試験—対照流域法による間伐影響の評価—．Forest Winds, 26.
藤枝基久（2007）：森林流域の保水容量と流域貯留量．森林総研報，403，101-110.
藤森隆郎（1996）：『森林の百科事典』，丸善，pp. 236-237.
服部重昭（1983）：ヒノキ林における地面蒸発量の季節変化．日林誌，65，9-16.
服部重昭・近嵐弘栄（1988）：ヒノキ林における間伐が樹冠遮断に及ぼす影響．日林誌，70，529-533.
服部重昭ほか（2001）：森林の水源かん養機能に関する研究の現状と機能の維持・向上のための森林整備のあり方（I）．水利科学，260，1-40.
Hibbert, A. R. (1967) : Forest treatment effects on water yield. In Sopper, W. E. and Lull, H. W. (eds.), *Forest Hydrology*. Pergamon Press, Oxford, pp. 527-543.
Kelliher, F. M., et al. (1992) : Evaporation, xylem sap flow, and tree transpiration in a New Zealand broad-leaved forest. Agr. & For. Met., 62, 53-73.
Kelliher, F. M., et al. (1993) : Evaporation and canopy characteristics of coniferous forests and grasslands. Oecologia, 95, 153-163.
木村喬顕・山田喜一（1914）：有林地と無林地とに於ける水源涵養比較試験．林試研報，12，1-84.
小松　光（2007）：日本の針葉樹人工林における立木密度と遮断率の関係．日林誌，89，217-220.
小松　光ほか（2007）：非管理針葉樹人工林の蒸発散量．水利科学，297，107-127.
小松　光ほか（2009）：針葉樹人工林の間伐が年遮断蒸発量に与える影響—予測モデルの検証—．日林誌，91，94-103.
小杉賢一郎（1999）：森林土壌の雨水貯留能を評価するための新たな指標の検討．日林誌，81，226-235.
Kuczera, G. A. (1987) : Prediction of water yield reductions following a bushfire in ash-mixed species eucalypt forest. J. Hydrol., 94, 215-236.
蔵治光一郎（2003）：『森林の緑のダム機能（水源涵養機能）とその強化に向けて』，（社）日本治山治水協会，76pp.
Lafleur, P. M. and C. P. Schreader (1994) : Water loss from the floor of a Subarctic forest. Arc. & Alp.

Res., 26, 152-158.
三浦優子・服部重昭 (2010)：列状間伐による樹冠構造の変化が樹冠遮断量に及ぼす影響．中部森林研究, 58, 215-218.
村井 宏 (1970)：森林植生による降水のしゃ断についての研究．林試研報, 232, 25-64.
村井 宏・熊谷直敏 (1989)：山地小流域における森林への理水的施業の効果に関する研究 (III) 除伐・間伐による林地への水文循環と渓川における水土流出への影響．静大演報, 13, 1-25.
野口正二・藤枝基久 (2007)：森林流域試験と今後のあり方．森林総研報, 403, 111-125.
太田猛彦 (1996)：森林と水循環．森林科学, 18, 26-31.
林野庁 (2009)：『森林・林業白書 平成21年版』．
Sahin, Y. and M. J. Hall (1996): The effects of afforestation and deforestation on water yields. J. Hydrol., 178, 293-309.
佐藤嘉展ほか (1999)：リター層による雨水遮断と土壌蒸発抑制．日林誌, 81, 250-253.
佐藤嘉展ほか (2003)：常緑樹林地におけるリター遮断損失量の推定．水・水学会誌, 16, 640-651.
Schaap, M. G. and W. Bouten (1997): Forest floor evaporation in a dense Douglas fir stand. J. Hydrol., 193, 97-113.
Scott, D. F., et al. (2000): A re-analysis of the South African catchment afforestation experimental data. CSIR Report, No. ENV-S-C 99088, 1-138.
志水俊夫 (1980)：山地流域における渇水量と表層地質・傾斜・植生との関係．林試研報, 310, 109-128.
Stednick, J. D. (1996): Monitoring the effects of timber harvest on annual water yield. J. Hydrol., 176, 79-95.
田中隆文・鈴木賢哉 (2008)：「Bosch & Hewlett 1982 再考」―針葉樹林・広葉樹林という二分論からの脱却―．水利科学, 300, 46-68.
Vertessy, R. A., et al. (2001): Factors determining relations between stand age and catchment water balance in mountain ash forests. For. Eco. & Man., 143, 13-26.
Whitehead, D. and F. M. Kelliher (1991): A canopy water balance for a Pinus radiate stand before and after thinning. Agr. & For. Met., 55, 109-126.
Whitehead, D., et al. (1994): Seasonal partitioning of evaporation between trees and understory in a widely spaced pinus radiate stand. J. App. Eco., 31, 528-542.
Wilson, K. B., et al. (2000): Factors controlling evaporation and energy partitioning beneath a deciduous forest over an annual cycle. Agr. & For. Met., 102, 83-103.
Zhang, L., et al. (2001): Response of mean annual evapotranspiration to vegetation changes at catchment scale. Wat. Res. Res., 37, 701-708.

(服部重昭)

第 6 章

地下水の脆弱性と持続可能性

　地球表層に存在する（雪氷を除く）淡水のうち，人類が利用可能な淡水の98%は地下水により占められている．米国や中国では，それぞれ飲料水の40%と70%を地下水に依存し，ヨーロッパの大部分の国では地下水が家庭用水の主要な供給源になっている（Anderson, 2007）．本章では，地下水の形態やその物理化学的側面を概観した後，世界と日本の地下水に関わる環境問題や事例を紹介する．最後に，主に水質の観点から浅層地下水の脆弱性と持続可能性を評価する方法について紹介する．

6.1　地下水の形態と物理・化学

6.1.1　地下水の形態

　陸域表層の地表面下に存在する水は**地中水**と呼ばれる．地中水は砂や砂岩などの**多孔質**の間隙中や，シルトや粘土などの細粒質中，石灰岩や花崗岩などの割れ目などに存在する．地中水は地下水面上の**不飽和帯**と地下水面より下の**飽和帯**に存在するが，ここで不飽和帯とは間隙の一部が水で満たされ残りが空気で満たされた部分を，飽和帯とはすべての間隙が水で満たされた部分をいう（図6.1）．**水文学**の定義によれば，地下水とは飽和帯に存在する水，ということになる．

　地球の陸域表層は，地殻運動の活発な地域を除き，概して水平的に地層が成立している．その理由は，沿岸域を含む陸域が，河川によって土砂の堆積作用を受けたためである．気候の変動を繰り返しながら，地球表層では同じ地域であっても多孔質の地層になったり，粘土質の地層になったりを繰り返してきた．その結

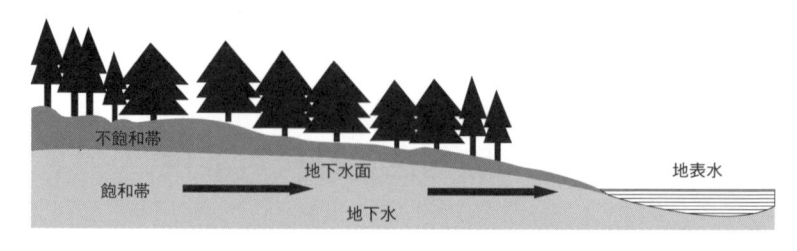

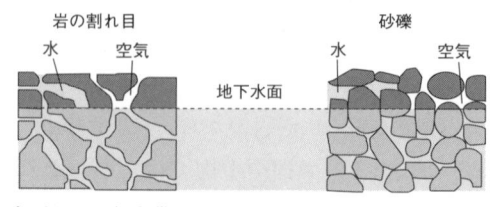

図 6.1 地下水面上の不飽和帯と地下水面下の飽和帯からなる地中水．(Anderson, 2007を改変)

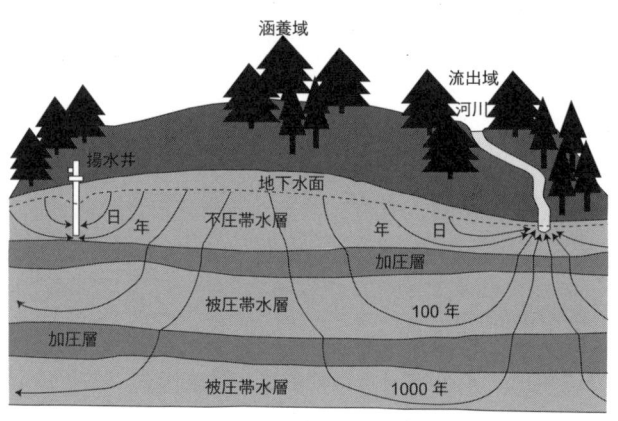

図 6.2 地域的な地下水流動．(Anderson, 2007を改変)

果，間隙中に多量の水を湛える層とそうでない層が（不連続的に）交互に存在することとなった．地下水の主な貯留層としての**帯水層**は，固結した岩石や砂礫など未固結の多孔質からなり，間隙が完全に水で満たされた（水で飽和した）層と定義される．一方，透水性の悪い粘土質土壌や岩盤などは**不透水層**あるいは**加圧層**と呼ばれる．最も地表に近い帯水層中の地下水は加圧されず大気に解放されているため，その帯水層は**不圧帯水層**と呼ばれる．加圧層を挟んで，その下には大気圧に比べて間隙水が加圧された**被圧帯水層**が存在する（図6.2）．

6.1.2 地下水の物理・化学

　地下水の流れを表現する最も重要な式（法則）は**ダルシーの法則**である．1856年，ダルシー（Henry Darcy）は公共水道に関する分厚い報告書を出版した．その付録中，長さ 2.5 m の砂を充填させたカラムを使った透水実験結果を示し，カラムを出入りする水の**流束（フラックス）とポテンシャル勾配**（地下水の場合は水頭勾配あるいは動水勾配）の関係を示す式を公表した（表 6.1）．ここで公表された式（ダルシーの法則）は，地下水流動に関する定量的な議論を行う際に最も重要なものとなった．

　ダルシーの法則は砂などの多孔質中の地下水の流れを表現するものであるが，数学的には，熱伝導を表現するフーリエの法則，電気伝導を表現するオームの法則，溶質の拡散を表現するフィックの法則と類似のものである（表 6.1）．表 6.1 に示した四つの法則は，ポテンシャル勾配に対する流束（フラックス）の度合いを記述する．上述のように，ダルシーの法則における（地下水の）ポテンシャルの指標は**水頭** h である．なお，地下水の単位質量あたりのポテンシャルエネルギーは重力加速度 g と水頭 h との積で表される．水頭 h は重力ポテンシャルエネルギーとしての位置水頭 z と，間隙水圧のポテンシャルエネルギーとしての圧力水頭 p の和である．水頭 $h(=z+p)$ は，実際の野外では井戸や観測井における水面の高さ（ある基準面からの地下水位）として測ることができる．

　砂などの多孔質中の水の速度は，**透水係数**（あるいは水理伝導率）K として表現される．熱伝導率，電気伝導率，拡散係数は異方性（水平や鉛直など，流れの向きによって値が異なる性質）の無いスカラーとして取り扱われることが多い．しかし透水係数の場合，多孔質の異方性が大きく影響するため，対称テンソルとして扱われることが多い．

　地表水温の季節変化は地下水温に反映されるため，観測井内の温度測定によっ

表 6.1　地下水の物理と化学を表現する重要な法則．（Anderson, 2007）

	ダルシーの法則	フーリエの法則	フィックの法則	オームの法則
流束（フラックス）	地下水 q [m/s]	熱 q_H [W/m^2]	溶質 f [g/m^2·s]	電荷 i [A/m^2]
ポテンシャル	水頭 h [m]	温度 T [K]	濃度 C [g/m^3]	電圧 V [V]
媒質の性質	透水係数 K [m/s]	熱伝導率 κ [W/K·m]	拡散係数 D_d [m^2/s]	電気伝導率 σ [1/Ω·m]
	$q = -K\nabla h$	$q_H = -\kappa\nabla T$	$f = -D_d\nabla C$	$i = -\sigma\nabla V$

て地下水の動きを知ることができる．熱輸送に関する支配方程式は，フーリエの法則とエネルギー保存則を組み合わせたものであり，地下水流動による熱の移流・拡散を表現できる．地温測定は比較的容易であり，熱伝導率は透水係数に比べて場の不均質性の影響を大きく受けないため，測定された地温を逆解きすることによって地下水流動速度を推定することが可能なのである．

　地下水汚染は，溶質移動が関わる代表的な地球環境問題である．ここで，移流と拡散の総称を「移動」という用語により表現している．地下水流動に伴う帯水層内の溶質の拡散は，フィックの法則により表現できる．この場合，溶質の高濃度側から低濃度側への拡散のみが扱われる．実際の帯水層などの多孔質中では，間隙内や割れ目における混合と拡散は**屈曲経路**に沿った移流により引き起こされる．一つの帯水層内における溶質の移流・拡散は，このような比較的小さなスケールでの間隙内の屈曲度に依存して決まる．しかしながら，実際の野外のような空間スケールの場合，それらをいちいち測定することは非常に困難である．その理由の一つとして，大きな空間スケールにおける透水係数のマッピングが不可能であることが挙げられる．上述のように，透水係数は多孔質の異方性が大きく影響するためである．

　汚染物質などの溶質移動が関わる他の地下水学的課題として，淡水や塩水などの異なる密度流体の流れに関するものや，化学反応を伴う流れに関するものが挙げられる．化学反応を伴う地下水中の物質移動に関する問題は，帯水層汚染を防止し，汚染された帯水層の改善を促すために，主に工学的な視点から研究されている．

6.2　世界の帯水層と地下水

6.2.1　大陸規模の帯水層

日本のような火山性の島嶼では千 km スケールの大規模な帯水層は存在しないが，ユーラシア大陸やアフリカ大陸の安定陸塊部分には数千 km におよぶ帯水層が存在する．帯水層は普段見ることのない地下にあるため，その分布や地下水貯留量などは未知である．しかしながら，空間的に限られた情報を集約しつつ，世

界的な帯水層の分布などに関するマッピングが行われている．

　口絵7はそのような試みによって公開された世界の主要な帯水層マップである．この図はドイツの地球科学自然資源研究所（Bundesanstalt für Geowissenschaften und Rohstoffe；BGR）によって作成されたものである．この研究所では毎年のように帯水層マップが更新されており，世界各国から詳細な情報が集約されてきた．口絵7は2003年に公表された地図であるが，三つの規模に比較的単純に区分された帯水層とともに国境が描かれており，世界の帯水層の状況を理解しやすい．

6.2.2　越境帯水層

　口絵7中の赤線は国境であるので，アフリカや南米などでは，大陸規模の一つの大きな帯水層が国境によって人為的に分断されていることがわかる．このような帯水層は**越境帯水層**と呼ばれ，**越境河川**あるいは**国際河川**と並び，国の政治システムなど，人為の枠組みを横断した形での健全な水資源確保や水環境保全に向けた研究対象となりつつある．越境帯水層は，アフリカや南米などのように一つの陸地を多くの国家で分かち合い，かつナイル川やアマゾン川のような大河川が流れる大陸に存在している．ユネスコ（UNESCO）の国際水文学計画（International Hydrological Programme；IHP）では，アフリカにおける越境帯水層に焦点を当て，各国の地下水利用の現状を把握するとともに，健全な地下水管理を目指すための国家を越えた法整備を推進しようとしている．北アフリカのサハラ北部地域や，ナイル川流域の越境帯水層はその重点的な研究対象となりつつある．

6.2.3　過剰揚水による地下水の枯渇

　比較的湿潤な気候帯では，降水量から蒸発散量を差し引いた**水余剰量**が確保でき，作物の生育に耐え得る程度の土壌水分が保てれば持続的な農業活動を展開することが可能である．大陸規模では，大規模農業地帯としてウクライナの穀倉地帯が真っ先に思い浮かぶ．それ以外にも，世界的には，年降水量が500 mm程度のいわゆる半乾燥地域に，大規模な農業地帯が存在する．アメリカではプレーリーやグレートプレーンズなどの大平原地帯において，地下水の汲み上げによる

大規模灌漑農業が行われている．地下水を汲み上げて地表にスプリンクラー形式で散水することによって，大豆やミレット（キビやアワなどの雑穀），トウモロコシなどの輪作が可能になっている（斎藤，2005）．スプリンクラーは円を描きながら散水するため，畑は四角ではなく円状になる（斎藤，2005）．白っぽい乾燥した台地に多数の緑の円を描くことによって，世界的な作物生産が可能になっている．この地域で散水される地下水の起源は，世界最大と言われる**オガララ帯水層**から汲み上げた**滞留時間**の長い地下水である．ここで，滞留時間とは，あるボックスの中の水が入れ替わるのに要する時間を意味する．地下水の場合に対象となるボックスは，帯水層である．

オガララ帯水層の面積は約 45 万 km^2 であり，日本列島の約 1.2 倍もの規模である．この帯水層中の地下水は過去数万年前の氷期に蓄えられたものであり，最近の降水によってすぐには涵養されないため，大規模灌漑の過剰な汲み上げによって帯水層中の地下水は徐々に枯渇しつつあり，大きな環境問題になっている．

このような大規模灌漑による地下水の枯渇は，アメリカのみならずオーストラリアやサウジアラビアにも見られる．大規模地下水灌漑は，滞留時間の長い地下水を滞留時間の短い土壌水分に転化させ，農作物による蒸発散を介して，大気に水蒸気として戻しているのである．

6.3 日本の帯水層と地下水

6.3.1 沖積層と洪積層

沖積平野，洪積台地，河岸段丘，扇状地といった地形は，約 260 万年前以降の第四紀（あるいは氷河時代）に形成された水成地形（あるいは河成地形や海成地形）であり，わが国では人口が集中し非常に重要な「住み処」である．第四紀のうち，最終氷期最盛期（約 18,000 年前）以降の完新世（Holocene）に形成された沖積層や，それ以前の更新世（Pleistocene）に形成された洪積層は，大陸規模の帯水層に比べスケールは非常に小さいものの，わが国における最も重要な帯水層となっている．なお，第四紀の従来の定義や，国際地質科学連合（IUGS）による

新しい定義については，町田(2009)を参照されたい．

わが国における沖積層や洪積層の中で，規模の大きいもの（100 km 程度の広さを有するもの）として，関東平野，濃尾平野，大阪平野，石狩平野，新潟平野，筑後平野などが挙げられる．それぞれの帯水層を対象に，過去から非常に多くの事例研究が行われてきているので，本書ではすべてを網羅することはできない．それらは他書に譲るが，例えば，1986 年に刊行された『日本の地下水』（農業用地下水研究グループ編）には水文地質構造を含めた国内主要の帯水層に関する情報が盛り込まれているので参考になる．

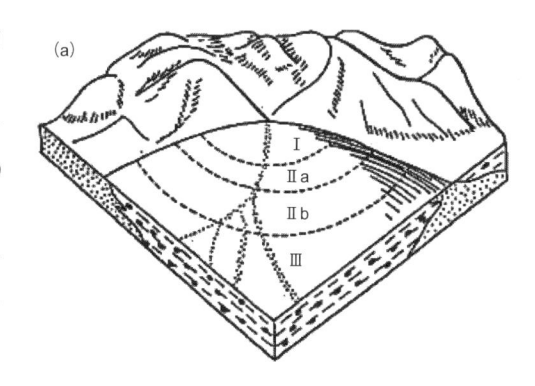

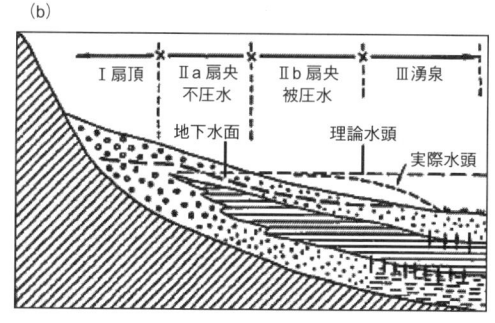

図 6.3 扇状地の模式的構造(a)と帯水層区分の縦断面図(b)．（山本，1983）

沖積層や洪積層の他にも，日本において比較的まとまった帯水層を形成しやすい地形・地質構造として扇状地がある．わが国の扇状地の地下水流動について研究した事例は数多い（例えば，檜山・鈴木（1991）など）．山本（1983）は扇状地における地下水の存在形態や流動系など，一般的な水文学的構造はどの扇状地でも同じであるとしている．すなわち扇状地における地下水は，扇頂部で涵養され，扇央部では地下水面までの深さ（**地下水位**）が深く，扇端部で地下水が地表面に湧出する，という構造を示す（図 6.3）．浅層地下水（あるいは不圧地下水）の場合，地下水面，すなわち全水頭が地表面と交差する部分に湧水帯が生じる．地下水面は，河川あるいは降水の降下浸透による地下水涵養量と，河川あるいは湧水帯への流出量の大小関係によりその空間分布や時間変化が決まる．図 6.4 は富山県黒部川扇状地で過去に観測された地下水位の分布とその観測時期による差異を示している．地下水流動方向（図の右下から左上への方向）に対して地下水位が凸の部分は地下水が発散している場であり，逆に凹の部分は地下水が収束し

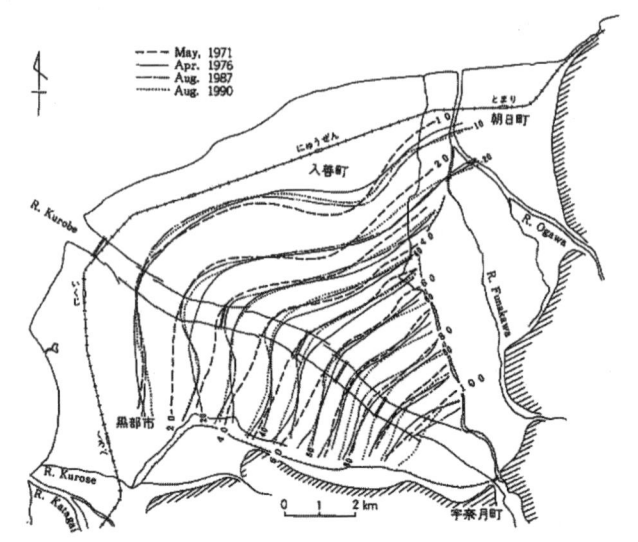

図 6.4 富山県黒部川扇状地における地下水位の経時変化.（楫根，1991）

ている（水みちになっている）場を示す．図 6.4 から読み取れるのは，地下水の収束・発散の場は時間的に大きく変わらないものの，観測した時期（季節）や年によってその形状が変化していることである．これには上述のように地下水の涵養量と流出量の大小関係が関わるが，人為による地下水の汲み上げなども大きく関わる（6.3.2 小節参照）．

6.3.2 過剰揚水による地盤沈下

泥炭地のような軟弱な地層中の不圧地下水を除き，一般に，砂層や礫層からなる不圧帯水層中の地下水位を低下させても地盤沈下はほとんど生じない（楫根，1973；山本，1983）．わが国の地盤沈下は，人口が集中する沖積平野の被圧地下水の過剰揚水によって引き起こされたものである．被圧地下水の揚水による地盤沈下現象は，地下水の汲み上げによって，地下水頭の低下した被圧帯水層に接する粘土層（加圧層；図 6.2 参照）から，地下水頭の低下した被圧帯水層に向かって間隙水が絞り出される圧密脱水現象と理解される（山本，1983）．したがって地盤沈下の定量評価のためには，揚水量，被圧地下水頭，地盤沈下量が計測されて

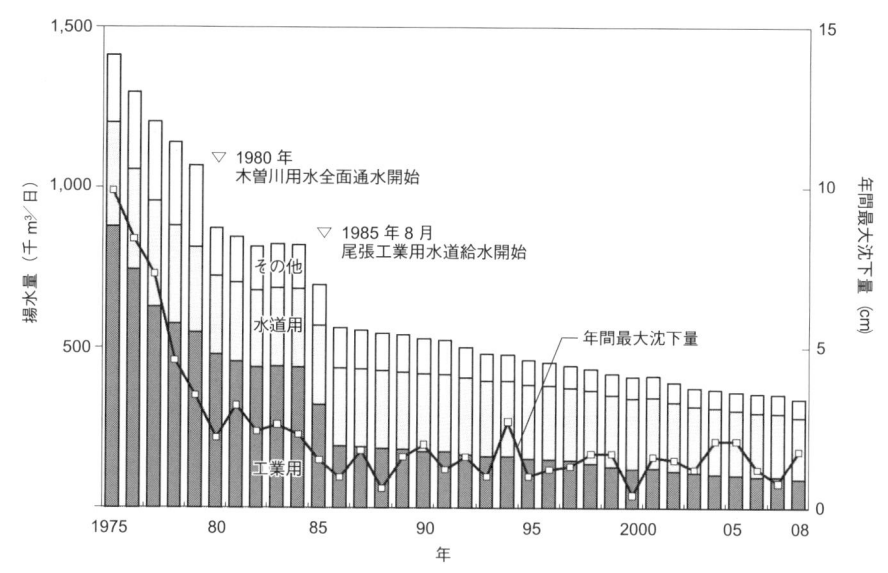

図 6.5 愛知県尾張地域における地下水揚水量と年間最大沈下量の経年変化．(東海三県地盤沈下調査会の調査データを基に愛知県が作成した図を修正)
「その他」には建築物用，農業用，水産用，が含まれる．

いればよい．

　わが国の沖積平野では戦後の高度経済成長に時期を合わせ，特に昭和 30 年代から昭和 50 年代のはじめにかけて，地下水の過剰揚水による地盤沈下を経験した．濃尾平野においても同様であり，主に工業に対する水需要増加によって被圧地下水の過剰揚水が生じ，年間最大沈下量が 10 cm に達する時期もあった（図 6.5）．濃尾平野は木曽・長良・揖斐という，いわゆる木曽三川の下流部に広がる約 1,300 km^2 の面積の沖積平野である．豊富な水資源により水田などの農業が盛んであり，また良質で豊富な地下水の存在が繊維・化学工業の発展を通して中京圏の繁栄をもたらしてきた．戦後の工業化は木曽三川の水だけでなく地下水の利用を増大させ，地下水位の低下や自噴井の枯渇に至った．

　ここでの累積沈下量は大きいところで 150 cm に達し（図 6.6），家屋などの構造物に被害を与え，道路や河川などに通行障害が生じるなど，人間活動にさまざまな支障を来してきた．結果的に，昭和 50 年代後半以降，濃尾平野の約 77 % に地盤沈下が生じ，平野全体の約 30 % に及ぶ地域が満潮位以下となった（東海三県地盤沈下調査会，1985）．

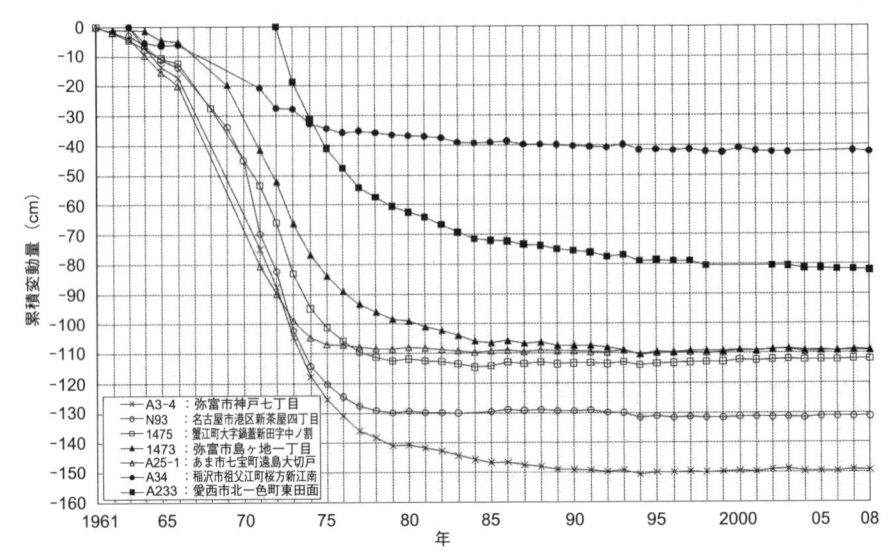

図 6.6 濃尾平野内の7ヶ所の観測井における累積地盤変動量の経年変化.（東海三県地盤沈下調査会の調査データを基に愛知県が作成した図を修正）
A233は平成11年5月，A34は平成16年5月に移設（移設後3年間は評価データに含めない）.

6.3.3 液状化

2011年3月11日に発生した東北地方太平洋沖地震をきっかけに，千葉県浦安市や関東平野の一部地域などでは，道路が歪み家屋が傾くなどして甚大な被害が生じた．これらの被害には地盤の**液状化**（liquefaction）が大きく関わっている．液状化は，これまでにも十勝沖地震（1968年），宮城県沖地震（1978年），日本海中部地震（1983年）などでも各地に被害をもたらした．

液状化は，沖積平野の河成沖積砂層，埋立砂層，海岸沿いの浅瀬の埋立地などで多く発生している．これらの場所は概して砂地盤であり，地下水面から表層にかけて砂の割合が多い．砂地盤では，地震などの振動によって地下水面より下層の間隙水の圧力が増し，浮力が生じやすい．そして砂粒間の摩擦抵抗が減じることで地盤の重力を支えられなくなり，地盤が液状を呈することになる．これが地震による液状化発生のメカニズムである．もし，地震動が長く続くと**ボイリング**と呼ばれる定常的な液状化を引き起こす．液状化の継続時間は，液状化した層の厚さと砂の透水性・圧縮性などの物理特性で決まる（吉見，1991）．

埋立地を含む軟弱地盤や砂地盤では，耐震設計の一環として，従来から液状化対策が行われてきた（吉見，1991）．液状化対策には，地盤改良によって土質を入れ替える方法や，排水によって地下水位を強制的に低下させ，液状化抵抗を増加させる方法などがある．

6.3.4 地下水汚染

浅層地下水はその上層に加圧層や難透水層が存在しないため，比較的容易に汚染物質の混入を受けやすい．浅層地下水への汚染物質の混入は，農耕地に施肥した化学肥料などが降雨や灌漑水とともに降下浸透し，不飽和帯から飽和帯に至るような**面源負荷**，工場の排水が局所的に地表面から漏水するか，配水管から漏水するような**点源負荷**の二つの形態があり得る．一方，深層地下水の場合にはその上層に加圧層や難透水層が存在するため，井戸の壁面を介した点源負荷が生じやすい．

わが国における，浅層地下水の汚染の事例とその報告例は数多い．汚染の源を特定しやすく対策が早期に可能なため，面源負荷の研究事例に比べて点源負荷の報告は少ないようだ．点源負荷の汚染物質としては重金属，大腸菌，トリクロロエチレン，テトラクロロエチレンなどがあり，特に1980年代から1990年代前半にかけて数多く報告されてきた．一方，面源負荷の場合，宅地化や農耕地の施肥によって硝酸態窒素や塩化物イオン系の溶存イオン成分を主とする報告が多いのが特徴である．わが国の地下水汚染に関する研究報告については，日本地下水学会（http://homepage3.nifty.com/jagh/）発行の日本地下水学会誌や，日本水文科学会（http://wwwsoc.nii.ac.jp/jahs/）発行の日本水文科学会誌（旧名：ハイドロロジー）などに掲載されている．過去の学会誌（バックナンバー）を販売しているので，上記ホームページなどで参考にされたい．

6.4　浅層地下水の水質の時空間変化と脆弱性の評価

6.4.1　土地利用と浅層地下水（水質の時空間変化）

　上述のように，不圧帯水層（図6.2）が主要な帯水層となっている浅層地下水は，地表面から不飽和帯を通して容易に降水などが降下浸透するため，人為起源物質による汚染を被りやすい．浅層地下水の汚染には，土地利用や地表被覆に関係した面源負荷と，揚水井や観測井，雨水浸透ますを介した降下浸透による点源負荷がある．農耕地からの面的な化学肥料の降下浸透などは前者（面源負荷）に分類される一方，都市化によって地表面がアスファルトなどの不透水性物質に覆われると，後者（点源負荷）によって浅層地下水は汚染の影響を受けることになる．

　不圧帯水層を構成する多孔質媒体の透水係数は $10^{-3} \sim 10^{-5}$ m/s の透水係数を有するため（6.1.2小節）地下水流動速度は比較的遅く，土地利用が異なれば異なる降下浸透水の混入を受ける．そのため，土地利用と浅層地下水の水質にはある程度の空間的一致が見られることになる．

　例えば水田の場合，灌漑水の導入，施肥，田植え，中干しといった具合に，農事暦には明瞭な季節変化が伴う．そのため，農耕地から浅層地下水への面源負荷にもある程度の季節変化が伴う（例えば，檜山・鈴木，1991；大橋ほか，1994）．

6.4.2　浅層地下水の脆弱性と持続可能性の評価（DRASTIC モデルと GQI モデル）

　地下水汚染に曝される危険度は，土地利用だけでなく，不圧帯水層自体が持つ物理化学的特性に依存する．本小節では，不圧帯水層の物理化学的特性を用いて地下水汚染に対する脆弱性を指標化した例として，米国環境保護局（U.S. Environmental Protection Agency；US EPA）が開発した DRASTIC モデルを紹介する．同様に，浅層地下水の持続可能性を評価するためには，地表面からの物質混入や汚染により生じた浅層地下水の水質の空間分布を指標化し，その時間変化を得る必要がある．そこで本小節の後半では，浅層地下水の空間分布を指標化するため

にわれわれが開発した GQI モデルについても紹介する.

　DRASTIC モデルは地下水流動に関する水文地質の，主に物理特性を用いて，帯水層の脆弱性を評価するツールである．DRASTIC モデルは，米国環境保護局がアメリカ全土の地下水汚染ポテンシャルを評価するために GIS（地理情報システム）用に開発された（Aller et al., 1987）．DRASTIC とは，水文地質特性に関わる七つの物理指標の頭文字を並べたものである．それらは順に，**D**epth to water（地下水面までの深さ），Net **R**echarge（正味の地下水涵養量），**A**quifer media（帯水層を構成する媒体），**S**oil media（土壌を構成する媒体），**T**opography（地形勾配），**I**mpact of vadose zone（不飽和帯を構成する媒体），Hydraulic **C**onductivity（透水係数），である（表6.2）．DRASTIC モデルは，対象とする地域を空間的に分割し，各々のグリッド（分割区域）における DRASTIC index を次式により計算する．

$$\text{DRASTIC index} = D_r D_w + R_r R_w + A_r A_w + S_r S_w + T_r T_w + I_r I_w + C_r C_w \tag{6.1}$$

ここで D，R，A，S，T，I，C は上述した七つの水文地質特性指標（DRASTIC パラメータ）であり，添え字の r と w は，それぞれの指標を規格化するためのランク値と重み付け値である．ランク値 r は七つの指標を絶対指標から相対指標に規格化させるものであり，1 から 10 の中で変動させる．一方重み付け値 w は，最終的な DRASTIC index に対する 7 指標の重要度を示しており，表6.2 のように与えられている．なお，上記 7 指標のデータは空間的にまばらに得られることが多い．そのため，ある対象地域内でデータを内挿し，GIS として利用できるようにラスター化（グリッド化）する必要がある．

　得られた DRASTIC index は帯水層の脆弱性の絶対値を示しているに過ぎないため，ある対象領域内で DRASTIC index を正規化（規準化；英語で normalize）し，脆弱性を相対的に地図化すると視覚的に脆弱性を理解しやすい．正規化とその地図化にはさまざまな方法があるが，DRASTIC モデルで主に用いられるのは Aller et al.（1987）と Chung and Fabbri（2001）による方法である．彼らはある対象領域内の DRASTIC index を絶対値の高位から低位に並べ，その最大値を 0%（相対的脆弱性・高），最小値を 100%（相対的脆弱性・低）として百分率で相対化し，各ピクセルにそれらを当てはめて地図化した．地図化の際には脆弱性の相対値が小さい（脆弱性が高い）領域を赤系色，相対値が大きい（脆弱性が低い）領域を青系色にするとわかりやすい．

　一方，GQI モデルは地下水の水質の空間分布を規格化して地図化するために，

表 6.2 DRASTIC モデルにおけるパラメータ.

ランク	D(5) レンジ (m)	R(4) レンジ (mm/yr)	T(1) レンジ (slope%)	C(3) レンジ (m/s)
1	>100	0-50.8	>18	$<4.7 \times 10^{-5}$
2	75-100	—	—	4.7×10^{-5}-1.4×10^{-4}
3	50-75	50.8-101.6	12-18	—
4	—	—	—	1.4×10^{-4}-3.3×10^{-4}
5	30-50	—	6-12	—
6	—	101.6-177.8	—	3.3×10^{-4}-4.7×10^{-4}
7	15-30	—	—	—
8	—	177.8-254	—	4.7×10^{-4}-9.4×10^{-4}
9	5-15	>254	2-6	—
10	0-5	—	0-2	$>9.4 \times 10^{-4}$

A(3) レンジ（タイプ）	ランク	S(2) レンジ（タイプ）	ランク	I(5) レンジ（タイプ）	ランク
頁岩	2(1-3)	非圧縮粘土 非団粒粘土	1	境界層	1
変成岩・火成岩	3(2-5)	腐植土	2	シルト・粘土	3(2-6)
風化した変成岩 風化した火成岩	4(3-)	ローム質粘土	3	頁岩	3(2-5)
漂礫土（氷河性堆積物）	5(4-6)	シルト質粘土	4	変成岩・火成岩	4(2-8)
層状砂岩・石灰岩・頁岩シークエンス	6(5-9)	ローム	5	石灰岩	6(2-7)
砂岩	6(4-9)	砂質ローム	6	砂岩	6(4-8)
石灰岩	6(4-9)	圧縮粘土 団粒粘土	7	層状砂岩・石灰岩・頁岩	6(4-8)
砂礫	8(4-9)	泥炭	8	シルトや粘土の混ざった砂礫	6(4-8)
玄武岩	9(2-10)	砂	9	砂礫	8(6-9)
カルスト地形	10(9-10)	礫	10	玄武岩	9(2-10)
		薄い土壌・土壌なし	10	カルスト地形	10(8-10)

* 各々の DRASTIC パラメータの右側（ ）内の数字は，重み付け値（w）である．
** ランクの右側（ ）内の数字は変動幅である．

Babiker et al.（2007）によって提案されたものである．このモデルは DRASTIC モデルと類似の概念を用いて，GIS 用に数値化するためのツールである．GQI は以下の式で計算される．

$$GQI = 100 - \{(r_1w_1 + r_2w_2 + r_3w_3 + \cdots + r_nw_n) \div N\} \qquad (6.2)$$

ここで r は水質成分のランク値であり，w はその水質成分（1〜n）の重み付け値である．N は GQI を得るために用いた水質成分の数である．r は各グリッドの水質の絶対濃度が，基準とする濃度からどの程度大きいか小さいかを相対的に示す

ために，次式を用いて規格化する．

$$r = 0.5 \times C^2 + 4.5 \times C + 5 \tag{6.3}$$

ここで，C は各グリッドにおける汚染指数であり，

$$C = \frac{X' - X}{X' + X} \tag{6.4}$$

で表現する．ここで X' は各グリッドにおける水質成分の絶対濃度であり，X は基準とする濃度である．Babiker et al. (2007) は X として，WHO（世界保健機構）が定めた水質汚染に関する閾値（すなわち，これ以上溶存量が多いと人体に影響を及ぼす可能性が高いとされる水質の閾値）を採用している（Babiker et al. (2007) の Table 1 を参照）．なお，当然ながら X' は空間的にまばらに測定されるため，DRASTIC モデルの 7 指標と同様に，ある対象地域内での測定データを空間内挿して GIS 用にグリッド化する必要がある．

　DRASTIC モデルと GQI モデルを用いて GIS により地図化すれば，対象とする不圧帯水層が固有に持つ汚染に対する脆弱性とともに，土地利用や人為の結果生じた，浅層地下水の水質の空間分布を表現できる．浅層地下水の持続可能性の評価手法については，まだ研究途上と言っても過言ではない．例えば，DRASTIC モデルから得られた脆弱性マップに，GQI モデルから得られた地下水汚染マップを重ね合わせ，その結果を持続可能性マップとして表現しても良いであろう．あるいは，持続可能性の本来の意味を考慮し，その浅層地下水が，水質や水量的にどの程度時間変化していないのか，あるいは今後時間変化する可能性が少ないか，を指標としても良いであろう．もし後者を適用する場合には，当然ながら，地下水の水量や水質に関する時間変化の情報が必要になってくる．

6.4.3　各務ヶ原台地の浅層地下水への DRASTIC モデルの適用例

　各務ヶ原台地は濃尾平野の北端に位置し（図 6.7），海抜標高 20〜60 m を有する木曽川による洪積段丘の一部（熱田面あるいは各務原面）をなす（東海三県地盤沈下調査会, 1985）．水文地質学的に，各務ヶ原台地の浅層地下水は 9 万年前から 6 万年前に堆積した第二礫層を主要な帯水層としている（以下，第二帯水層と称する）．第二礫層の上部には粘土質の被圧層がほとんど無いことから，第二帯水層は不圧帯水層となっている（Babiker et al., 2005）．この帯水層は各務ヶ原台地では

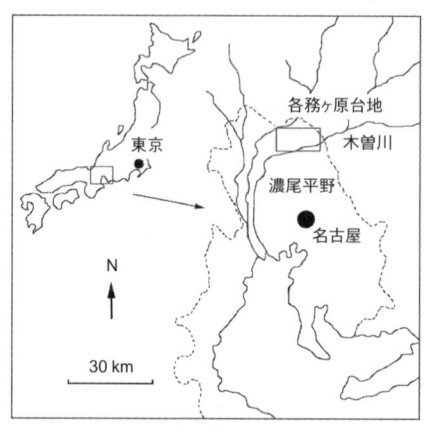

図 6.7 岐阜県各務ヶ原台地.

東西方向に傾斜し，東端で 15 m，西端で 90 m の層厚を有する．この地域の年平均気温は 15.5℃，年降水量は 1,915 mm となっている．各務ヶ原台地は岐阜県各務原市の主な住宅地になっており，それ以外の土地利用としては畑地，自衛隊用の空港，工場群，である．台地の東部に広く分布する畑地では，ニンジンなどの野菜を中心とした近郊農業が行われている．

口絵 8 に，DRASTIC モデルから得られた脆弱性の相対値地図を示す．台地の東部で脆弱性が低いのに対して，西部では脆弱性が高い．これは主に，地表面から地下水面までの深さが東部で深いのに対して，西部で浅いためである．台地の北部で脆弱性が非常に低い理由は，地形傾斜が大きいためである．ここで注意したいのは，口絵 8 は地形・地質条件のみによる帯水層固有の脆弱性を示したものであり，土地利用条件は反映されていないことである．土地利用条件をも考慮した浅層地下水の地下水汚染に曝されるポテンシャルについては，別の指標により地図化する必要がある．上述のように各務ヶ原台地では東部に畑地が広がっているため，面源負荷による地下水汚染に曝されるポテンシャルは東部ほど高い（Babiker et al., 2005）．

6.4.4 那須野原の浅層地下水への DRASTIC モデルと GQI モデルの適用例

栃木県の北東部に位置する那須野原は，北および西縁を下野山地に，東縁を那珂川に，西および南縁を箒川に囲まれた複合扇状地である（檜山・鈴木，1991）．那珂川により八溝山地と地形的に隔てられ，箒川により高原丘陵と隔てられているため，扇状の形状を示さず，サツマイモ型の扇状地となっている（口絵 9 (a)）．海抜標高は 150〜500 m，面積は約 400 km^2 であり，北西から南東に向けて平均傾斜 1/75 の地形勾配を有する．水文地質学的に，那須野原の主要な扇状地砂礫層は下位段丘 II を形成する砂礫層であり，これが不圧帯水層をなす（檜山・鈴木，1991）．扇央部から扇端部にかけて斜行した数列の分離段丘は上位段丘面

の大田原浮石層が連続したものであり，扇状地砂礫層により埋積され頂部や中腹以上の部分が埋め残されたものである（口絵 9 (a)）．1987～2000 年の 14 年間における年平均気温と年降水量は，それぞれ 12.4℃ と 1,427 mm である．月別の降水量は 5 月から 9 月の夏季に多く，10 月から 4 月に少なく，わが国の気候区分では典型的な太平洋型に属する．那須野原では扇頂部に牧草地，扇央から扇端部にかけては水田が広く分布し，他に住宅地により占められている（檜山・鈴木, 1991）．

　口絵 9 (b) に，DRASTIC モデルから得られた脆弱性の相対値地図を示す．各務ヶ原台地（口絵 8）に比べると帯水層の脆弱性は比較的低いものの，一部に脆弱性が高い領域が見られる．それらは那珂川近傍の黒磯付近，那須野原中央を縦断する蛇尾川と熊川に挟まれた領域，そして那須野原の南東部（那珂川と箒川との合流地点付近）である．これらの地域に共通する水文地質特性として，地下水面までの深さが浅いことや，不飽和帯が砂質ロームや砂礫からなり透水係数が大きいことが挙げられる．

　口絵 10 (a) は GQI モデルを用いて評価した地下水汚染マップである．GQI において，0～30% を比較的汚染された領域（低レベルの水質領域：赤色系），30～70% を中庸の汚染域（中レベルの水質領域：緑色系），70% 以上を汚染されていない領域（高レベルの水質領域：青色系）として那須野原を区分したものである．水質の空間分布の特徴として，地下水流動方向（北西から南東への方向）に水質勾配があることがまず挙げられる．扇頂部は地下水面までの深さが深く人口密度が低い一方，扇央部から扇端部には住宅地が多いことがその理由として考えられる．さらに，住宅地以外の土地利用として，扇央部から扇端部にかけては水田が広がり，化学肥料などの面源負荷が起こり得る．実際に GQI が 0～30% の領域の硝酸態窒素濃度は高くなっている（檜山・鈴木, 1991）．那須野原西部，箒川近傍の領域と，那須野原東部，那珂川近傍の黒磯地域でも GQI は 0～30% となっている．那須野原西部の GQI が 0～30% と低い原因として，集水域内に温泉地を有する箒川の河川水が，この地域の浅層地下水に流入したことが原因として考えられる（檜山・鈴木, 1991）．一方，那珂川近傍の黒磯地域では，那珂川の河川水の浅層地下水への流入は無い．この地域は住宅密集域になっているため，点源あるいは面源的に地下水汚染が進行したものと思われる．

　口絵 10 (b) は，口絵 9 (b) の脆弱性マップと口絵 10 (a) の GQI マップを重

ね合わせ，さらに，水質の季節変化が大きい領域を重ね合わせて持続可能性マップとして作成したものである．この図の赤色で示した領域は，帯水層固有の脆弱性が高く，かつ土地利用に起因する地下水汚染リスクが高く，そして水質の時間変動が大きい領域に相当する．口絵10（b）からは，脆弱性，汚染リスクとも高い領域が一目瞭然で判別可能であり，水環境アセスメントの材料として有用であると思われる．この図は帯水層および地下水汚染の総合評価図として考えられるため，他地域にも応用可能である．なお口絵10（b）には，約3ヶ月間隔で現地に赴き，ほぼ1年間かけて取得した水質データのみ反映されている．もし，より長期の水質データが得られれば，より確かな水質の時間変化が反映されるため，より確かな持続可能性マップになるであろう．

　人為による土地利用改変とともに，地下水利用や汚染物質の点源・面源負荷が行われつつある昨今，本章で紹介したような研究が今後ますます必要になってくるであろう．ここで紹介した研究例が，国内外を問わず他地域にも広く応用されることを望む．

参考文献

Aller, L., T. Bennet, et al. (1987)：DRASTIC：A standardized system for evaluating ground water pollution potential using hydrogeological settings. Environmental Protection Agency (EPA), 600/2-87-035；622.

Anderson, M. P. (2007)：Introducing groundwater physics. Physics Today, 60, 42-47.（檜山哲哉訳（2007）：地下水の物理．物理科学雑誌　パリティ，22, 4-12）

Babiker, I.S., A.A.M. Mohamed, et al. (2005)：A GIS-based DRASTIC model for assessing aquifer vulnerability in Kakamigahara Heights, Gifu Prefecture, central Japan. Science of the Total Environment, 345, 127-140.

Babiker, I.S., A.A.M. Mohamed, and T. Hiyama (2007)：Assessing groundwater quality using GIS. Water Resources Management, 21, 699-715.

Chung, C.F. and A.G. Fabbri (2001)：Prediction models for landslide hazard using a Fuzzy set approach. In Marchetti, M. and Rivas, V. (eds.), *Geomorphology and environment impact assessment*, A.A. Balkema, pp. 31-47.

檜山哲哉・鈴木裕一（1991）：那須野原における地下水―特に水質の空間的変化と季節的変化について―．ハイドロロジー（日本水文科学会誌），21, 143-154.

榧根勇編（1973）：『地下水資源の開発と保全』，水利科学研究所，418pp.

榧根勇編（1991）：『実例による新しい地下水調査法』，山海堂，171pp.

町田洋（2009）：「第四紀」の重要性―地球史の中での新しい地位と定義―．科学, 79,

1315-1319.

農業用地下水研究グループ「日本の地下水」編集委員会編（1986）：『日本の地下水』，地球社，1043pp.

大橋真人・田瀬則雄ほか（1994）：那須野原における地下水中の硝酸イオン濃度の空間変動について．ハイドロロジー（日本水文科学会誌），24，221-232.

斎藤清明（2005）：米灌漑農業「危機」の深刻度．エコノミスト，84-87.

東海三県地盤沈下調査会編（1985）：『濃尾平野の地盤沈下と地下水』，名古屋大学出版会，242pp.

山本荘毅（1983）：『新版　地下水調査法』，古今書院，490pp.

吉見吉昭（1991）：『砂地盤の液状化（第二版）』，技報堂出版，182pp.

（檜山哲哉）

タイガ-永久凍土の共生関係

　東シベリアやカナダ，アラスカには**永久凍土**（permafrost）が広く分布する．これらの地域では冬季の気温は氷点下であるが，真夏には30℃以上になることもあるため，地表層は季節的に融けたり凍ったりを繰り返している（その下には年中凍ったままの永久凍土が存在している）．季節的に融解・凍結を繰り返す地表層のことを**活動層**（active layer）と言う．永久凍土は凍り付いた"土"であるが，一部に氷だけで構成された部分も存在する（下図）．この地下氷は **氷楔**（ice wedge）と呼ばれる．読んで字の如く"くさびがた"の氷が地面のやや下から凍土に突き刺さるように存在しているが，規模によっては楔形とはわからないほど大きな氷もある．東シベリアに存在する氷楔は，最終氷期や現間氷期の寒冷期に，融解と凍結の繰り返しによって，長い時間をかけて形成されたものである．

　東シベリアでは年間の降水量がたった300 mm程度と少ない．ところがこの地域はカラマツなどの北方林（タイガ）により広大に覆い尽くされている．何故だろうか．それは，タイガが夏季に活動層中の土壌水を使って生長できるからである．上述のように，活動層の下端は年中凍ったままの永久凍土になっているため，そこより下には水が移動できない．したがって少ない降水量であっても活動層中に十分な量の土壌水が貯留されるため，タイガが成立しているのである．一方で地表層は，夏季の日中であってもタイガによって日射が直接当たることから幾分守られ，急激な融解を免れている．東シベリアには「タイガ-永久凍土の共生関係」が存在すると言って良いであろう．

　近年，地球温暖化によって凍土表層が融解しやすくなっている．ここで無視できないのは，降水量（夏季の降雨量と冬季の降雪量）の増加も地表層の熱環境を変える，ということである．1990年代から東シベリアのカラマツ林で取得してきた観測データによると，2005年以降，一年で最も深くまで達した時の活動層の深さ（年最大融解深）が今まで以上に深くなってきた．その原因として，温暖化によって一年あたりの0℃以上の日数が長

図　東シベリア・ヤクーツク近郊の湖岸に露出した氷楔（ice wedge）
写真右側，土壌中の黒っぽい部分（白矢印の先）が氷楔である．

くなることが挙げられる．そして忘れてならないことは，秋や冬に降る雨や雪の量が多くなることによって，非常に冷えた冬の気温から地表層が熱的に守られる，ということだ．すなわち，夏に融解した活動層が秋以降に再凍結するまでに時間がかかり，氷点下ではあっても地温がそれほど低くならない．そうすると，翌年の春（融雪時）以降にそれほど冷えていない土壌が再び暖まることになるので，年最大融解深も深くなることになる．つまり秋から冬にかけて降る雨や雪が多いと，翌年の夏の活動層が深くまで達するようになり，結果的に氷楔の上端部も含めて融解させることになる．

　一般に年最大融解深が深くなると活動層は乾燥化する．しかしながら氷楔が融解する場合や降水量が多い場合には，活動層中の土壌水は多くなり（活動層が湿潤化して），タイガに湿潤ストレスがかかりやすくなる．これらはタイガの劣化をさらに助長し，地表層への日射の吸収を促してさらなる劣化を招く．温暖化は，降水量の変化も伴って，「タイガ-永久凍土の共生関係」を崩していくことになる．われわれが放出した二酸化炭素は，思わぬところで思わぬ悪循環を生み出していると言って良い．

（檜山哲哉）

第II部

技術的観点から

　第II部は水の環境を主に技術の視点から解説している．有史以前から人類は水との戦いのなかで文明を作り上げてきた．河川の氾濫は肥沃な耕作地を人類に提供したが，他方で，毎年の洪水は人々を脅かした．渇水に備え，あるいは乾燥地帯でもともと耕作に適していない地域に灌漑技術を生み出すことで，人類は生活領域を拡大した．また，ローマ時代の都市建設に見られるように，都市における上下水道の整備で人々は生活の質の向上を図ってきた．これらはすべて人類が長い間に構築した水を制御する叡智である．

　しかし，近年では，地球が有限であり，それに対する人間活動の影響が無視できなくなったことにより，これらの技術にさまざまな課題が生じている．例えば人間活動の結果生まれた地球温暖化は，乾いた土地はより乾き，多雨の地域はより多雨にする可能性が指摘されている．わが国においても，近年，1時間あたりの降雨強度が 100 mm を超える集中豪雨が予想を超える頻度で発生している．こうした現象に対しては従来の河川改修や調整池設置の技術に依存するだけでは対応しきれず，コンクリートやアスファルトで覆われ，大半の雨水を流出させてしまう都市自身の構造を雨水浸透性の被覆や緑の導入によって根本的に変革することが求められている．灌漑についても，あまりに不適切な土地における強引な灌漑が地下帯水層や湖の枯渇をもたらしたり，国際紛争を引き起こしたりしている．都市部の上下水道は整備されたとはいえ，地球規模で見れば海洋の富栄養化には歯止めが掛かっていない．こうした現象に対処するには，小さなエリアの利己的な課題解決の技術から，地球規模の視点を持つ持続的な問題解決の技術へ転換することが求められている．また，地球規模の水循環の原理を理解し，地域や国をまたがって流れる流域圏という視点で水の環境を眺めることも重要になってくる．

　これらのためには，本書第I部に書かれている地球規模の科学的な知見を，技術の分野は十分に理解しないといけない．また，より持続的な問題解決をおこなうためには，それにかかわる人々の合意形成が不可欠になる．即ち，そこで生活すること，水と付き合うことへの歴史的なまなざしをしっかりと構築し，技術の価値と課題を見極め，情報を開きつつ，必要とあらば体系的な政策や制度を設定するという社会的な営みが強く求められてくる．この意味において，第II部は第III部へと続いてゆく．このような流れの中で，第II部を読んでいただけると幸いである．

第7章

治水・利水と河川生態系
―河川を軸とした流域管理―

　われわれの生活は水と切り離せない．その水は，大気圏から国土に雨として供給され，川から海に至る間に，また蒸発散によって大気に戻るまで，人々との生活と強く関わっている．こうした水循環の陸域での受け皿は「流域」で，これらの集合体として「国土」が成り立っている．流域で水は洪水や水資源といったかたちで人々の生活に直接関係するほか，生態系もそこに育まれ人々の生活との関係は切り離せない．このような流域のうちで，現象が最もダイナミックな河川水系を軸に水管理を行うことはきわめて効果的であり，これまでさまざまな施策が展開されてきたが，個別目的の効率のみ求める手法の限界から，新たな流域統合管理が注目されている．

7.1　水文循環と流域・流域圏

　降水が地上に至ると，地質・地形の条件によって，**表面流**，**中間流**，**地下水流**を形成，河川に集まり海に注ぐ（図7.1参照）．すなわち分水嶺（雨水が異なる方向に流れる境界）で囲まれた領域である**流域**への降水は，河川流に集められる．このプロセスを**流出過程**と呼んでおり，しばしば降水イベントと直接関係づけられる洪水流出とそうでない基底流出に分けられる．また，このプロセスの間に**蒸発散**によって水は大気に戻る．同じ水が循環しているわけではないが，流域への1年間の降水量は毎年，地域によって異なり，変動はあるものの平均千数百 mm 程度が期待され，降雨・流出・蒸発散過程は繰り返されるということで，この側面から**水循環**，**水文循環**という語が当てられる．水文循環は地球規模であるが，

その陸域でのプロセスは流域を舞台にしている．

流域への降雨の時間分布（$r(t)$ mm/時）は**ハイエトグラフ**と呼ばれ，流出過程のモデル化に基づいた**流出解析**によって，河川流量の時系列である**ハイドログラフ**（$Q(t)$ m^3/秒）に換算される（図 7.2 参照）．年間のハイエトグラフから得られる年間のハイドログラフは長期流出で，**流況**と呼ばれ，融雪出水や梅雨前線性降雨，台風性豪雨などがそれを特徴づけるが，これは水資源計画など利水に関わる．一方，豪雨などはわが国ではせいぜい1，2日程度のイベントの短期

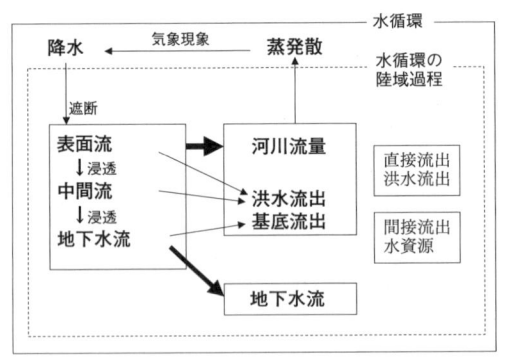

図 7.1 水循環と流出過程．

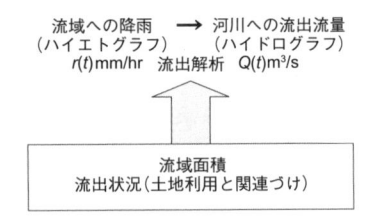

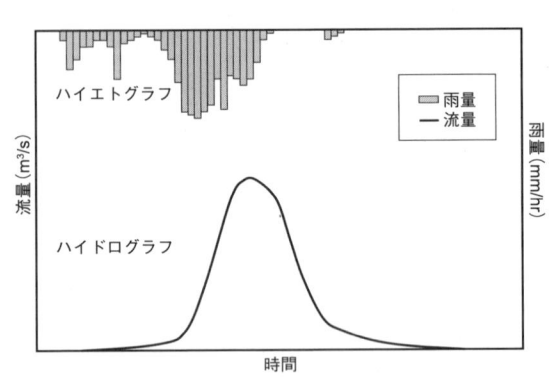

図 7.2 ハイドログラフとハイエトグラフ．

雨量強度（r mm/hr）と河川の流量（Q m^3/s）の時間変化はそれぞれ棒グラフ，曲線（折れ線）グラフで表現されて，ハイエトグラフ，ハイドログラフと呼ばれる．前者から後者を推定するのが流出解析である．

流出で，洪水流出と呼ばれ，治水問題に関係する．水系での治水計画では，流域に平均的に降った降水量の累積雨量からの流出が対象となる一方，限られた地域（農地や都市）では，周辺に降った雨がその地域の浸水と関係しており，この場合は局地的かつ短期間雨量（例えば時間雨量などの雨量強度）が対象となる．

　流域は水の経路網である．経路だけでなく通過量も含めたものを**フラックス**と呼ぶが，その意味で，流域は水の**フラックス網**の集合体と言ってよい．この水の流出過程に応じて，流域で土砂が生産され輸送される．このプロセスを**土砂生産・流砂過程**と呼ぶ．これによって，谷底平野，扇状地，自然堤防帯沖積平野，三角州などの水成地形が形成されたし，現在もなお，流路・河床地形の変化がこれに依存している．今日，河川下流部では連続堤防が築かれ河川と氾濫原（河川が氾濫時の堆積作用によって作り出した地形で，洪水の氾濫する領域を意味することもある）が分離されているが，洪水時の氾濫想定区域や灌漑水利用区域なども実質的には流域に含めて考えるのがいい．さらに，河口から海に出た砂も波と流れで運ばれ（**漂砂**），海岸地形を形成・維持している．こうしたことから，沿岸域も流域に含めて考えることが多くなってきた．

　水・土砂の流れは，それらとともにさまざまな物質をも輸送する．とくに，生物を含む有機物，無機物と様態を変える**生元素**（酸素，炭素，窒素，リンなど）のフラックス網も重畳される．物質フラックス網では，そのプロセスにおける様態変化も重要であり，そのなかで生命が育まれる．この意味でフラックス網は生物相と強く関わり，いわゆる**生態系**も流域をベースに形成・維持されているといえる．

　流域での人間活動は，水循環とそれに駆動される流砂系，物質循環系，生態系と強く関連しており，これらを制御して展開されてきた．人間活動を支える**治水・利水・環境**は，まさに流域管理でもある．

　この流域内の人口や経済的活動の増加は，上述の自然の水循環が駆動するフラックス網に，人工系を付加することによって支えられてきた．たとえば，灌漑用水や上下水道であり，また道路や鉄道とそれに伴う輸送網はまさに人工的な水・物質フラックス網の追加で，これによっていくつかの流域が強く連結されることになった．こうした連結の強い複数流域群を**流域圏**と呼んでいる．

7.2 河川の整備と管理

　流域での人間活動，とくに人口増への対応や経済的効率の向上のため，流域の水災害に対する安全，水資源確保，環境保全が求められ，これらを，河川の整備・管理によって達成しようとの努力がされてきた．いわゆる，治水，利水，環境という現在の河川の整備・管理の目的である．

　今日の河川整備・管理は，明治の**河川法**制定（1896，旧河川法）にもとづく近代的治水事業を原点とするが，1964年の河川法改正（新河川法）では利水目的が加えられ，1997年の改正（改正河川法）ではさらに環境が内部目的化された．また，改正河川法では，それまでの工事実施基本計画が，長期計画である**河川整備基本方針**と20～30年で達成する**河川整備計画**に分離された（河川法研究会，2006）．整備計画策定においては学識者・地域住民の意見を反映させる仕組みも導入された．

　水災害に対しては河川に集められた水の溢水・越流による**外水氾濫**のほかに，河川に流出する前の堤内地の排水不良による浸水（**内水氾濫**）がある．前者に限って治水，後者への対応は雨水排除として区別することが多い（雨水排除流量は河川流量に加算）．また，利水では，渓流水，地下水利用などもあるが，表面流として出現している河川流量を利水者で公平に配分することを基本として考えられている．また，流域の環境も，堤内地は土地所有者が利用するためなかなか自然保全に手を出せなく，河川の自然環境が注目されている．

　治水計画については，基本方針として例えば100年に一度の豪雨による洪水に対しての流域（対象区間）の治水安全度を目標とし，整備計画ではそのうち20～30年の事業として達成できる目標を明確にした．このように，目的を指標に沿って定量化し，段階的に目標として明らかにしたことが，改正河川法のもうひとつの意義である．治水目標の達成は，対象区間の連続堤防，上流ダム・遊水地による洪水流量のピークカット（洪水調節）がそのメニューとなる．一方，利水についても河川表流水の配分であるため，利水流量増への対応は，ダムによる流況の平準化（渇水時の補給）がメニューである．環境については，氾濫原，丘陵などが人間活動で高度利用されており，ほとんどが官地である河川区域しか施策対応空間になり難い．わが国は**河況係数**（最大流量と最小流量の比）が大きく，

それゆえ，とくに大河川では河道が大きく，自然環境保全以外でも，レクリエーション，アメニティ空間整備などの親水機能も河川区域で求められた．もっとも，親水活動は自然環境保全と競合する例も見られる．なお，河道域は水・物質フラックス網が最もダイナミックで，自然環境保全という視点では河道域での生態系保全は効果的である．

上記のように，治水・利水，生態系とも水循環と密接に関係しており，水循環がもっともダイナミックな河道での制御は効果的で，そこでの施策展開は意味がある．また利水では河川表流水の配分は可視的で公平性を保つことができる．さらに，公共施策の展開には河道が官地で有利という側面も強調される．こうした背景から，河川区域を主体とした施策が展開されてきたが，それだけでは不十分であったり，インフラ整備が財政的に困難で完備まで時間がかかるようになってきた．そのため，堤内地を含む流域での対応として，土地規制やソフト対応なども視野に入ってきた．

7.3 安全な流域への水災対応

安全な流域を目指す水防災インフラ整備は，大きく**河川治水**（外水対策）と**内水対策**に分かれる．前者では，**地先治水**（その地域地域で対応する治水対策）としての堤防（連続堤，輪中堤）のほか，**水系治水**（水系一貫で見て効果を考える治水対策）としての連続堤防とダム・遊水地の組合せがある．後者は，雨水排除施設整備で，農地湛水防除や都市の下水道整備，これらに含まれる排水機場整備である．

水系治水では（図7.3参照），まず計画規模が対象流域のサイズや重要性から**再帰年**（リターンピリオド．年最大流量の超過確率を考えるときの対象とする年数）の概念を用いて想定される（おおむね，大都市圏では200年，県庁所在地で150年，他の一級水系で100年など）．流域の降雨データ（流域平均累積雨量）の統計分析から，当該規模の累積雨量を想定したあと，主要な豪雨事例のハイエトグラフの時間分布形状にあてはめいくつかの計画対象降雨が設定される（統計的に特異な例は棄却される）．そして何らかの適切な流出解析手法によって計画基準点でのハイドログラフが想定される．おおむねピーク流量が最大のものを**基本高水**とし，

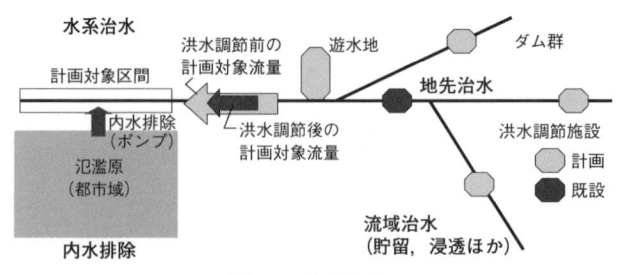

図 7.3　水系治水.
水系治水では治水対象区間をその区間での連続堤防だけでなく上流域のダム・遊水地など洪水調節施設群でまもる．個別の地域を輪中・霞堤（不連続堤）などを含む堤防でまもる地先治水，河川だけでなく流域で面として貯留する流域治水などに対して定義する．

そのピーク流量（**基本高水ピーク流量**）を，安全に流す基本方針が策定される．最近では下流の対象区間ではすでに都市化が進んでいたり，地形的な条件から，河道掘削や拡幅・築堤により河道で**計画高水位**以下で流すことができる最大流量はむしろ限定され，これを河道での分担流量である**計画高水流量**とする．そして，基本高水ピーク流量の不足する分をダムで分担する計画となる（**ダム分担流量**）．改正河川法では，基本方針の目標のうち，30 年程度の時間的・予算的制約で可能な治水安全度までを河川整備計画の治水目標として，必要な施設整備が計画される（国土交通省河川局, 2005）（図 7.4 参照）．

　計画高水流量がきまれば，それを計画高水位以下で安全に流すように河道断面（川幅や河床高さ及び堤防高さなど）や粗度が調整される．堤防は台形断面の土構造が原則で，計画高水流量以下の流量に対して，断面内に浸潤して起きる堤防の堤内地側斜面（裏法）でのすべりや堤内地を含むパイピングなど浸透破壊，堤防の河川側斜面（表法）の侵食・洗掘による堤防破壊が生じないように設計・照査される．場合によっては必要な**護岸**が施工され，また水衝（水あたりの強いところ）を避けるための**水制**（流水が直接作用することを避ける水はねや流速制御のための護岸に沿った構造物）が設置されることもある．計画高水位から堤防の天端までには河川規模に応じて**余裕高**がとられ，洪水時の風による吹き寄せなど一時的な水位上昇に備えるとともに水防活動を可能にする．堤防の設計は標準断面という形状規定で行われているが，上記のような堤防の損傷要因ごとに照査して必要な措置がとられている（**堤防強化**）．また何よりも，堤防は歴史的な構造を，嵩上げなどによって引き継いでいるものが多く，築堤材料の土質力学的性質など不

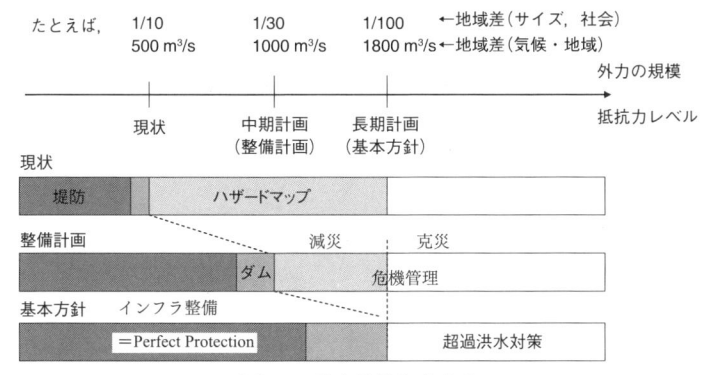

```
たとえば、  1/10        1/30         1/100    ←地域差（サイズ，社会）
           500 m³/s    1000 m³/s    1800 m³/s ←地域差（気候・地域）
                                                         外力の規模
              現状      中期計画      長期計画          抵抗力レベル
                      （整備計画）   （基本方針）
```

図 7.4　治水整備と安全度．

河川の治水安全度の指標は対応できる外力の確率規模（生起確率）で，河川・流域の規模や重要性と対応する．物理的には流量で，これは河川の気候帯や地形に依存する．災害への対応内容は堤防，ダム・遊水地などインフラ整備によるものと，ハザードマップによる減災，または「克災」（災害に耐える）も含む危機管理などがある．計画の段階として，現状，中期・長期計画のレベルを想定している．

明なところも多いので，点検・照査が必要とされている．

わが国では，戦後にカスリン台風，伊勢湾台風など大きな台風が相次いで来襲したこともあって，水害の死者は年間数千人に上っていたが，この半世紀の間の治水インフラ整備，災害情報の向上などにより，数十名程度まで減少する傾向にあった．ところが，2000年東海豪雨に代表される**都市型水害**は，それまで被害が公共土木災に限定されていたのが，ほとんど一般資産災であるなど，被害が再び市民に実感される事態となった．引き続いて2004年には十個の台風が本土に上陸する異常な事態であったことにも加え，水害の死者が200名以上となり，水害への対応が改めて問われる事態となった．前者に対しては「都市型水害対策検討委員会」の提言が，後者に対しては「豪雨災害対策総合政策検討委員会」の提言がなされた（辻本，2006）．

都市型水害では都市生活の水災害脆弱さ（ライフライン，地下街，自助・共助体制の脆弱さ）や，都市化による脆弱さの助長（低平地など危険地への立地や，丘陵地の宅地化などによる流出の変化）が指摘され，都市の防災体制の強化や流域土地利用などの規制に向けた水防法の改正や「**特定都市河川浸水被害対策法**」策定（2003）などの進展を見た．とくに，**ハザードマップ**の作成・周知や，避難体制などの議論が進められた．

ハザードマップは，河川管理者が提供する**浸水想定区域図**をもとに，市町がそ

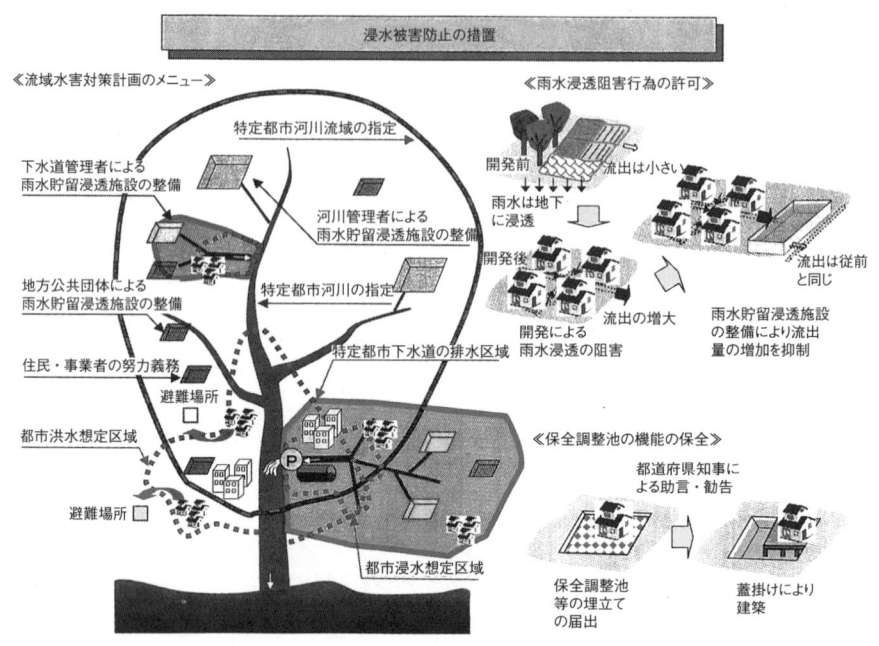

図 7.5 特定都市河川浸水被害対策法（2003 年）．（国土交通省河川局資料）
河川管理，雨水排除施設管理，防災対応としての市町村首長の連携を確保するほか，貯留施設を効果的に使うことを目指す．また外水を対象とするものを都市洪水想定区域，内水を対象とするものを都市浸水想定区域と呼んでいる．

れを適正な避難にいかすべく作成，住民に周知させるものである．浸水想定区域図は，現状の河川整備の下で基本方針レベルの外力が来襲した状況を想定したものである（図7.4の減災レベル）．このとき危険水位以上の水位になる区間から破堤想定点をいくつか選んで，**モデル破堤**（経験的に知られた標準的な破堤形状）したときの堤内地への氾濫を水理解析したもの（氾濫シミュレーション）をベースに，起こりうる最大浸水深の分布を示したものである．市町はこれを参考に，避難所や避難経路を想定して示したり，また危険箇所を明示してハザードマップとする．浸水想定区域図やハザードマップは市民だけでなく，**避難勧告・指示**を出す市町の首長や，水防団などにも周知されるべきものである．

　特定都市河川浸水被害対策法（図7.5参照）は，河川管理，下水道管理（雨水排除），市町村首長の連携を強化するとともに，とくに貯留浸透施設を確保しようとするもので，すでに展開されていた1980年代からの**総合治水対策**を実効化するものであるといえる．

豪雨災害対策総合政策検討委員会の提言では，まず，治水整備が時間のかかるもので，途中段階であるため，計画規模以下の外力にもかかわらず被害を受けることを改めて認識することの重要性が指摘されている．河道において計画高水位を上回る状況や，ダムの洪水調節能力を超えるような事態が生じうることの認識と，その場合の減災対応の必要性である．河道では計画高水位を超える前から**水防**活動にはいり，天端からの越流が生じるまでさまざまな工法で堤防の破壊を避ける活動がされる．計画高水位を超えると破堤の確率は高まるので，破堤をできるだけ生じないような努力や，沿川住民の的確な避難誘導も水防活動の一環となる．このように大事な役割を担う水防であるにもかかわらず，流域の社会情勢の変化からそれを担う組織が確保できなくなってきている．提言では，水防も含め，治水整備の遅れをさまざまなソフト対応で補完することを訴えている．このことを「ソフト対策とハード整備の一体化」と表現している（辻本，2006）．

破堤後の氾濫や被害状況，ダムの機能破綻後の状況（但し書き放流）などの危機的状況も正確に把握することの必要性が認識され，洪水被害に対して危機管理として向かい合う状況になってきたと言える．こうした危機的状況でも，治水インフラの破綻までの機能が，被害（少なくとも氾濫ボリューム）を大きく軽減していることも忘れてはならないし，こうした危機的状況を認識すると，治水インフラ整備の段階的整備に何らかの改良点を見出せるかもしれない（破綻を意識した設計）．

財政難を含む社会的な制約の中で河川整備の進捗にはこれまで以上に時間がかかる一方，社会の仕組みが水害脆弱さを助長している．これらのことに鑑み，流域対策や避難，避難支援行動などにより，防災以上に減災に努める重要性と，それを前提としたハード整備へと，ハード・ソフトの一体化を目指すことの重要性が指摘されている．要援護者の避難もクローズアップされている．計画論としての防災安全度の着実な進展に努めるとともに，施設の工夫された運用を始め，ソフト対応を含めてプラスアルファによって減災する危機管理の芽生えがここにある（図 7.4 参照）．

こうした災害に対する現代社会の脆弱さが，少子高齢化社会でどう助長されるか，どう克服するか，防災インフラ整備の進捗の遅れをどうソフトで補填していくかの議論は，さらに地球温暖化が現実化し（文部科学省研究開発局，2009），水災外力が巨大化している中で，超過外力にどう備えるかの議論（図 7.4 に示す克

災レベル）に進むことも必要である．整備計画の対象外力から基本方針レベルのそれまでは，ハザードマップなどによるソフト対応や自助・共助の考え方の普及といったさまざまな努力がなされつつあるが，基本方針レベルを超える超過外力への危機管理はまだ議論が始まったばかりである．

　2005年米国ニューオーリンズを水没させ，千数百名の死者が出たハリケーンカトリーナ災害は，わが国の三大湾の海抜**ゼロメートル地帯**での巨大外力，大規模・広域水害対応としての危機管理の必要性を覚醒させた．名古屋地区では，スーパー伊勢湾台風（室戸台風が伊勢湾を襲うシナリオ）を想定した「東海ネーデルランド高潮・洪水地域協議会」が組織され（東海ネーデルランド高潮・洪水地域協議会，2009），**危機管理行動計画**が策定されるなど，対応が始まった．

　一方，2008年以降では局所的集中豪雨（**ゲリラ豪雨**）による悲惨な水害が注目された．さまざまなパターンの水災害に対し，同じ戦略で危機管理することができないこともよく認識するとともに，パターンごとにきちんとした対応を示唆しておくことが望まれている．

7.4　流域水循環と水資源利用

　流域内での水利用はさまざまである．大きく利用目的を分類すると，農業用水，発電用水，工業用水，上水道などの利水利用のほか舟運や内水面漁業も水を利用するし，河川の水質や生物の生息に関わる環境維持流量といった水の必要性もある．動植物の生育・生息，漁業，景観・流水の清潔の保全，舟運，塩害防止，河口閉塞防止，河川管理施設の維持，地下水位の維持に関わる流量を河川維持流量と呼んでいる．水利用が多様であるのと同じく，水源もさまざまで，河川表流水のほか，渓流や地下水取水，雨水利用，海水の淡水化などがあるが，わが国では河川表流水取水が原則である．これは経済的であることのほか，可視的であるため公平性が確保できるからといっていい．河川水の流況は，1年を通じて流量がそれを下回らない日数で，**豊水**（95日），**平水**（185日），**低水**（275日），**渇水**（355日）と分類，閾値を設定しており，河川管理者が，渇水流量を利水者に配分（**水利権**を付与）する管理方式となっている．すなわち，利水基準点で利水流量に**不特定用水**（慣行水利，河川維持流量）を加えた流量を「**正常流量**」と

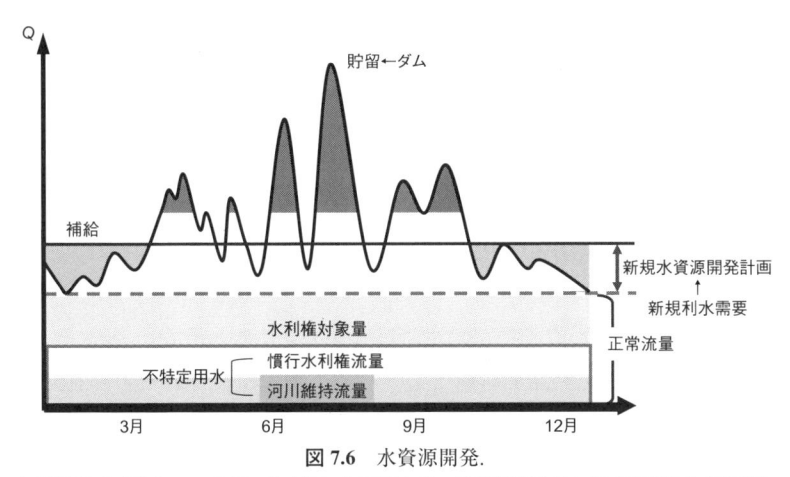

図 7.6　水資源開発.
河川流量は変動しているが，渇水時にも慣行水利・河川維持流量など不特定用水を確保した上で水利用者に水利権を付与している．新規利水需要があれば，変動する流況で，流量の豊富なときにダムに貯留した分を流量の少ないときに補給するかたちで流況を平準化して利用できるようにする．

呼び，その確保をもって利水管理とする．自然流況での配分流量が不足すれば，新規利水需要に対し，必要ならば，新規水資源開発計画がされ，ダム建設などによって開発された後その受益地を特定して水利権が付与される（図 7.6 参照）．ダム建設後も，やはり基準点での正常流量確保の視点で不足分がダムから補給されるという図式である．

　中部地方においては，とくに戦後大規模農地開発を伴う用水整備（愛知用水，濃尾用水その他）が行われ，ダム，**頭首工**（農業用のためのダムと取水施設を総称）が建設され，生み出された利水量に水利権が付与された．また明治末期から高度経済成長期には水力発電としての水資源開発がおこなわれた．こうした中で高度成長期に工業用水の需要が拡大，河川水利が未開発な中で地下水くみ上げ量が増大，**地盤沈下**が深刻化した（6.3.2 小節参照）．昭和 40 年代には数 m 以上の地盤沈下が海抜ゼロメートル地帯の治水安全度を極めて低下させたし，さまざまな土地利用に不便をもたらした．地下水くみ上げ規制と，その後の木曽川水系水資源開発による表流水への転換により，地盤沈下は沈静化している．しかし，渇水時には緊急的地下水利用が行われ，そのときに地盤沈下が進む（地下水位がその後回復しても，地盤沈下は不可逆的で戻らない）ので，この地域における渇水状況は他地域以上に避けねばならない事態である．

利水において，その需要は利用者で議論される．河川管理が対応するのはその利水計画に基づいて，正常流量を確保することで，その前提での水利権付与となる．新規利水については新規利水者がダム建設，運用の負担をするためコストは高いが，しばしば治水目的とあいまって**多目的ダム**が建設されてきた．水文資料の十分な検討がないままの水資源開発に伴って，不特定用水が不足している水系があり，不特定用水補給が必要となっているところではその負担は河川管理者（治水勘定）である．

さて，利水安全度は正常流量が渇水時に確保できるかどうかの基準で，全国的に，再帰年で10年の安全度を標準としている．治水計画では100年確率洪水は統計的外挿に拠ったが，利水計画では再帰年が短いこともあり，統計的手法に拠らず計画年直近の利水計画基準年の実データ（10年間の1位，20年間の2位渇水年データ）から決めた．多くの利水計画は近年の渇水傾向から見ると安全度低下をきたしている（図7.7参照）．一方，安全度が計画より高くなっている水系は，工業用水をはじめとする利水需要が現実に計画どおりには発現していないことによるものが多い．

渇水が予測されるときには，ダムのある流域ではダムからの補給を調整したり，複数のダム群を擁する場合にはそれらの補給を調整するというように，補給面での調整を行うほか，河川管理者は利水者間での水利用制限調整（**渇水調整**）の場を提供する．こうした努力で，今日市民生活にまで渇水被害が拡大することは少なくなって，市民の渇水に対する危機感は希薄になっている．とくに，後発のダムは供給量に比し大きな貯水容量を持たざるを得なかったが，こうしたダムが今日渇水調整に有効に機能している．

水需要の観点では，発電水利ではピーク対応による揚水発電方式，ダム下流の無水・減水区間の解消（ガイドライン放流），農業用水における農地面積減少，営農形態の変化（用排分離），農業用水の多面的機能（環境，景観，防災，その他），工業用水における反復・再生利用，都市用水の利用形態変化（中水道の利用など）がトピックスである．水需要は，利水者側の事情であり，その合理性が重要である一方，流況管理は河川管理として重要で，流域の利水のあり方は河川管理サイドからも発信していく必要がある．

一方，水供給の視点からすると，水資源開発は流況平準化の技術であるが，賦存量・利用量という視点も重要である．賦存量の視点では，地球温暖化による渇

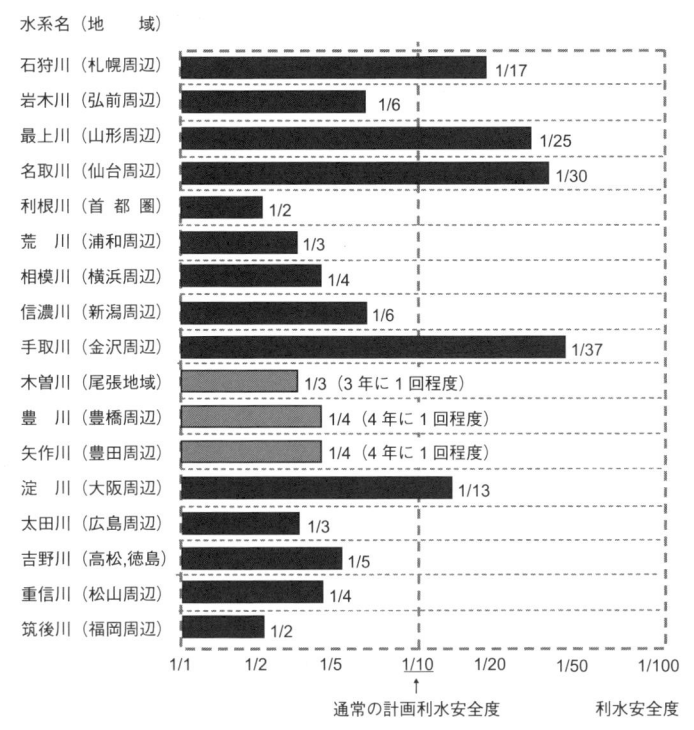

図 7.7 主要河川の利水の実質安全度.（国土交通省中部地方整備局資料より）

水頻度の増加も検討課題となっている（文部科学省研究開発局，2009）．たとえば，少雨傾向の頻度増加や，積雪・融雪という自然の貯水システムの機能低下が指摘されている．

7.5 河川水系・流域の環境保全

1997 年の河川法改正で，環境も治水・利水とともに河川整備・管理の目的となった．このときの，環境の中味は，水質・流量に関わる水環境，生態系あるいは自然環境保全，レクリエーションやアメニティといった親水機能があげられる．一方，1997 年には**環境影響評価法**が制定され，公害防止型から生態系アセスメントへと環境影響評価の中味も新しくなった．こうした中で，管理という視

点の中での生態系の理解が必要になってきた．

生態系アセスメントにおいても，「生態系への影響を回避・低減・代償する」といっても具体的にどうすれば良いかわからない．生態系アセスメントを実施するに当たっての技術的検討がされた中（生物の多様性分野の環境影響評価技術検討会，2002）で，まず**生息場**（ハビタート）という概念が導入された．生態系を生息場という概念に置き換えると，土地改変を伴う事業の影響を回避・低減・代償するということが理解しやすくなった．次に，生息場といっても，どの生物種の生息場かが問題となる．そこで出てきた概念が「**注目種**」である．対象とする場の類型に典型的な種（典型性），付随する局所的に特異な場に生息する種（特殊性），生活史上必要な移動経路としてその場を必要とする種（移動性），希少であったり，その場所での生息が生物学・生物誌的に意味のある種（貴重性）などから，数種選ぶような手続きが推奨されている．

河川においては，水流，流砂，地形変化という相互作用系（**移動床過程**）が，独特な物理基盤を形成・維持あるいは更新しており，そのさまざまな特徴を持った場が，さまざまな生物種にそれぞれ適性な生息場を提供している．河川の移動床系において，最近ではとくに，植物動態との相互作用の重要性が認識されている．植生は，地形に応じて繁茂し，洪水時の流れを変化させて地形変化に影響する一方，洪水時に倒壊・流失したり，洪水時に堆積し洪水が終わった後に現れる陸域に侵入する．**河川景観**はこのようにして形成（維持・更新）されるが，単に物理基盤だけでなく，こうした物理基盤が提供する生息場，独特な物理基盤上で生じる素過程（有機物の捕捉，硝化，脱窒など）からなる物質循環に支えられる生物の生長・繁殖など，生物相，物質循環との相互作用系として河川景観あるいは生態系をとらえることが多い．また，生物相には，個々の種の生長・繁殖だけでなく，食物網，競争・共生など複数種の動態も含まれる．なお，階層性と関連させて述べるように，こうした相互作用系としてのいくつかの生態系が，水と物質のフラックス網で連結されていることも，構造上重要な特徴である（図7.8参照）．

もうひとつ重要なことは，河川景観を見るときの，スケールの階層性である．大きいほうから，流域，**水系**，**セグメント**，**リーチ**，サブリーチなどである．水系というときには，上流から下流まで（水源から河口まで）の連続性を意識しているし，流域では，例えば河道から氾濫原といった横断方向のつながりが意識さ

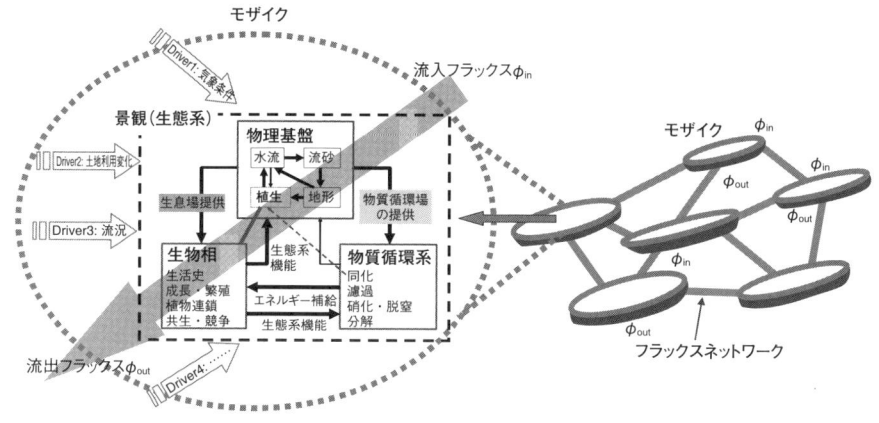

図 7.8 流域生態系の構造.
流域では物理基盤・生物群集・物質循環の相互作用である個別生態系がモザイクとして散在しており，それらが水・物質フラックス網で連結されている．ϕ_{in}，ϕ_{out} は景観要素への流入，流出フラックスを示す．

れている．セグメントとは，水系に沿って，主として河川勾配と河床材料のサイズで分類される区間区分である．例えば，山地河川，扇状地の礫床河川，自然堤防帯を伴う砂河川，感潮区間などである．この区分の多くは，河川がつくった沖積地の特性も示している．セグメントに応じて，河床形態やその動態は特徴づけられるし，河畔や河原の植物が，あるいは生息する生物群集も特徴づけられる．生物学的な側面からは，生物へのエネルギーの流れから，流程方向の水生動物に着目した生物種変化の特徴を整理する**河川連続体仮説**（Vannote ほか，1980）が知られている．セグメントの考え方は，河川生態系を考えるときだけでなく，河川改修などの手法や工法の選択にも有意義である．セグメントは河道管理の議論にはもっとも重要なスケールである．セグメントごとに，整備戦略が練られることになる．

　個々のセグメントには中規模河床形態で規定される骨格構造が存在する．たとえば口絵 11 の写真に示す木津川下流部（京都府）では，交互砂州が骨格構造で，交互に現れる一対の砂州を含む区間がリーチスケールに相当する．リーチの中には，砂州や瀬・淵などのユニット（サブリーチ）が存在する．さらにクローズアップすると，砂州の上にさまざまな特徴を有するより小さい景観要素（サブユニットスケール）が存在している．木津川をフィールドに展開された水理・水文，生物・生態，陸水学の学際連携の河川生態学術研究グループでは，リーチスケー

ルの構造を「ストラクチャー」，その上の微細な景観要素を「テクスチャー」と呼び，これらの寿命時間を「デュアレーション」と呼んでいる（河川生態学術研究会木津川研究グループ，2007）．こうした物理基盤の形成・維持・更新機構，テクスチャー，デュアレーションと生息場，物質循環素過程の関係についての研究を積み重ねた．そこでは，微地形形成と植生進出があいまって，複雑な景観要素が生み出され，多様な生物種の生息が支えられる仕組みが明らかにされた．

　河川環境の中で，上記の相互作用系の鍵になる植生管理が注目されている．とくに，洪水調節による出水機会の減少や，河道の固定化，比高（陸域の水面からの高さ）拡大などによる河道内樹林化が河道生態系の変質を促進するということが懸念されている．一方，植生によって複雑化された地形はさまざまな生物のさまざまな生活史の部分を支援している．たとえば，魚類で言えば，その生息場は，普段の生息域のみならず，産卵場，孵化場，仔稚魚の生育場，摂餌場，洪水や渇水時の避難場などのセットで構成されていることに注意が必要である．こうした場の存在のみならず連結も必要である．

　生息場適性の評価に当たっては，PHABSIM（Physical Habitat Simulation）やHEP（Habitat Evaluation Procedure）の手法が利用される（US Fish and Wildlife Service, 1980）．対象種の物理的指標（流速や水深，底質など）に対する選好性（0〜1）を示す曲線群（**選好曲線**）を準備し，区間内の物理指標の値の空間分布から生息適性値の空間分布を求める手法である．しばしば，その特定の区間での空間積分値を重み付き生息適性面積WUA（Weighted Usable Area）と呼ぶ評価指標にしている．河道内流量変化に対するWUAの変化を検討して，河道環境に適正な流量を検討する方法IFIM（Instream Flow Incremental Methodology）も提案されている（Boove, 1982）．

　一方，生物相では，生息場でのその種の成長や繁殖状況をロジスティック方程式で記述する手法も用いられる．付着藻類の増殖や河原植生の動態の表現が試みられている．

　また，河川に沿った水質指標の時空間的変化から，ある河川では流域からの環境負荷が大きいにもかかわらず流程に沿って水質が劣化しない状況が報告されており，砂州への伏流などを通しての水質浄化機能の存在が想定されている．とくに，植生の繁茂した砂州内を伏流するときに，脱窒が見られることが，硝酸イオン濃度と窒素の安定同位体比の測定から指摘されている．また，砂州上の植生帯

における流下有機物の捕捉や洪水時の補給など，生元素の流程に沿った輸送と変化過程は，硝化・脱窒作用とともに砂州河川の持つ**生態的機能**として注目されている．

上記のような河川生態系の把握に基づき，河川景観をどのように保全していくかが，河川環境管理の課題である．生態系機能のポテンシャルはストラクチャーやテクスチャーといった景観要素に応じてモザイク状に散在しており，その機能のアウトプットはそこを通過するフラックスに依存する．それゆえ地先の景観要素（モザイク）の保全・修復とともにフラックス網の健全化（図7.8参照）がその鍵となる．

治水，利水，環境は流域での人間活動を支える要素で，その確保のための，河川整備・管理がなされてきた．これらの機能はいずれも水循環に駆動されており，そのもっともダイナミックな場である河川での制御は効果的であり，また河川区域が官地であることから施策実施にも実現性があった．しかしながら，それを河川に押し付けていることには限界があることにそろそろ気づき，流域全体での機能が発揮できる国土環境管理への動きが期待されている．

参考文献

Bovee, K. D.（1982）: A guide to stream habitat analysis using the instream flow incremental methodology, FWS/OBS-82/26/Coop. Instream Flow Service Group, US Wildlife Service, USA, 248pp.

環境影響評価法：http://law.e-gov.go.jp/htmldata/H09/H09HO081.html

河川法研究会（2006）:『改訂版逐条解説 河川法解説』，大成出版会，776pp.

河川生態学術研究会木津川研究グループ（2007）: 木津川の総合研究 II.

国土交通省河川局監修（2005）:『河川砂防技術基準 同解説 計画編』，技報堂出版，230pp.

文部科学省研究開発局（2009）: 高解像度機構モデルによる近未来気候変動予測に関する研究，平成20年度研究成果報告書．

生物の多様性分野の環境影響評価技術検討会（2002）:『環境アセスメント技術ガイド 生態系』，自然環境研究センター，277pp.

総合治水対策: http://www.mlit.go.jp/common/000043152.pdf

東海ネーデルランド高潮・洪水地域協議会（2009）: 危機管理行動計画（第二版）．

特定都市河川浸水被害対策法: http://law.e-gov.go.jp/htmldata/H15/H15HO077.html

辻本哲郎編著（2006）:『豪雨洪水災害の減災に向けて―ソフト対策とハード整備の一体化―』，技報堂出版，357pp.

US Fish and Wildlife Service（1980）: Habitat Evaluation Procedure (HEP), ESM101-103, Div.

Ecological Service, Washington DC.
Vannote, R. L., G.W. Minshall, et al. (1980) : The river continuum concept. Canadian Jour. Fisheries & Aquatic Sciences, 37, 130-137.

(辻本哲郎)

「多自然」と「近自然」
—河川の自然修復に関する取組み—

　わが国では1997年に河川法が改正され，河川整備・管理の目標として洪水から人命を守る「治水」，水資源を確保する「利水」に加え，「環境」が位置づけられた．こうした動きに先駆けた河川環境の自然修復事業の多くは，1990年に建設省で実施要綱として取りまとめられ，後に全国に通達された「多自然型川づくり」を契機として始められた．ところが，それ以前にも「近自然河川工法」によって自然修復が試みられた事例も存在する．現在，こうした整備事業は，「多自然（型）川づくり」という呼称でほぼ統一されているが，農地の用排水路など河川と管理主体が異なるフィールドにおいては，依然として「近自然工法」が用いられている．「多自然」と「近自然」，実質的にはいったい何が違うのであろうか？

　「多自然型川づくり」とは，河川が本来有している生物の良好な成育環境に配慮し，あわせて美しい自然景観を保全あるいは創出する事業とされている（建設省河川局，1990）．近年は「型」が外れて「多自然川づくり」となり，当初の概念に加え，河川全体の自然の営みを視野に入れ，地域の暮らしや歴史・文化との調和にも配慮し，河川が本来有している生物の生息・生育・繁殖環境，並びに多様な河川風景を保全あるいは創出することが目

図　近自然工法によって整備された矢作川（愛知県豊田市扶桑町）の事例（下流を望む）．
1992年に愛知県豊田土木事務所（現：豊田加茂建設事務所）により完成した，約800 mに及ぶ蛇行部外岸（「水当たり」側）に設置された11基の石積み水制群からなる水辺空間．周囲の河畔林とともに保全され，「古鼡水辺公園」として近隣住民の憩いの場となっている．2007年に土木学会デザイン賞（優秀賞）受賞（土木学会景観・デザイン委員会，2008）．

的となってきた（多自然型川づくりレビュー委員会，2006）．

　一方，「近自然河川工法」は，1970年代からスイス・ドイツにおいて実施されてきた自然修復工法「Naturnaher Wasserbau（ドイツ語）」の和訳とされている（ゲルディ・福留，1990）．わが国における近自然工法の伝道師となったゲルディは，スイス・チューリヒ州の河川管理・技術者であった1988年の来日当時，近自然河川の設計におけるポイントとして，①流域全体に目を向けること，②多様な工法と材料の組み合わせ，③水辺空間の多様性の確保，④洪水時の危険度と安全性の考慮を挙げている（ゲルディ・福留，1990）．

　このように語義から見れば，「多自然」，「近自然」はほぼ同様の概念で，ある意味では「多自然（型）川づくり」は「近自然河川工法」を模倣し，日本の現状に合わせて制度化したものと言えそうである．しかし，こうした名称のみを論じることは実質的にはあまり意味が無く，北米では単にrehabilitationと称されることが多い．即物的ではあるが，河川の自然修復を医療行為にたとえるならば，患者の病状，体力や生活習慣（対象河川の自然残存度，周辺地域の風土など）に応じて施術を選択しながら，根気強く症状と向き合って治療していくほか無いのである．これまでに数万箇所という膨大な事例を蓄積してきたわが国の河川環境修復事業は，現在，その転換期を迎え，国土交通省のみならず各都道府県においても，ゲルディが指摘したような具体的な視点を各地域の特性に当てはめた川づくりのマニュアル化が進み，実効性の高い技術が確立されつつある．一見，自然の営みだけでつくられたようにしか見えない河川が，実は壮大な仮説と緻密な計算に裏付けられた技術により修復された河川，そんな事例が見られる日もそう遠くないかもしれない．

参考文献

土木学会景観・デザイン委員会（2008）：土木学会デザイン賞2007優秀賞―矢作川古鼡水辺公園／お釣土場―，http://www.jsce.or.jp/committee/lsd/prize/2007/works/2007n3.html

クリスチャン・ゲルディ，福留脩文（1990）：『近自然河川工法―生命系の土木建設技術を求めて―』，近自然河川工法研究会，100pp.

建設省河川局（1990）：「多自然型川づくり」の推進について，建設省河川局関係課長通達．

多自然型川づくりレビュー委員会（2006）：提言―多自然川づくりへの展開―（これからの川づくりの目指すべき方向性と推進のための施策），国土交通省河川局，http://www.mlit.go.jp/river/shinngikai_blog/past_shinngikai/shinngikai/nature-review/060531-teigen.pdf

（田代　喬）

第8章

水資源管理

8.1 水資源の量と質

　水——もっと正確に言えば淡水——は人間の生存にとって不可欠な天然資源である．しかし，その賦存条件は地域によって大きな違いがある．モンスーンアジア地域に属し，年間降水量が平均2,000 mm以上の日本では，水の不足を実感する機会は少ない．それでも，四国の香川県，九州北部の福岡市などでは，夏季の降雨不足のために水源のダムの水量が減少し，厳しい節水・断水を強いられることがある．水の不足が問題である一方で，水の過剰は，洪水やそれに伴う土砂災害といった形で地域に大きな被害をもたらす．**水資源管理**の第一は，われわれの生活，生産活動に必要十分な量の水を，時間的，空間的な偏りと過不足がないように供給することであり，同時に洪水などのリスクから生命・財産を保護することである．そのためには，ダムを建設して水を蓄え，供給能力の季節的変動を制御したり，地理的に遠く離れた水源から導水したりといった自然改変の事業が有効な場合もある．また，供給能力の確保・維持の一方で，需要をコントロールするための制度・仕組みの整備が必要である．

　また，水は量だけではなく質も重大問題である．とりわけ，飲料水は健康に有害な汚染物質や細菌を含まず，しかも美味しい水でなければならない．この面で，日本人は幸運である．全国各地に名水と称されるような清涼で美味な湧水や地下水が豊富に存在する．しかし，都市化，工業化に伴って生活用水，工業用水の消費は急増し，それとともに水源である河川や湖沼に流入する生活排水，工場排水の量も増大した．農地で使用される肥料，農薬も増大し，それらに起因する窒素，リンなどの栄養塩も多量に流入することとなった．この結果，第二次世界

大戦後の経済成長とともに，日本各地の河川，湖沼の水質は総じて顕著に悪化してしまった．都市下水道の整備，工業排水中の**汚濁・汚染物質**に対する厳しい規制なども水資源管理にとって必要不可欠である．

このように，水資源管理には量と質の両面があるが，本章では主に水資源の量的側面に着目する．河川，湖沼，沿岸海域の水質汚濁・汚染に着目した水環境問題については，第11章やコラム「水質の指標」ほかで述べられている．ただし，水の量と質は相互に密接に関係しあっている．両者を明確に分けて議論するのは難しいし，総合的な水資源管理のためには，両者はむしろ一体的に扱わなければならない．

8.2　水資源管理の理念と手法

8.2.1　流域の視点

山地に降った雨は地形にしたがって細流となり，これが集まって大きな川となって海に注ぐ．ユーラシア大陸の内陸部では海がないので川は湖に注ぐことになるが，乾燥地域で水の蒸発が大きいために川はいつの間にか地下の**伏流水**となって地上から姿を消す．こうした地域の湖の多くは**塩湖**である．いずれにしても，こうした水の動きは，地形によって決定された**集水域**と河道，**地下水盆**などが一体となった**流域**を形成する．水資源の**賦存量**，**利用可能量**は流域単位で決定されているので，水資源管理とは流域単位での水資源管理，すなわち**流域管理**とほぼ同義に近い．ここで，一つの流域は一つの本流とそれにつながる多数の支流で構成される．流域の範囲は自然の地形によって決定されるので，流域と人間社会とは密接不可分の関係にあり，流域ごとに固有の地域文化の形成につながっている．

古代の日本では，山から流れ出た川が麓に形成する**扇状地**で稲作が始まり，そこに村落が形成された．古代においては，大きな川の河口部は**低湿地**で水はけが悪く，そこが農地化されるまでには時間がかかったが，河口部平野が農地に変わるとともに，大きな問題が生じてきた．一つは，梅雨期や台風シーズンに起きる洪水であり，もう一つは初夏から盛夏の農作物の生育にとって重要な季節におけ

る渇水である．洪水対策は**堤防**建設や**河道**を変化させる大規模な土木工事によって可能となった．古代中国文明は黄河流域で発祥したが，そこでは「黄河を治める者が国を治める」と言われてきた．日本でも，江戸時代，濃尾平野における木曽・揖斐・長良三川の治水のために大きな苦労が払われた．渇水対策としては，ダムやため池の建設，遠方の水源からの導水事業が行われた．

8.2.2 治水・利水から総合的な流域環境管理へ

世界各国の水資源管理の第一目的は，長らく治水・利水に置かれてきた．すなわち，河川の氾濫，洪水を制御し，**生活用水**，**農業用水**，**工業用水**を安定的に供給することが管理の中心テーマであった．管理の手法も，政府（国・地方自治体）による上からの管理が中心であり，大規模なダム建設などの事業も**政府直轄事業**として，上からの意思決定で実施されることが多かった．これによって，治水・利水の効果は確かに向上した．

日本では，明治時代以降，全国的な河川行政システムが整備され，国・地方自治体による流域ごとの管理システムができ上がった．その主要業務は，ダムや堤防などの近代的土木技術による**治水**と，さまざまな用途への水資源の配分，すなわち**利水**である．ここで，水資源の配分については，流域に属する市町村などの団体ごとに**水利権**が設定され，それに応じた量的配分が行われているが，その配分をめぐっての利害調整，公平性の確保が流域管理の一つの重大問題である．水利権については，第7章および第13章に述べられている．

ここで，近年，治水・利水を主目的とする管理がもたらすさまざまな問題が表面化してきた．その代表的な例が各地のダム建設計画である．治水・利水によって得られるプラスの効果とともに，それによって失われるもの，たとえば地域住民の生活やそこに伝承されてきた固有の文化などに目が向けられるようになってきた．三面張りといわれるような両岸と河底をコンクリートで固められた人工的な河川を，できるだけ自然に近い形態に戻そうという動きが始まった．また，多額の費用を要する公共事業の費用対効果（コスト・ベネフィット）にも議論が集まるようになってきた．これは，世界的な傾向である．

ダムには，治水・利水だけではなく，水力発電を兼ねた多目的のものが多い．大規模なダム建設は経済成長に伴う電力需要の拡大に対処するというニーズもあ

り，地域の環境と社会・経済に重大な影響をもたらす．エジプト・ナイル川のアスワンハイダム，中国長江の三峡ダムなどにその例を見ることができる．こうして，事業の影響を総合的に調査・予測・評価する**環境アセスメント**の重要性が増しており，治水・利水だけでなく，それと不可分に結びついた地域の環境，経済社会の総合的な管理に目が向けられるようになってきた．

中国や欧州諸国，米国でも，流域ごとに水資源を管理する仕組みには共通点が多い．しかし，大陸の河川は，日本の河川に比べて流域面積がはるかに大きいので，日本の河川とは異なる様相がある．欧州ではライン河のような国際河川があるので，国際協調が不可欠である．また，中国では，黄河という一つの河の流域の面積が日本の2倍以上である．上流で水を大量に消費すれば下流で使用できる水は減少してしまうし，上流で汚染物質が流入すると下流では汚染された水を使用することを余儀なくされる．しかるに，上流地域と下流地域が互いの利害を調整しあうのは簡単なことではない．

8.2.3 生態系サービス

流域における上流と下流の複雑な利害関係は，最近，**生態系サービス**という新しい視点から注目されている．図8.1はこの関係を説明するものである．

河川流域では，水源である上流で森林がよく手入れされていれば，下流で安定して水が利用でき，洪水の発生も少ない．逆に，上流の森林の手入れが悪いと，保水力が減退して，下流で洪水が起きやすくなる．また，上流で開発が進んで水が汚染されると，下流では良質の水が利用できなくなってしまう．上流の生態系が良好な状態に維持されていることによって，下流の住民は多くの利益を享受している．

ここでいう生態系としては，天然林だけではなく二次林や水田などもある．たとえば，水田には昆虫や魚が棲むので，それを餌とする鳥の生息環境を提供してくれるし，田園の景観は見る者にやすらぎを与えてくれる．森林や農地も含めた自然及び人工のさまざまな生態系の持つこれら機能を総称するのが生態系サービスという言葉であり，そのサービスの価値を金銭的価値に換算しようとする研究が活発に行われている．

飲料水や農業・工業用水としての水の直接的な価値は，水の価格に反映されて

いる．ペットボトルで売られている飲料水の値段がわかりやすい例である．他方，河川・湖沼やその水辺は，周辺の緑と一体になった景観の形成，水の蒸発による気象緩和効果などのさまざまな生態系サービスを提供しているが，それらのサービス自体に値段がつけられて売買されることはほとんどない．そうした生態系サービスの価値がいかに大きくてもそれが金銭的価値として具体的に認識され難いことが，生態系サービスの持続的

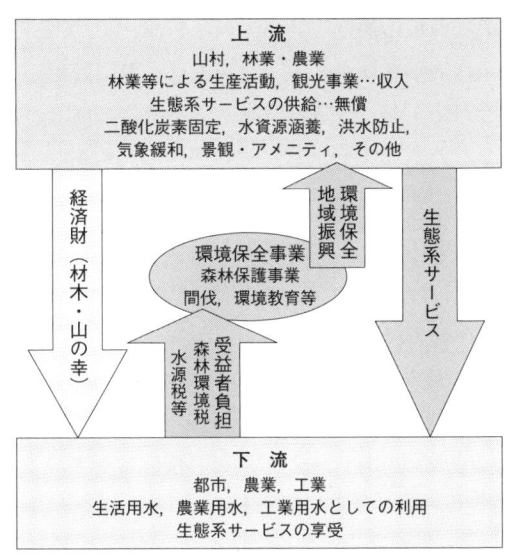

図 8.1　生態系サービスから見た上流と下流の関係．

供給の困難につながる恐れがある．たとえば，下流の都市住民が良質な水道水を得られるのは**水源林**が保護されているおかげであり，それは山間地の林業従事者による間伐などの不断の努力のおかげである．しかし，林業の衰退によって林業従事者が減少するとともに，水源林が荒廃し，水源に悪影響が及ぶ恐れがある．このため，これまで適正な対価を支払うことなく享受することの多かった生態系サービスの価値を認識し，それに対する適正な対価を支払う仕組みを構築しようとする動きが始まっている．

8.2.4　生態環境補償

　上流で水源林維持の活動が止まったり，工場が汚染排水を川に流したりすると，下流の住民は被害を受ける．この問題を解決する一つの方法は，法律によって上流の活動を規制するやり方である．これに対して，経済的手法と呼ばれる方法がある．これには，上流の汚染者に罰金（課徴金）を課す方法がある．また，下流から上流に資金を渡して，水源林を保全してもらうとか，汚染の原因となる開発を止めてもらう方法もある．前者は**汚染者負担の原則**（PPP：Polluter Pays Principle），後者は**受益者負担の原則**（BPP：Beneficiary Pays Principle）あるいは**被**

害者負担の原則（Victim Pays Principle）である．

　経済学者ロナルド・コースは，**取引費用**が存在しない場合には PPP と BPP のどちらでも社会全体（加害者と被害者の両者の合計）としては同じ結果（厚生水準）をもたらすという論を立てている（コースの定理）．実際に社会としてどの方法を選択するかは，どちらが関係者にとって受入れやすいか，取引費用が小さくてすむかによる．上流は貧しい山村であるのに対して，下流は都市や工業地帯で豊かという場合には，下流の住民から費用を徴収し，その収入によって上流での環境保全事業を実施することで環境保全とともに上流住民の雇用，生活の安定も同時実現する方法が考えられる．これが，「環境サービスのための支払い」（PES : Payments for Environmental Services）の考え方である．PES については，国際的に多くの議論があり，必ずしも明確に合意された定義があるわけではないが，環境保護と地域の経済発展の両立を可能にする方法として注目されている．また，最近，中国では PES をも包含する概念として「**生態環境補償**」（Eco-Compensation）という言葉も使われている．

　森林保護のための受益者負担の考えは古く，下流域による上流域水源林の管理への参加・負担の仕組みづくりは江戸時代にまで遡ることができる．さらに明治時代以降は全国的に多数の取組みが見られる．しかし，森林の持つ環境保全機能，あるいは森林が供給する環境サービスの経済的価値を明確に認識した上で，受益者に支払いを求め，その収入によってサービスの持続的供給を可能にしようという議論が明確な形で行われ始めたのは，比較的最近のことである．2000 年代，日本の多くの自治体で導入が始まった**水源環境税**や**森林環境税**はそうした動きの一つとして見ることができる．これは，地方分権一括法導入（2000 年 4 月施行）以降，**産業廃棄物税**などとともに，地方独自の**環境税**として創設されたものであり，自治体によって名称，目的，対象，根拠には少しずつ違いが見られるものの，PES の考え方に基づく流域環境管理の仕組みの一つとしてとらえることができる．

8.3 黄河に見る水資源管理

8.3.1 黄河流域の社会経済発展と水資源

　前節では，河川流域の水資源管理の一般的な考え方や方法を概説したが，現実の流域管理は対象とする河川流域の自然条件や社会経済条件によって大きく異なっている．日本は島国で四方を海に囲まれ，急峻な山が多く，平野が少ない．このため，長さが比較的短く，流域面積の小さい河川が多い．その一方で，モンスーンアジア地域に属するため降雨量は多く，梅雨や台風による豪雨もよく発生するので，流量は比較的多い．身近に存在するこうした日本の河川の特徴について多くの読者は一定の理解を持っていると思われるので，以下では，日本の河川とは特徴を大きく異にする中国の黄河を題材として取り上げてみたい．日本とは大きく様相を異にする大陸中国の河川の現状と問題を知ることは，日本国内の河川の流域管理をよりよく理解する上でも有用であろう．

　日本では一部の地域を除いて深刻な水不足に直面することは少ないが，世界的には年間降水量が数百 mm 以下といった乾燥地帯の方が圧倒的に多い．黄河流域は，そうした厳しい水不足状況に置かれた地域における水資源管理の実態を理解する上で役に立つであろう．また，一つの河の流域に日本の国土がすっぽり収まってしまうというスケールの大きさは，日本の河川からは想像もできないことである．流域が広大であるだけに，上流と下流の関係も複雑である．日本国内の比較的狭い流域の中でも，上流と下流の相互関係を認識しあって，PPP あるいは BPP の原則によって問題を処理するのは決して容易なことでない．ましてや，流域面積が広大な大陸河川では，上流と下流が互いのつながりを認識しあうこと自体が容易ではなく，相互の利害関係の調整には国の役割が重要である．また，欧州のライン河のような国際河川では国家同士の利害調整が必要である．

　中国北部で水不足が最も深刻なのは，首都北京と大工業都市天津を抱える海河流域であるが，流域面積の広大さと地域内の環境条件の多様さ，これらに起因する環境問題の重大さという面で注目を惹くのが黄河流域である．

　中国の主要河川流域の面積，人口と水資源の状況を比較したのが表 8.1 である．黄河の流域を図 8.2 に示すが，その面積は 80 万 km^2，長さは 5,464 km に及

表 8.1 中国の主要河川流域の比較（1997）．

	流域面積 （万km²）	人口 （万人）	GDP （対全国%）	耕地面積 （万ha）	降水量 （億m³）	水資源総量 （億m³）
松遼河	123.9	11,720	10.4	1,946	5,612	1,683
海河	31.8	12,270	11.6	1,084	1,165	212
淮河	33.2	19,740	14.2	1,467	2,225	625
黄河	80.0	10,530	6.8	1,241	2,631	482
長江	179.9	42,000	33.1	2,293	18,338	9,274
珠江	57.7	14,590	13.5	548	10,829	6,478
東南諸河	20.4	6,820	8.1	240	4,037	2,433
西南諸河	84.2	1,990	0.6	169	8,662	5,356
内陸河	349.5	2,670	1.7	547	4,670	1,311
全国	960.0	122,320	100	9,635	4,670	27,855

出所：流域面積・耕地面積は『21世紀　中国水供求』（中国水利水電出版社），人口・GDPは『中国水資源現状評価和供需発展趨勢分析』（中国工程院），降水量・水資源総量は『中国水資源公報1997』（水利部）．

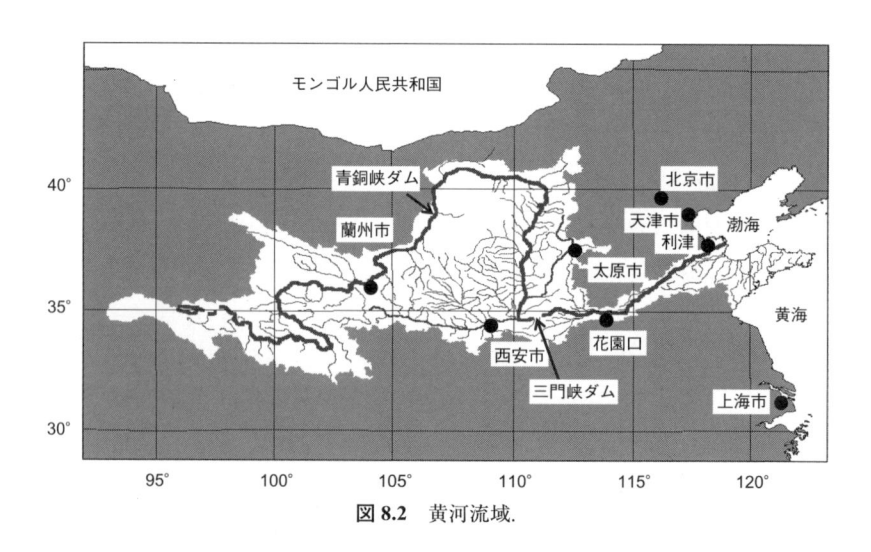

図 8.2　黄河流域．

ぶ．その流域は山西，河南，山東，陝西，寧夏，甘粛，四川，青海，内蒙古の8省1自治区にまたがり，その東西は 1,900 km にわたる．黄河河口は三角州になっており，その面積は 5,400 km² である．ここには，**土砂堆積**によって毎年 31.3 km² の陸地ができ，海岸線は毎年沖の方に 390 m ずつ前進している．日本全土の2倍以上の面積を持つこの広大な地域に住む人々の暮らしとあらゆる生産活動が，黄河という一つの河に依存している．ちなみに，黄河と並ぶ中国の代表的な河が長江である．その全長は 6,300 km で黄河とほぼ同じであるが，流域面積

は 180 万 km² と，黄河の 2 倍以上である．また，流量は，長江の方が約 20 倍と圧倒的に大きい．

　河川流量から求めた中国国民一人あたりの河川水の総量は日本の約 5 分の 1 と少ない上に，その分布は南部に多く，北部に少ない．黄河では，1970 年代以降，下流部に水が来ないという「**断流現象**」が発生している．1997 年には，山東省の河口から上流 704 km にわたって断流が発生した．その後，政府による総合的な水資源管理政策が実施されて断流の発生は止まっているが，深刻な水不足の状況に変化はない．

　黄河流域の水需要の 70％ 以上は農業用水であるが，食糧増産のための灌漑面積は増大し，農業用水の需要は増大している．その一方，工業生産の拡大と都市人口の増大によって工業用水と都市用水の需要も急増している．現在は，限られた水資源を工業と都市に優先配分する政策がとられているが，その政策を維持すれば農業部門は大きな圧迫を受ける．増大する人口を食糧自給によって養うには，単位面積・単位収穫当たりの農業用水使用量は減少させつつ，生産性を増大させていかねばならない．このためには農業部門の近代化，工業と農業のバランスが課題である．さらに，水不足と水質の悪化は，都市の飲料水（水道）の質を低下させ，都市内の緑や生き物などの生態系にも影響が及ぶ可能性がある．このように，今後，中国が健全な経済成長を持続させるためには，限られた水資源の効率的な配分と利用が課題である．

8.3.2　黄河流域の水資源管理体制・制度

　水は基本的には流域ごとに局在した天然資源であるから，この限られた資源をどこにどれだけ，どう配分するのが一番効率的かを考えなければならない．また，経済的な効率性とともに，地域間，セクター間の公平性の配慮も求められる．このためには，流域全体の経済社会条件の変化と水需給の関係を総合的に調整するための行政組織と制度が必要である．

　黄河流域全体の水資源管理で大きな役割を果たしているのは，**水利部**の下部組織である**黄河水利委員会**である．水利部は日本の**国土交通省河川局**に対応する中央政府組織である．黄河水利委員会の任務は，水資源管理に関する企画，管理，調整，監督，サービスの提供などを通じ，河川の総合開発，利用，保護を行うこ

ととされているが，黄河流域に含まれる九つの省・自治区の政策を調整するために大きな権限が与えられている．

黄河流域の水資源管理制度は以下で構成されている．

a) 分配方案

黄河流域には，面積，人口，経済発展状況等の異なる九つの省・自治区が含まれている．流域の統一的な水資源管理の第一課題は，これらの省・自治区に限られた水資源をどう合理的に配分するかである．このために作成されたのが「黄河可供水量分配方案」で，黄河の利用可能な**河川水総量**を見積もった上で，関係省・自治区にいくらずつ分配するかが決められている．最初の分配方案は1954年に定められ，その後，1987年に改正されたが，それ以来修正は行われていない．1987年の案では，黄河流域で利用可能な水量を年間370億m^3とし，その総量が各省・自治区に配分されている．実際には，取水して利用された水の一部は蒸発して消えていき，残った水は再び河に戻る．中国では，この蒸発分を**耗水量**と称しており，方案の数値はこの耗水量に相当する分である．

b) 取水許可証制度

省・自治区ごとに利用可能な水量が決定されると，今度はそれぞれの省・自治区内の市や県ごとに利用可能な水量が配分される．次には，市や県の中の企業・団体ごとにどれだけの水を使ってよいかの量が記載された「取水許可証」が発行される．各企業・団体は，許可された量以上の水を黄河から取水してはならないとされる．仕組みの上では，取水許可証の数値を合計すれば，流域全体の使用可能量となっている．

これは典型的なトップダウン型の水資源配分計画である．こうした計画による資源配分の問題点は，計画の持つ硬直性であり，柔軟性の欠如である．取水許可証は既得権益化してしまい，社会経済情勢の変化に応じた再調整や再配分を行うことが非常に難しい．その証拠に，1987年以来，変更は行われていない．しかも，その方案が遵守されるという保証はない．各省・自治区，市・県，企業・団体がそれぞれに配分された数字を厳格に守っていれば，下流での断流は発生しなかったはずである．しかるに，現実に断流が発生してしまった．これは，実際には特に中流域で配分量以上の過剰な水利用が行われた結果である．

c) 水量統一調度制度

黄河には，上流から中流にかけて劉家峡，青銅峡，塩鍋峡，三門峡，小浪底な

どのダムが存在する．ダムの重要な役割は，空間的，時間的に不均一で絶えず変動する水の需給を調節することである．流域全体の効率的な水資源管理のためには，すべてのダムの統一的な管理運用が望ましいが，従前は黄河水利委員会が直轄でコントロールするのは三門峡ダムだけで，その他は省の水管理部門の手中にあった．しかるに，1990年代，断流現象が深刻化したことから，すべてのダムの統一的管理の重要性が認識され，1999年以降は統一的運用が行われるようになった．

d) 節水対策

中国では1988年1月に「中華人民共和国水法」が制定され，これに基づいて水資源の利用，保護，管理，洪水災害対策などのあらゆる施策が実施されている．この法律の中で，節水の励行，節水型先進技術の開発，需要抑制，リサイクル，節水灌漑の採用などが規定されている．

また，都市の上水道については1994年7月に「城市供水条例」が制定されている．この条例において，都市における供水事業を推進するとともに節水に努めること，地下水利用を合理化すること，生活用水を優先することなどが規定されている．また，1998年に建設部から「城市節約用水管理規定」が出されている．

e) 水の価格

中央，地方のさまざまな通達によって，これまで安く設定されていた水の価格の大幅な上昇が起きている．従来，社会主義体制下の中国では，水の供給に必要な費用を利用者からの料金で充当させるという考えはあまり強くなかった．しかし，市場経済化の流れを背景に，水価格の適正化の方向に動き始めている．水の価格をめぐる議論は，農業，工業，都市の各セクターによって異なる．農業用水の価格は，1 m^{3}あたり0.1元（1元は約15円）というような低いレベルであった．これは，相対的に所得の低い農民の生活に配慮した政策によるものであり，農業用水価格の上昇は政府としても手のつけにくい問題であった．

市場経済化の波を真っ先に受け，価格上昇によって需要をコントロールすることに比較的抵抗が少ないのは工業用水である．黄河流域の都市の工業用水価格は1～2元/m^{3}が一般的であるが，地域によっては40元/m^{3}というような高い例もある．

都市生活用水についても，所得水準の向上とともに，住民の負担能力に応じて料金を上げようという考えが強くなっている．特に，北京，上海などの沿海都市

においてそうである．しかし，これも住民の生活に直接影響する問題であるだけに，経済発展が遅れた内陸地域の省・市政府では，住民の負担能力の限界に配慮しつつ慎重な検討を行っている．なお，下水道整備がある程度進んだ都市では，上水道料金に下水道料金を上乗せして水の価格としている．

f) 水権転換

水資源の計画配分の問題点は既に指摘したとおりであるが，市場経済メカニズムを利用することによって，もっと柔軟な制度とする試験的事業が内蒙古自治区のオルドス市などで既に実施されている．この地域は，黄河中流域の北岸に位置し，ほぼ日本の四国の面積に匹敵する大規模な地域（河套灌区）が農地として開拓されてきた．この結果，農業用水の需要が増えているが，この地域は乾燥地帯のため蒸発散で失われる水が大量である．一方，この地域は石炭に恵まれ，工業化への期待も大きいのだが，その際に障害になるのが水不足である．新規の工場を建設するには新たに取水許可証を入手する必要があるが，新規の発行には強い制限がある．この事態を打開するために考案されたのが，従来は禁止されていた取水許可証の売買を認めるという方法である．

実現したのは，冷却水のために取水許可証を必要としていた発電所と，工事費がないために節水対策を実施できないでいた灌漑区との取引であった．節水対策の内容は，水路をコンクリート張りにすることで地中への漏水を防ぐとか，水路に屋根をつけることで蒸発を防ぐといった比較的簡単な方法である．こうした事例からわかることは，特に農業部門では比較的費用のかからない方法で節水が可能だということであり，資金がありながら取水許可証が入手できない工場との間でWin-Winの取引が成立する事例が多数見つかるであろう．

8.3.3 水土流出対策と退耕還林

黄河流域の水資源管理は，降雨時に大量の土が流出するという**水土流出**問題と不可分の関係にある．これは，黄河中流域の特殊な土壌と地形条件に由来するが，農地開拓のために地表の草や樹木を剥いできたことが大きな原因である．土砂侵食量が$1\,km^2$あたり年間1,000トン以上の地域を「**水土流失地域**」と定義すると，その面積は流域全体の約3分の2の54.4万km^2にもなる．水土流失の対策は，①小さな流域を単位としてブロックごとにきめ細かく対策を取る，②植生

の回復によって草木や森林で土壌を被う，③山・河川・田畑・森林・道路を総合的に管理するという原則によって実施されている．このため，中国政府は，モデル地域を定め，農民の参加をベースとした対策事業を実施している．

　黄河の支流の一つである渭河に注ぐ涇河から導水している涇恵灌漑区（西安市の北方に位置する）を例に取ると，水中に土砂が増えてきたのは宋代（西暦10～13世紀）以後のことで，唐代（西暦7～10世紀）以前の水は清らかだったと言う．水土流出を止めるには，流出の激しい地域にある農地を林に戻す事業を広範囲に展開する必要がある．この政府の方針は，「**退耕還林**」という標語で表されている．傾斜度25度以上で水土流出が著しい地域に住む農民には補償金（農地1畝あたり毎年210元を8年間支給）を払って立ち退いてもらい，そこに植林する事業である．一例として，西安市の黒河ダムの水源地帯では1万6,000人が移動することになり，これら移民（「生態移民」と呼ばれる）のための居住区建設には政府が資金援助している．植林を中心としたこれらの事業は「**生態建設事業**」という概念に包括され，内陸・西部開発の重要な柱になっている．

　これまでの対策によって，2000年現在，毎年の土砂流出量は1970年代の16億トンから13億トンにまで減少した．これをさらに，2030年には10億トンに，2050年には8億トンにまで減らす計画である．

8.3.4　南水北調

　水資源不足解消の手段として，他の水系からの**導水事業**がある．東京都では，水源を都内の多摩川水系に依存していたが，1964年のオリンピック開催時における水不足の危機から，都外の利根川・荒川水系からの導水を開始した．中国では，長江の水を北京，天津を含む北部に導水する**南水北調**が実施された．これには東線，中線，西線の3ルートがあり，一番先に具体化したのが東線である．この東線の主目的は北京，天津，河北省を含む海河流域への導水であり，黄河の河床下のトンネルを通して水が運ばれている．中線の目的地もやはり同じであり，黄河を横断して水を北に運ぶ．これに対して，長江上流から取水し，黄河に直接引水しようとするのが西線計画である．これは黄河上中流域を含んだ西北地区と華北の一部地区の渇水問題を解決する戦略的プロジェクトであるが，トンネル掘削など，実現にはいくつかの大きな技術的困難が予想されている．

8.4 水資源管理の将来

　本章では，水資源管理の一般的な諸問題について概説した上で，黄河流域を題材としてより具体的な事例を紹介した．以下では，黄河の問題についていくつかの考察を加えることで，まとめに代えたい．

　黄河の水資源問題には，①洪水防止，②水資源不足の解消，③水土流出防止・水汚染防止などの環境保護，④総合的な水資源管理政策への転換という四つの大きなテーマが含まれる．洪水は，本流・支流の各地で発生するが，特に下流域の鄭州市～開封市近辺では，長年の土砂堆積の結果，場所によっては河床が周辺よりも最高 10 m も高くなっているため，「懸河」と呼ばれる．この地域で，万一洪水が生じた場合の被害は甚大である．水資源不足は，1970 年代以降の断流問題として顕在化したが，その原因は流域全体の農業および工業生産の増大，都市化による流域全体の水需要の増大である．この問題解決のためには，流域全体での水需給の調整が必要である．量的に限られた水資源を有効に利用するには，節水の励行とともに，水の循環利用・再利用が必要である．このためにも，都市生活用水，工業用水の処理と処理水の再利用が重要になっている．また，中流部では，耕地化が進んだ結果，雨によって大量の土砂（黄土）が流される水土流出が問題となっている．

　こうした現状を背景に，黄河流域の水関係プロジェクトの内容も大きく変化しつつある．これまでは，治水・洪水防止と水力発電用を兼ねた大型ダム建設が国家の重点プロジェクトとして位置づけられ，中流域では三門峡ダム（1960 年完成），小浪底ダム（2001 年完成）などが建設された．また，食糧増産のための灌漑プロジェクト，農業用水，都市用水を蓄えるためのダム建設プロジェクトも活発に推進されてきた．これに大きな変化を迫ることになったのが，1997 年の黄河断流と 1998 年の長江大洪水であった．これを契機に，中国政府首脳は，水問題重視の大方針を打ち出すとともに，大きな政策転換に踏み出した．すなわち，洪水防止と発電のためのダム建設中心の政策から，水の需要抑制，水土流出防止事業などの生態建設事業の強化を重視した総合的な流域水資源管理政策への転換である．このため，中央政府の水利部傘下にある黄河水利委員会の権限を強化し，各省ごとに分散しがちであった水利・水務行政における国のリーダーシップ

を強める方向での改革が進行している．具体的には，用途別の細かな節水目標（「用水定額」）の設定，節水型農業の促進，汚水処理と処理水の再利用促進，水の料金上昇による需要抑制方策の検討，水土流出防止のための植林事業などが進められている．

　黄河流域の将来水需給は，供給制約と需要増大圧力のバランスによって決定される．供給制約は，南水北調のような大規模な導水事業が実行されない限り，根本的な解消は難しい．しかも，30～50年という長期的な時間で考えた場合，地球規模での気候変動の影響が顕在化する恐れもある．この面での科学的研究はまだ十分に進んでおらず，降雨が増えるのか減少するのか，IPCCの報告書（2007年）でも明確な予測は示されていない．しかし，一般的な予測としては，最近の中国北部の乾燥化，砂漠化の傾向から見て，黄河上流の水源地帯における一層の乾燥化，降雨減少が懸念される．これは，長期的に見て，黄河流域の水資源の供給不足をさらに厳しいものにする恐れがある．また，南水北調も，黄河流域以上に厳しい水不足に置かれた北京，天津を含む海河流域への導水が優先である．このため，黄河流域の供給制約が大幅に緩和される可能性は薄いと見られる．そうなると，需要抑制への要求はますます厳しいものになる．それは，節水，リサイクルという形での水利用の効率化をもたらす一方で，経済成長に対するボトルネックになる恐れがある．

　結局，経済発展と水需給の将来は，水利用の効率化，具体的には農業，工業部門での単位生産あたり用水量（原単位）の削減がどこまで達成可能かという設問に還元される．需要を決定する主要セクターは，農業，工業，生活（特に都市住民の生活）の三つである．水が不足すれば農業・工業の生産も行えず，都市人口の増加も抑制されることになる．このとき，限られた水資源をどの地域の，どのセクターに配分するかは，国土開発政策上の重要課題となる．これまでは，工業と都市生活に優先的に水を配分し，農業部門に節水努力を求める政策が取られてきた．それが可能であったのは，工業生産の拡大が経済成長のためにどうしても必要と考えられてきたからである．また，農業部門における水利用の合理化，効率化がまだ十分ではなく，作物生育のためにどうしても必要な時期に必要な量だけしか水を使わないという節水努力をこまめにやれば，まだまだ大きな節水可能性が残っているという実態があるからである．

　以上に加えて，自然生態系の維持に必要な水がある（環境用水）．降雨のすべ

てを人間が使ってしまうと，森林や草地が維持できなくなってしまう．黄河の水の6割は上流地域を源としている一方，土砂の6割は中流域で生産されている．土砂の堆積を防ぐためにも，河には一定量の水を流す必要がある．ダムも土砂を流すための放流が必要である．三門峡ダムでは建設早々に土砂が堆積し始め，寿命は残り10年とも言われている．2001年に完成した小浪底ダムの寿命も30年ぐらいと見込まれている．ダムとその下流においては，この土砂堆積を防ぐためにどうしても水を流す必要がある．

　日本の河川とは様相が大きく異なるこうした黄河の例を知ることは，水資源管理の制度，仕組みを根本から考え直す良い機会となるだろう．

参考文献

Bespyatko Lyudmyla，井村秀文（2008）：「環境サービスに対する支払いとしての森林環境税に関する研究」，環境科学会誌，21(2), 115-132．
福嶌義宏（2008）：『黄河断流―中国巨大河川をめぐる水と環境問題―』，昭和堂，187pp．
福嶌義宏・谷口真人編（2008）：『黄河の水環境問題―黄河断流を読み解く―』，大学図書，276pp．
Parry M. L., O. F. Canzianti, et al. (eds.) (2007): Contribution of Working Group II to the Fourth Assessment Report of the Intergovernmental Panel on Climatic Change, Cambridge University Press, Cambridge.

（井村秀文）

第9章

農業と水循環システム

9.1 農業生産と水利用

9.1.1 作物生産と水

　農業の基本である作物生産の根幹にある植物の生育において，水は，土地・土壌や栄養分，大気や日射・熱などとともに，必須の要件である．作物生産は，通常は，面的に広がる農地において自然の大気や水の動きに直接さらされて営まれる．したがって，作物生育の適否やその方法は，土地の自然環境に強く規定される．また，植物である作物が栽培できるように，あるいは作物の選択の幅を拡げて生産性を向上させるために，自然環境を人為的に改変することが，技術的や経済的に可能であるかどうかは，地域の土地利用や農業のあり方を左右することになる．一方，作物生産が継続して行われるようになると，水を含めて生産に適した条件を維持することも継続的に行われ，水循環を含めて地域の環境を人為的に整えることが続けられることになる．

　作物を正常に生育させて一定の収穫を得るためには，作物体内の水分を適当な状態に保つことが必要で，周辺の土壌や大気中に適度の水分が存在しなければならない．この水分の過不足は，作物に直接影響するだけでなく，土壌や作物の温度や酸素量，土壌中の肥料成分や周辺の微生物・小動物の活動など，生育を左右する物理・化学・生物学的な要因を変化させる．

　農地の土壌に含まれる水は，作物に吸収されるものと，作物に直接は利用されないものとがある．作物に吸収されない水は，土壌面から蒸発して大気の水蒸気となるもの，作物の根の範囲よりも深く浸透するもの，土壌中にしっかりと保持

表 9.1 作物別要水量. (小田ほか, 1972)

作物	要水量
アルファルファ（牧草）	840
エンドウ	700
イネ	680
ジャガイモ	640
ワタ	570
コムギ	540
オオムギ	520
トウモロコシ	370

要水量とは，作物1g（乾物重）の生産に必要な水の重量（g）の割合（単位は無次元）．

されたままのものに分けられる．作物に吸収されない水も，作物生育に意味がないわけではなく，上述のように，作物の生育の環境形成に大きく関わっている．

作物1g（乾物重：作物体重量のうち含まれる水の重量を除いたもの）を生産するのに必要な水（根から吸収され蒸散する水）の重量（g）の割合を**要水量**（単位は無次元）と言う．要水量は，光合成の効率などで規定されることから作物や品種によって異なるが，作物に吸収されて生育に直接に関わる水の量の程度を表す．この作物別の平均的な値を整理したものが表9.1である．コムギでおよそ540，イネで680，トウモロコシで370などとなっている．トウモロコシでは，水を含む作物体1gを生育させるには約90gの水が必要であるが，作物体重量の内の4分の3強が水分であるため，乾燥させた量で1gを生育させるには約370gの水が必要ということになる．作物栽培にかなりの水量が必要なことがわかるが，食用部分に限って見ると，生産に必要な水量はさらに大きくなる．

9.1.2 灌漑と排水の基本

作物生産において，水の不足や過剰を生じさせず，収量増大や品質改善などを図るために，古くから，農地の水条件を人為的に調整することが行われてきた．水が不足する場合の供給を**灌漑**，過剰な場合の排除を**排水**と言う．灌漑と排水は，独立したものではなく，密接に連携させて一層効果が上がるように行われるのが普通で，**灌漑排水**として一体的に認識することが重要な場合が多い．

灌漑排水は，単に作物生育だけではなく，広く農作業の効率を向上させるなど作物栽培・生産のために水の条件を整えることを含んでいる．たとえば，土壌に適当な水分を供給することで耕耘しやすくし，また作物の収穫を容易にすることがある．土壌を適度に乾燥させて，重い収穫機械を農地で稼働できるようにすることもその例である．

このように，灌漑の中心は，排水とともに，作物栽培における生産性の改善をねらう水条件調整の技術体系である．作物生産の場である圃場の水条件とその調整（水管理）の概況を，農地に湛水を行う水田と畑に分けて概念的に整理すると，図 9.1 のようになる（渡邉，2003）．

灌漑は，農地への水の人為的な供給の全てを指すのではなく，人工の水路や施設を建設して，水源から農地に水を導くことを言う．農地の周辺の，極めて小さな水の流れを，小さな土盛りや溝掘りなどの個人的な作業で引き入れることは一般的には灌漑とは言わない．また，河川の下流部などで見られる，洪水氾濫の水が引いた後の土地での作物栽培などのような，農地に自然に流れ込む水の利用も灌漑とは言わない．

灌漑は，水源から農地への水の輸送を伴うもので，水の空間的配置の調整システムである．この調整の規模はさまざまで，範囲が極めて限られるものとして，上述のように正確には灌漑には含めないが，農地近辺の水を作物栽培の場所に集めて流し込む**ウォーター・ハーベスティング**がある．通常は，水を流す水路と配分するための構造物を建設して，河川や地下水から取水して，農地へ送配水するものであり，基幹的な水路の延長で言えば数 100 m から数 100 km までと，その規模は大小さまざまである．農地がある流域ではなく，水資源の豊かな別の流域などから導水する，いわゆる**流域変更**を行う灌漑もある．

灌漑には，水の時間的な配置の調整の側面もある．河川などの水源の水を，水

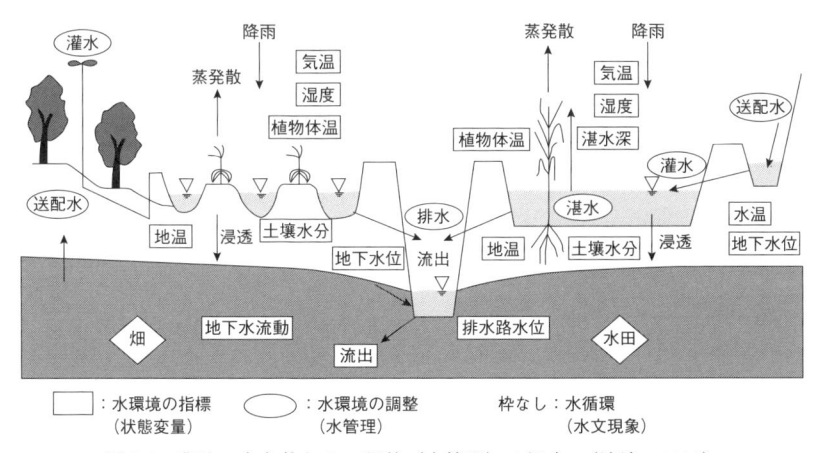

図 9.1 農地の水条件とその調整（水管理）の概念．（渡邉，2003）

量が十分あるときに貯水して，不足する時期に使用する調整である．この規模もさまざまで，年をまたいで，水の多い年や特別な洪水時に貯水して，足りない年に使うという長期間のものもある．通常は，雨季の水を乾季に使うなどの，季節的調整がよく見られる．日単位から時間単位で，水の多い時間から不足する時間に回す細かな時間調整もある．

多くの灌漑では，自然の勾配を活用した重力による送配水がなされる．自然勾配が活用できない場合，送配水の過程でポンプ揚水を利用することになり，エネルギーの供給が必要となる．そのための施設と燃料や電力の費用が，灌漑の効果に見合わなければ，通常は揚水灌漑は成立しない．

9.1.3 世界の灌漑の概況

灌漑の基本的な役割や性格の基本は，農地での水の要求量（需要水量）と降水量を含めての利用可能な水量との量的・時間的な関係で定まる．世界的には，地域の気候・土壌や社会経済・歴史文化などに規定されて作物や作付け体系の基本が定まり，また気候や水文の条件で利用可能な水量が定まる．この組み合わせの様相は世界的には複雑であるが，需要水量と利用可能水量の関係から，**調整灌漑，補給灌漑，完全灌漑**に大別できる．調整灌漑は，普通は補給灌漑に含められることが多い．この類型を模式的に表すと図9.2のようになる（渡邉，2008a）．

モンスーンアジア地域で広く見られる調整灌漑では，雨季には多量の利用可能水があり，年間を通して見ると水の需要を満たす水が十分にある．ヨーロッパの半湿潤地域などで典型的に見られる補給灌漑では，必要水量のかなりの部分は降水でまかなうことはできるが，常に少し不足があって灌漑が必要である．完全灌漑は，降水量が限られ，灌漑なしには作物栽培をすることはできない乾燥地域や半乾燥地域の灌漑方式である．自然では水のほとんど

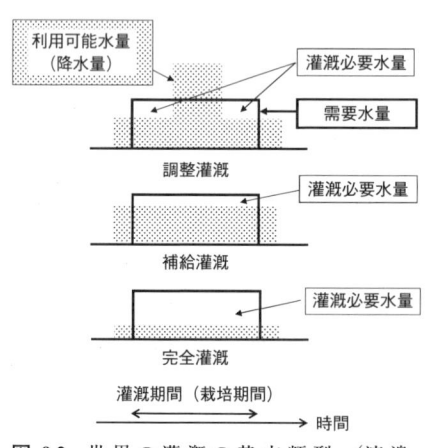

図 9.2 世界の灌漑の基本類型．（渡邉，2008a．原図はWatanabe, 2006）

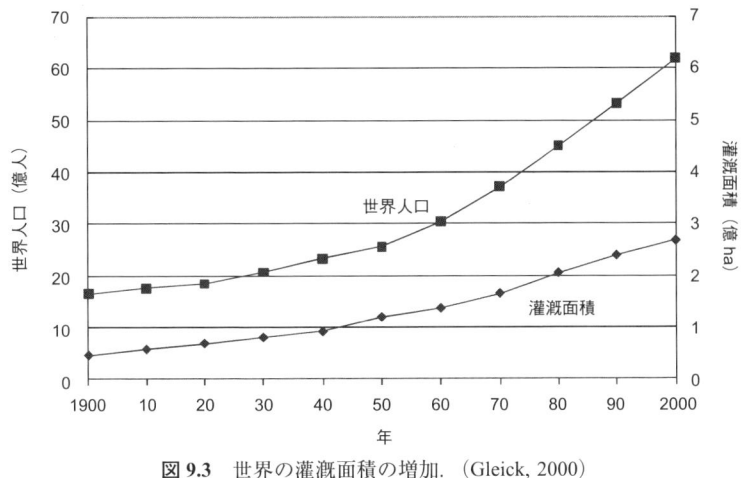

図 9.3 世界の灌漑面積の増加．（Gleick, 2000）

無い地域に大量の水を人為的に引き込む，人工的な性格がとくに強い灌漑となる．

現在，世界の耕地は約 15 億 2,300 万 ha と言われ，その内の約 18％が灌漑されている農地である．**灌漑面積**は 20 世紀に大幅に増大し，図 9.3 に示すように，とくに 20 世紀後半で急増した．しかし，この灌漑面積の増加は，1980 年代後半頃から鈍くなり，アメリカなどでは減少し始めている．人口 1 人あたりの灌漑面積は，人口の急激な増加に対応して，世界的には減少し始めた．

18％の灌漑農地が，世界の穀物の約 40％を生産していると言われるように，灌漑の効果は大きい．灌漑による水分供給の安定だけでなく，用水の安定は他の技術の導入を可能とし，土壌などを大幅に改良できることが，その主要因である．

9.2 灌漑排水と地域の水循環

9.2.1 灌漑排水と地域の水循環

灌漑排水は，土壌水分など農地における水条件だけではなくて，農地を含む地域全体の施設や装置を洪水や高潮などから守る防災の役割も果たす．また，農民

の生活環境を水の側面から改善するなど，農村地域の水の条件を総合的に制御・調整する役割を果たすことが多い．とくに，モンスーンアジア地域では，地域の水循環・水環境と巧みに適合し活用する総合的な資源利用のシステムとしての性格や歴史を持つ．

灌漑排水は，本来は自然の水循環の枠組みの中で，地域の水条件を調整・補完することを基本として成立してきた．そうではあるものの，多くの場合は，多量の水を継続して取水して，広範囲に拡がる農地に供給するために，地域の水循環・水環境に与える量的な影響の規模や程度は大きくなりがちである．地域の水循環や水環境の量的側面だけではなく，水質や生態系などさまざまな側面に対して，影響は正負の両面において比較的大きなものとなる．

灌漑排水は，本来的に地域環境の持続的な保全を目指すものではあるものの，地域環境に対して好影響を与える場合は，環境保全の役割を有しているということができる．日本国内では，近年，農地・農村が，地域の環境保全に果たす役割を「**多面的機能**」と呼ぶようになった．「食料・農業・農村基本法」(1999年制定) においても，この機能は安定的な国民生活にとって重要であると位置付けられている．灌漑排水が有する地域の環境保全の役割も多面的機能として認識され，とくに水環境の改善や保全の役割が注目されるようになっている．その主なものは以下のように説明されている．

1) 洪水抑制・洪水調節：農地，とくにある程度までの湛水を許容できる水田が，多量の降雨や河川の洪水を一時的に貯留することによって，下流地域における洪水被害を軽減することになる．
2) 地下水涵養：灌漑に伴う農地からの安定した浸透水が，地域の地下水を広範囲に涵養することになる．
3) 河川流況安定化：農地に保留された降水や洪水，そして用水が，徐々に流出することで，非洪水時の河川流量の安定化をもたらす（洪水抑制の役割の別の側面）．
4) 気象変化緩和：水田での湛水など，農地で比較的多量の水分が保持されていることで，気温の急激な上昇や低下が抑制される．
5) 水質保全：過剰な窒素 (N) やリン (P) などの栄養塩類によって汚濁した河川水などを灌漑に利用し，農地の土壌や植物生産過程を経ることで，排水中の栄養塩類が減少して，水質が浄化される．

6) 地域用水の確保：農業用水の送配水が，地域のさまざまな水に関わる活動や環境保全に必要な用水の供給となる．水路やそれに付帯して設けられた施設と一体となって，水辺空間や景観の形成や水質保全など環境保全に役立っている場合，農業用水は「**地域用水**」として機能していると言う．

9.2.2 灌漑に伴う環境問題

　一方，灌漑排水は，地域の環境・生態系に負の影響をもたらすことがある．最も一般的・根源的であり，それ故に極めて深刻な問題となる影響は，地域の水循環構造の改変そのものである．灌漑では，河川などから多量の用水を取り入れるために，その取水によって河川の流量は大きく変化し，とくに渇水時には，灌漑用水の取水地点の下流で流量が非常に少なくなることが起こる．灌漑目的で河川流量のほぼ全量が取水されて，取水地点の下流側では河川の表流水が全くといってよいほど見られなくなることもある．こうした状態が長期間続けば，当然のこととして，下流の河川近傍の地下水位流動や，水質，生態系などは極めて大きな影響を受ける．地下水を水源とする場合なら，灌漑のための大量の揚水が地下水位の低下をもたらし，地盤沈下や水質・生態系の問題を引き起こす．河川に設けられた取水施設が，魚の遡上・流下を妨げて，その生態に壊滅的な影響をもたらしている例も多い．

　また，排水が十分になされないと，灌漑農地の周辺地域で湿害や湛水被害を生じることがある．さらに，地域の本来の水循環構造や経路を大きく改変することになると，自然では水が流れ込まなかったような排水先の下流地域などで，湿害や湛水害が生じることもある．こうした湛水の拡大など地域全体に広がる湿潤化は，病虫害被害の拡大をもたらすおそれがある．

　水質への影響も大きな問題である．農地では，化学肥料，殺虫剤・除草剤など，化学物質が多量に施用・散布されるため，農地からの排水や浸透水の中には多量栄養塩類や，農薬起源の内分泌撹乱化学物質などが含まれることになる．こうした汚染物質の質や量によっては，関係地域の生活・生産，環境・生態系に危険な影響をもたらすことになる．

9.3 乾燥地の灌漑農業と水利用

9.3.1 乾燥地域の灌漑

　世界の地域や土地の条件を言うときに，しばしば「**乾燥地**」あるいは「**湿潤地**」という区別を使う．普通には，乾燥地とは「年間の降水量が年間の蒸発散量の半分より少ない土地」を言うが，厳密に区別する定義もあり，国連環境計画（UNEP）では，年間の降雨量の**可能蒸発散量**（植物で完全に覆われていて十分な水分供給のある地表面から失われる蒸発散量）に対する比で区分している．この比が 0.05 以下の地域を極乾燥地，0.05〜0.20 の地域を乾燥地，0.20〜0.50 の地域を半乾燥地としている．これらをまとめて，湿潤地域に対しての**乾燥地域**（あるいは乾燥地）と言う場合がある．現在，この定義による乾燥地域は全陸地面積の約 37%を占める．

　乾燥地域には多くの開発途上国や経済的に貧しい国や地域があり，経済や農業の不振とともに，急速な人口増加に伴う生活環境の劣悪化や自然環境・生態系の破壊が進んでいる．これらの地域の社会経済は農業に強く依存しており，急増する人口と食料需要に対応した農業生産の拡大が求められている．また，農地への用水供給すなわち灌漑の需要が拡大してきており，今後一層増加する可能性がある．

　乾燥地域の灌漑は，自然の状態では水分の非常に少ない土地へ人為的に用水を供給することである．灌漑は，日射や気温の条件が十分に備わっているところで，欠けている水条件を整えることになり，農地の拡大や作物生産の安定に果たす効果は非常に大きい．一方，河川などからの大量の取水と多量の蒸発散は，地域の気候や水循環に大きな影響を与えることになる．こうした地域では，限られた土地や水の適切な管理が強く求められる．

　乾燥地域では，土壌中や地下水に，また灌漑水に，塩分が含まれていることが多い．排水が十分なされないまま灌漑を継続すると，土壌中の塩分が多くなって（土壌塩性化），作物栽培に影響が生じることがある．これを**塩害**と言う．降雨量に比べて蒸発量が多いと，土壌中の水は蒸発面や地表面に向かって塩分を溶かし込んだまま上昇し，蒸発に伴って塩分だけが地表面下の土壌層内に析出して取り

残されるのである．こういう現象が生じるところでは，土壌の水条件は，水分量だけではなく，塩分量の調整も合わせて行わないといけない．場合によっては，作物栽培中に土壌中に集積された塩分を，収穫後などに多量の水をかけて溶脱させることも必要となる．

　乾燥地における灌漑農地の拡大による環境問題は，世界各地から報告されている．アジアでは，中国・黄河流域では灌漑農地の拡大によって下流域で**断流**を引き起こし，中央アジア・旧ソ連のカザフスタンとウズベキスタンの両国にまたがるアラル海流域では，灌漑の拡大とアラル海の枯渇が世界的に注目された．両流域とも，開発された灌漑農地では，土壌塩性化が拡大し，深刻化したのである．

9.3.2　大規模灌漑開発の事例

　トルコ共和国の南東部では，現在，世界的にも大規模な灌漑農業開発が進められている．この地域の社会経済開発を目的とする「南東部アナトリア開発計画」（通称GAP）の一環である．この灌漑計画は，世界的に今後はこの規模での開発が見込めないほど大きなものであり，現時点で，乾燥地の灌漑を考える好例である．

　トルコは，アジア大陸の西端のアナトリア半島と，ヨーロッパのバルカン半島の東端にまたがる．ほとんどを占めるアジア側には，肥沃な海岸平野も少しあるが，中央部から東部に南北を山脈に挟まれた広い高原地帯が広がる．トルコは，基本的には温帯性気候であるが，乾燥した夏を持つ地中海性気候の影響も受ける．地中海地域東部にあり，標高も高く起伏も大きいので，ある程度の降水がある．中部・東部・南東部のアナトリアの各地域は乾燥地域に属し，夏は高温少雨，冬は寒冷で中部や東部アナトリア地域は雪も多い．

　この乾燥地域では，冬の降水と春の比較的温暖な気候に合わせて，コムギが古くから栽培されてきた．国全体の農地約2,600万haの80%以上は，降雨に依存した作物栽培がなされている．コムギの他には，現在では野菜，果物，ナッツ類が栽培されている．平均の年降水量は500～700 mm程度である．したがって，冬季の降水を春に成長するコムギの生育に利用することが，農業の基本となる．このため，一部の畑では作付けせず，翌年に向けて土壌に水分を貯め込む管理もなされる．コムギの播種も，秋の雨を見込んで，また同時に強雨で種が土壌とと

もに流亡するのを避けるように，時期が見定められる．また，乾燥に強いヒツジやヤギなどの小型の家畜を収穫後の畑や休耕している土地などで放牧し，肉や乳，毛を利用するだけでなく，糞を肥料とする農牧複合も行われてきた．このような気候や地形に適応した土地利用や農業は，広大な面積を背景にして，トルコの農業の骨格となり，食料自給率を高く保つことにつながってきた．

一方，夏にも作物を栽培し，より高い生産性と地域の産業と社会の安定を求めて，トルコ政府は，総合的な地域開発事業（上記 GAP）の一環として灌漑農業開発（灌漑面積約 180 万 ha）を進めている．この地域はチグリス・ユーフラテス川の流域の上流地域で，その豊かな水資源を活用して，大型の貯水池や水利システムを建設し，灌漑と発電の開発を図るものである．この地域は，トルコでも社会基盤の整備が遅れているところで，地域全体の整備による経済的な成長と社会的な安定が政府の目標となっている．

現在のところ事業は計画通りには進んでいないが（灌漑事業実施 27 万 ha），今後灌漑施設の整備が進むと，作物がコムギからトウモロコシ，さらにタバコや野菜，果樹などの高収益作物に展開すると予想される．しかし，高い生産性が見込まれる一方で，灌水の経験のない地域での灌漑の拡大は，過剰な用水供給や土壌の塩性化がすでに見られ，今後，土壌や地域環境の保全が大きな課題として表面化してくると思われる．さらに，両河川が国際的な**越境河川**であり，シリアやイラクなどの下流地域との水資源配分の問題も国際的な課題となっているのである．圃場レベルから，灌漑地区，さらには国際河川の流域レベルまで，安定した水利用システムの形成と総合的な水資源管理の構築が求められている．

9.4 水田農業と水利用

9.4.1 水田灌漑

日本を含むアジアの多くの国では，水田稲作を農業の基軸に置いている．それは，比較的高い夏の気温と，モンスーンを中心にして十分な降雨があることを基盤にしている．水田では，ほとんどが湛水されて水稲が栽培されるため，多量の水を必要とし，そのための灌漑は多量の水を河川などから導水することになる．

水田灌漑は，地域的な水循環の構造に適合しつつ，多量の灌漑と排水は地域の水循環に大きな影響を与える．

　水田灌漑は，基本的に水田で栽培されるイネに用水を供給することが目的であるが，水に溶けている無機塩類の供給，水田の温度の調節，土壌中の栄養分の動態の管理，雑草生育の抑制，病害虫の抑制，**土壌塩性化**の抑制など，さまざまな役割を果たしている．とくに，湛水すると安定してイネへの水分供給が実現でき，また，保温や雑草抑制，土中の栄養分の分解抑制などが比較的容易に実現できるので，多くの水田で湛水がなされてきた．

　水田稲作では，多くの場合イネの苗が**移植**（田植え）される．苗が活着しやすいように，移植前に作土層と呼ばれる土壌上層を水で飽和して耕起・砕土し，さらに表面を均平にする**代掻き**が行われる．これらのために，生育初期に大量の水が必要となる．

　イネは，苗が成長する初期段階と，幼穂が形成され出穂し開花する時期に，とくに多量の水が必要である．また，栄養成長が進み**有効分げつ期**が過ぎると，土壌に一定の酸素を供給して根の健全化を図ると高収量に結びつくため，用水や排水の条件が整っているところでは，この時期に湛水を排除して土壌をある程度乾かす**中干し**が行われる．生育の最終段階では，収穫機械が走行できる地耐力を発現させるために，適当な排水を行うこともある．

　世界の稲作面積は現在約1億5,120万haで，アジアにはその90％（約1億3,570万ha）がある．この稲作栽培地を水の条件によって分類し，それぞれの面積を整理すると次のようになる．すなわち，人為的に水の掛け引きが調整できる**灌漑水田**が55％，水田に降る雨水だけに依存している**陸稲田**が11％，洪水時などに河川などから自然に流入する水に依存する**低位天水田**が31％，雨季などの氾濫湛水地帯でイネを栽培する**洪水水田**と海岸部などで潮位に連動して水位が上昇する河川から流れ込む水に依存する**感潮取水水田**が4％である．水の条件を人為的に制御できる灌漑水田（約8,320万ha）のほとんど（93％）はアジアにあり，さらにその内の3分の2は中国とインドにある．

　灌漑水田の1haあたりのイネの収量（籾を含む重量）は世界平均で4.9トンである．天水田では2.3トン，陸稲田では1.2トンなどと比べると非常に多く，灌漑効果の大きさがわかる（FAO, 2001）．

　ちなみに，日本の水田は，基本的に全て灌漑水田とされている．水源別の面積

で見ると，河川 88%，ため池 10%，地下水 1%，その他 1% となっている．平均の単位面積あたりの収量（籾を含む）は 2005 年で 6.7 トン/ha と世界平均よりかなり多い．

9.4.2 水田の水収支

水田では，水が表面に湛えられて，多量の水が蒸発し，また浸透することから，多量の水を必要とすることになる．したがって，その必要な水量と実際の利用水量が注目される．水田での作物生産，すなわち稲作に必要となる水量を**水田用水量**と言うが，上述のように地域の水循環や水環境に大きな影響を与える．

水田用水量は影響の範囲が大きいので，その多寡がよく話題になる．その際，水田用水量がさまざまな内容を指すことがあるので，その対象や内容を正しく理解する必要がある．対象とする空間的な範囲は，一つの圃場，複数の圃場からなる水田群，共通の取水施設からの送水を受ける範囲の**灌漑地区**，そして同じ河川流域や水系の水田灌漑地区群と，規模はさまざまである．その範囲によっては，圃場で必要な水だけでなく，送配水中に蒸発や浸透で失われる水や，水田以外で必要な水が含まれることがある．広域になると，水田からの排水が用水として再利用されることや，地区からの排水が下流地区で反復的に利用されることで，全体として必要な水量は少なくなる場合もある．

用水量は算定する目的によって意味が異なる．実際に用水を利用しているとき

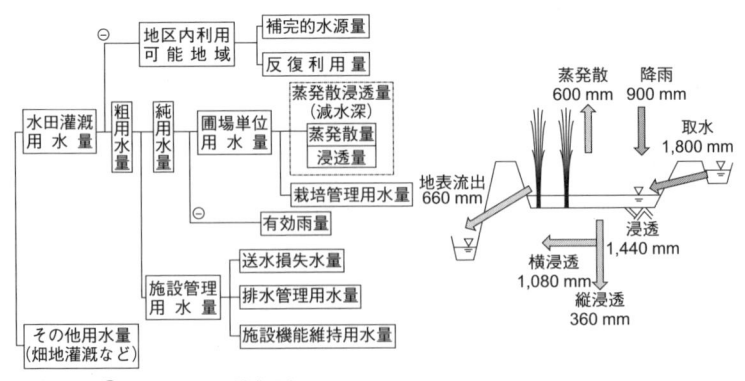

図 9.4 水田用水量の構成（計画基準）と標準的な圃場用水量．（渡邉，2008b）

の水量を指す場合も，灌漑施設などの計画に用いられ一定の条件下で必要となる水量（**計画用水量**）を指す場合もある．実際の利用水量も，通常の気象条件下と，異常な渇水や多量の降水などの条件下では差がある．季節や生育期，日や時間帯によっても変動する．

　日本を含めモンスーンアジアの湿潤地など，灌漑期間にある程度の降水が見込める場合は，その多少で，圃場や地区への供給水量は変化する．灌漑必要水量の減少に寄与する雨は，その意味から**有効雨量**（降雨～流出関係における有効雨量とは全く意味が異なる）と言われるが，これも，対象範囲や算定目的で内容や量が異なる．

　灌漑地区の用水量には，地区内の水田灌漑以外に利用される水量を含むことがある．例えば，地区内の家畜の飼育に使われる**営農飲雑用水**の他，農産物や農機具の洗浄，集落の防火，景観の維持などに用いられる用水などである．

　日本では，国などが事業費用を補助する水田用水施設整備事業において計画用水量を算定する場合，その構成を図9.4のように考え，10年に1度生じるような渇水を想定して必要となる水量を算定する．日本の水田における標準的な取水量は，同図に示されるように灌漑期の総量は1,800 mm 程度で，1日あたりで15～20 mm，灌漑地区レベルでは同じく20～25 mm 程度の水田が多い．

　この水田用水量の構成や算定の方法は，だいたいどこの国や地域でも同じであ

表9.2　世界の水田の灌漑期間の用水量総量（測定例）．（Watanabe, 1995）

国・地域*	灌漑期間 総用水量（mm）	備考（特徴，圃場条件など）
セネガル	500–1,000	浸透量ほとんどゼロ
中国・北西部	900–1,000	直播圃場：1,200–1,500 mm，移植圃場：900–1,050 mm
ブラジル	1,000	平均で日8.6 mm
米国・テキサス州	1,200	取水量：759 mm，降雨量：432 mm
イタリア	1,600	
オーストラリア	1,500–1,700	蒸発散量：1,200 mm
インド	1,680	浸透量：1,200 mm
コートジボアール	1,920	浸透量：日5 mm
エジプト	1,800–2,200	
日本	1,500–2,500	圃場による浸透量の差大：ほとんどゼロから日50 mm程度まで
マレーシア	2,810	蒸発散量：1,570 mm
カザフスタン	3,930	
アフリカ東部	4,500	取水量：3,600 mm，降雨量：900 mm

*総用水量の少ない順．

る．一方，実際の用水量は，地域の気候や土壌，灌漑方法や水源の余裕度などによって異なり，同じ地域でも水田ごとの差は非常に大きい．隣接する水田でも全く異なる値を取ることが多い．国ごとや水田ごとの平均的な用水量を示すことは難しいが，灌漑期間を通じての総必要水量の実測例をまとめたものが表9.2である．大きな幅があることが示される．

9.4.3 水田灌漑と地域環境

水田は，湛水することで継続してイネが栽培できることもあり，栽培期間を中心に毎年一定期間湛水され，安定した人為的な季節的湛水域となっている．水田灌漑のための自然の人為的改変が比較的小規模である場合は，長年の継続によって灌漑システムは流域の自然のシステムに馴染んで，その一部を構成するようになる．長い時間をかけて開発され，維持管理が継続してきた近代以前の日本の水田灌漑は，地域の環境に大きな問題を生じることなくその一部となってきたものが多い．また，水田からの多量の浸透水が，結果として地下水を涵養し，地域の安定した地下水流動を形成しているところも多い．

水田での湛水と灌漑システムが，その安定した水条件，とくに圃場での湛水に適した野生生物の生息の環境を提供して，独特のいわゆる**水田生態系**を形成してきたことは，日本だけでなくアジアの水田全域で近年注目されるところである．豊かな生物相を基礎にして，水田で小魚やエビを生育させることさえ行われている．渡り鳥の採餌場など生息地となることなども注目されている．

一方，水田での湛水や多量の取水が，地域や流域の環境に悪影響を及ぼすこともある．水田の湛水が，マラリア蚊など病気を媒介する昆虫の発生につながったり，地球温暖化に寄与するメタンの発生を増大させると言われている．また，河川などからの取水による水循環への影響の問題は，水田であることで取水が多量になるとさらに深刻になる．河川の流量を極端に少なくし，下流の生態系や水質などさまざまな環境要素の劣化をもたらすとする報告は多い．

参考文献

FAO（2001）：FAO database 2001 for rice area.

Gleick, P.H.（2000）: *The World's Water 2000-2001*, Island Press, 300pp.
小田桂三郎ほか（1972）:『耕地の生態学』, 築地書館, p. 36. ［基データ：A. H. Fitter, R. K. M. Hay, 太田安定他訳（1985）］
Watanabe, T.（1995）: Paddy Irrigation and Drainage System. In T. Tabuchi and S. Hasegawa（ed.）, *Paddy Fields in the World*. The Japanese Society of Irrigation, Drainage and Reclamation Engineering, pp. 281-301.
Watanabe, T.（2003）. Sustainable Regional Management for Agriculture : Experience and Future Prospects. In Research Institute for Humanity and Nature（ed.）, *First International Symposium Proceedings*, pp. 63-69.
渡邉紹裕（2003）: 地域水環境と農業・農村. 山崎農業研究所編,『21世紀水危機―農からの発想―』, 農文協, pp. 82-93.
渡邉紹裕（2008a）: 黄河流域の気候と農業の土地・水利用. 福嶌義宏・谷口真人編,『黄河の水環境問題―黄河断流を読み解く―』, 大学図書, p. 46.
渡邉紹裕（2008b）: 水田の灌漑. 山路永司・塩沢昌編,『農地環境工学』, 文永堂, pp. 34-40.

（渡邉紹裕）

バーチャルウォーター

　農産物や工業製品の生産には大量の水が必要である．クラーク，キング（2006）によれば，コムギ1 kg を生産するために 0.9 トン（2.0 トン），トウモロコシの場合は 1.1 トン（1.9 トン），ダイズの場合には 1.7 トン（2.5 トン）の水が必要である．それ以上に肉類の生産には多くの水を必要とし，鶏肉では 3.5 トン（4.5 トン），豚肉は約 4.5 トン（5.9 トン），牛肉に至ってはなんと約 15 トン（約 21 トン）もの水資源が費やされる．肉類の生産には，家畜の飲み水や洗浄水，飼料の生産に必要な水が含まれるためである．なお，上記の値は 2000 年時点における世界平均値として，オランダのグループ（Hoekstra, 2003）によって推計されている値である．また（　）内の数値は，仮想的に日本で作ったとした場合に必要な水資源量である．

　日本のカロリーベースでの食料自給率は約 4 割で，残りの約 6 割を海外からの食料輸入でまかなっている．日本が輸入している主要な穀物，畜産製品をもし日本で作ったとしたらどの程度の水資源が必要であるかについて，仮想的に計算した結果が下図右に示されている（沖，2005）．「日本で作った場合に必要な水資源量」として食料貿易を水貿易に換算したものを「バーチャルウォーター貿易（VWT）」と呼ぶ（Oki and Kanae, 2004；沖，2005）．下図には，日本が輸入している食料を全て日本で作った場合に年間約 640 億トン（琵琶湖の貯水量の約 2.5 倍）の水が必要であることと，日本を中心とした VWT の推定値が示されている．農産物では，トウモロコシ，ダイズ，コムギの割合が大きく，肉類では牛肉の割合が大きい．また VWT の相手は，米国とオーストラリアが際立っていることがわかる．

　世界の VWT のやり取りを示した図は紙面の都合で割愛するが，VWT の主な輸出国が

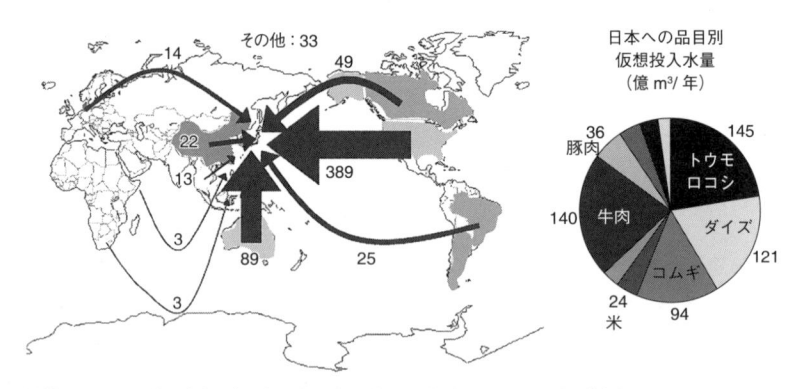

総使用量：640 億 m³/年　（日本国内の年間灌漑用水使用量：540 億 m³/年）
（日本の単位収量：2000 年度に対する食糧需給表の統計値より）

　図　日本を中心としたバーチャルウォーター貿易量（VWT：左図）と，日本が海外から輸入している主要産品を日本で生産した場合に必要となる VWT（右図）．（沖，2005 を基に修正）

米国，カナダ，欧州など，現在世界を主導している国々であることは特筆に値する．ちなみに日本や中国は，VWT の主要な輸入国である．これらの真実を，われわれは真剣に受け止めなければならないだろう．

参考文献

Hoekstra, A. Y.（2003）: Virtual water : An introduction. Value of Water Research Report Series No. 12, UNESCO-IHE, Delft, The Netherlands, 13-23.

Oki, T. and S. Kanae（2004）: Virtual water trade and world water resources. Water Science & Technology, 49, 203-209.

沖　大幹（2005）：バーチャルウォーターと世界の水問題．沙漠研究，15, 179-183.

クラーク，ロビン & ジャネット・キング（2006）:『水の世界地図』，沖　大幹監訳・沖　明訳，丸善，125pp.

（沖　大幹）

第10章

水循環を考慮した都市デザイン

10.1 雨水流出と土地利用

10.1.1 なぜ，土地利用と雨水流出を関連付けるのか

　地表に降雨した水は，一部は樹木や地上などから蒸発散して大気へ戻り，また，地下に浸透し貯留され，あるいは時間をかけて土中から湖沼・河川や海洋に流出する．これらを除いた雨水が地表面から河川などへ表面流出する．近年，東海豪雨に見られるように，都市部の窪地における**内水氾濫**や都市を流れる河川の外水氾濫などの被害が注目される．これらの災害は都市化による表面流出量の増加が大きく影響している．このため，近年，「**総合治水**」の概念が重視され，危険度の高い河川には，「**特定都市河川浸水被害対策法**」により，ある規模以上の都市的開発により**雨水浸透阻害行為**が行われた場合の**雨水流出抑制対策**が定められた（第7章）．しかし，これは，限られた流域の特定規模以上の新規開発にのみ適用され，すでに都市化した地域に対する総合的，継続的な改善を目指すものではない．

　わが国の水害対策は降水を安全，速やかに流出させる河川改修や雨水管設置などの土木工学的対策が中心であった．近年になり，**ヒートアイランド**現象や地盤沈下抑制のための都市緑化や地下水涵養が求められ，都市への降雨を積極的に活用しようとする姿勢が強化されつつある．そして，東京都など一部地域においては条例などにより**雨水浸透指針**が定められている．また，**昭島市つつじヶ丘ハイツ**などの団地設計において，雨水浸透を積極的に活用した事例も見受けられる．しかし，これらの精神や技術は全国の都市部に十分に反映されているとは言えな

い．

　都市部以外でも，少子高齢化などの影響を受け，中山間部が疲弊し，森林管理が行き届かないことによる土砂崩れや土石流の発生が危惧されており，また，農業の衰退が都市のスプロール現象へ拍車をかける現象も都市周辺の水環境の悪化を招く要因として危惧されている．このように雨水流出は広い範囲の複合的な課題であり，そのために，石川ほか（2005）による**流域圏プランニング**や京都大学フィールド科学教育研究センター（2007）による**森里海連環学**などが提唱されるようになった．また，近年，欧米諸国では，都市部の水循環の健全化に基盤を置き，生態系保全まで視野に入れた**グリーンストリート**（Metro, 2002）や**グリーンインフラストラクチャー**の構築が重要な都市計画の視点として取り上げられている．

　このように，水環境の課題克服は，多くの人々の関心となり，また，個別技術も開発されているが，総合治水概念の土地利用計画や都市デザインへの反映は十分でなく，都市や国土をデザインする有効な手法となりえていない．本章では，こうした背景を理解したうえで，土地利用，特に都市化が地域の雨水流出に与える影響を考察し，雨水流出の健全化や生態系の保全を目指すグリーンインフラストラクチャーの構築により都市デザインの可能性がいかに広がるかについて考える．なお，国土といっても広大であり，ここでは**伊勢湾流域圏**を事例として，特に都市部における，水系全体から街区，道路，敷地に至るまで，即ち，マクロからミクロまで含む，グリーンインフラストラクチャー構築の必要性と可能性を考えてみたい．

10.1.2　国土の土地利用と雨水流出

　国土交通省の**土地白書**によると，日本の国土面積は 3,775 万 ha である．内訳は 2007 年現在，森林が 2,508 万 ha（66％），農用地が 473 万 ha（13％）であり，これらを足した農林業的土地利用が国土の約 8 割を占めている．これに対して，代表的な都市的土地利用である，道路，宅地は合わせて 321 万 ha（8.4％）と量としては決して多くない．ただし，詳細は不明であるが，「その他」は締め固められた土地として港湾地区，人工造成地などを多く含み，それらをおおむね都市的利用として加えると，その面積は 637 万 ha（16.8％）と，ほぼ倍となる．土地

利用の年変化を見ると，森林面積はほぼ横ばいで，2005 (H17) 年まで農用地が大きく減少し，その減少分は，道路や宅地など都市的土地利用の増加へと転換されている．

次に雨水流出について考える．なぜ，地域の水環境を考えるのに，土地利用に着目するのか．それは，雨水流出が土地被覆に左右されるからである．特に，都市化された土地は，**不透水性被覆**で覆われたり，締め固められたりして，本来，樹木による蒸発散や土壌へ地下浸透すべき水を大量に流出させる．したがって，流域で都市化が進むと，内水氾濫など水害の危険性が高まる．

国土交通省では，こうした都市型洪水の危険性を受け，平成16年国土交通省告示第251号「流出雨水量の最大値を算定する際に用いる土地利用形態ごとの流出率を定める告示」を定めた．それによると降雨量に対する流出率は，森林 0.3，耕地・原野 0.2，締め固められた土地（その他）0.5，被覆地（道路，宅地）0.9，水面 1.0 となっている．この数値を2000年の全国の土地利用に当てはめ，国土の水流出を概算すると，降雨量の38%が流出する計算になる．降水による水の流れは，いったん地下浸透をした上で河川などへ至る中間流・**地下水流**と地表を伝わって直接河川へ至る**表面流**がある．国土交通省の流出率は主に表面流にかかる係数であり，中間流を入れるともっと多くの流出が推定されるが，それらは計測しにくい．表面からの流出に限定すると，日本の年降雨量平均約1700 mm/年として，国土全体で6430億 m^3 の降雨があり，そのうち，2420億 m^3 が流出している概算になる．

10.2 伊勢湾流域圏の土地利用と雨水流出

10.2.1 伊勢湾流域圏の水系ごとの土地利用

ここで，土地利用と水の関係をより，詳細に観察するために，伊勢湾流域圏を例示する．伊勢湾流域圏は，名古屋およびその周辺など高度に都市化された地域を持つ一方で，木曽地域など豊かな森林地域も併せ持っており，土地利用と水との関連を考えるのに都合がよい．

伊勢湾流域圏は伊勢湾に流れ込む流域の集合であり，愛知県，岐阜県，三重

県，そして長野県の一部にまたがっている．**水系**の規模を見ると，木曽川水系が群を抜き，次に長良川水系，矢作川水系，揖斐川水系が続き，この四つを大水系と位置付けることができる（図10.1）．中型の水系としては，庄内・天白水系，宮川水系，豊川水系，雲出川水系，櫛田川水系などがある．そのほかの水系は規模としてかなり小さい．**非集水域**としてまとめてあるが，知多半島，渥美半島などには，もっと小さな水系が存在している．

次に，水系の土地利用の割合で類型化をしてみよう（口絵12）．一番目のグループは森林面積が非常に多い水系群で，五十鈴川，宮川，櫛田川，雲出川，鈴鹿川という三重県の水系と揖斐川，長良川，木曽川，矢作川，豊川の伊勢湾流域圏の大きな河川で構成される．これらは自然が多く残っている水系である．

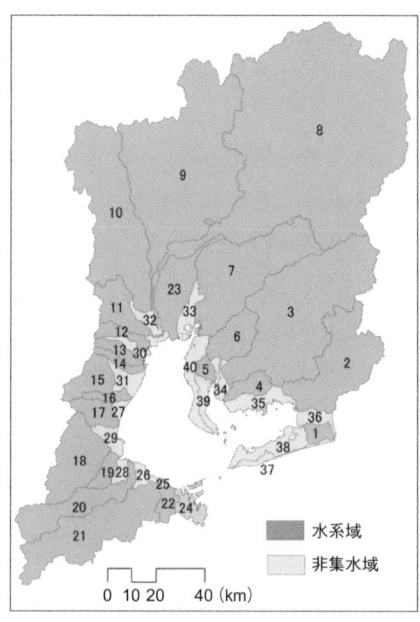

図10.1 伊勢湾流域圏の水系．
1. 梅田川，2. 豊川，3. 矢作川，4. 北浜川，
5. 阿久比川，6. 境川，7. 天白・庄内川，
8. 木曽川，9. 長良川，10. 揖斐川，11. 員弁川，
12. 朝明川，13. 大井の川，14. 内部川，
15. 鈴鹿川，16. 中ノ川，17. 安濃川，18. 雲出川，
19. 三渡川，20. 櫛田川，21. 宮川，22. 五十鈴川，
23. 日光川，24-40. 非集水域

二つ目のグループは，三渡川，安濃川，中ノ川，朝明川，員弁川で，伊勢市，津市，桑名市など，三重県の都市周辺部を流れる河川である．これらは森林面積が多いが，農地も比較的多く見られる．都市的土地利用については10%程度であり，比較的低い．

三つ目のグループは，内部川，大井の川，天白・庄内川で都市的土地利用の比率が20%から30%程度に拡大している水系である．ただし，第二のグループと森林面積の割合に大きな差はない．四つ目のグループは，境川，阿久比川，北浜川の3水系であり，前のグループと比較すると**都市的土地利用**と**農業的土地利用**が多く，森林面積が少ない．五つ目のグループは渥美半島の根元にある梅田川水系である．ここは森林面積が少なく，大半が農地であり，他の水系では農地は水

田が多いのに対して，畑地の割合が多いのが特徴である．このように伊勢湾流域圏の水系は，その規模と各種の土地利用の割合で異なる特性を持っている．

10.2.2　特徴的な水系の土地利用変化と雨水流出

　伊勢湾流域圏の水系の土地利用変化を1976年と2006年で比較する．1976年は高度成長期の真っただ中であり，2006年は土地改変が比較的落ち着いた現在の土地利用状況である．まず，伊勢湾流域圏全体の土地利用変化を見よう．森林面積は66.7％から65.3％に若干減少し，水田（13.3％から10.8％）と畑，果樹園などのその他の農地（5.0％から4.1％）も減少している．それに対して，宅地と道路は，合わせて7.4％から12.5％にほぼ倍増しており，緑地の都市化が進行している状況を読み取ることができる．しかし，流出率を計算すると1976年の0.35から2006年の0.38とあまり変化していない．これは伊勢湾流域圏の65％を占める森林が保全されていることによる．2000年の全国の流出率0.38と類似の数値であり，全国的に平均的な値であると言える．

　ここで，さらに，特徴的な水系として，木曽川水系，庄内・天白水系，日光川水系，境川水系，阿久比川水系，櫛田川水系における1976年と2006年の流出率を比較，観察する．木曽川は広大な流域を持つが，下流はほとんど河川部であり，都市的土地利用は少ない．流出率は0.32から0.33と変化は少ない．これに対して，境川，阿久比川は名古屋東部の丘陵地を下り，農地も残るが都市化も急激に進む郊外型水系である．流出率はそれぞれ0.44から0.58，0.40から0.55へと大きく増加している．日光川も都市近郊の低地を流下する河川であり，急激な都市化により，流出率は0.47から0.58へと増加している．櫛田川は，三重県の中でも都市的土地利用の少ない水系であり，流出率も0.32と変化ない．近年，日光川，庄内・天白川，阿久比川，境川水系では，内水氾濫などが多く発生し，先の東海豪雨では大きな被害をもたらしている．これは，このような都市的開発に伴う表面流出率の増加と無関係とは言い切れない．

10.3　名古屋市東部丘陵と境川の土地利用と雨水流出

10.3.1　名古屋市東部丘陵と境川の土地利用変化と流出率変化

　ここでさらに詳細に天白川とその西側を含む名古屋市東部丘陵と境川水系を切り出して考察する．2006 年の土地利用状況を色分けして示したのが口絵 13 である．名古屋市東部丘陵地域は宅地と道路で埋めつくされ，境川水系においても水田が大半の農地の中の都市化が進行している．

　1976 年と 2006 年におけるその土地利用と流出率の変化を見よう．天白川水系を含む名古屋市東部丘陵は 1976 年には都市化がすでに進行し，流出率も 0.66 と高い値であったが，2006 年には 0.77 とさらに高く変化している．この間，道路と宅地の合計面積は 1.05 万 ha から 1.52 万 ha に増加し，全体に占める割合は 74%となり，大半が不浸透性の土地被覆に覆われていることがわかる．ちなみに，農地は 0.24 万 ha から 0.11 万 ha に，森林は 0.30 万 ha から 0.17 万 ha に大きく減少している．境川流域では名古屋市東部丘陵部ほどではないが都市化が進行し，農地は 1.47 万 ha から 1.03 万 ha（水田は 1.15 万 ha から 0.78 万 ha）に，森林は 0.23 万 ha から 0.14 万 ha に減少している．流出率変化は先に見たとおりである．土地利用変化は面積規模で水田から宅地が卓越している．

10.3.2　境川流域の水文流出解析

　次に，より詳細な水文流出解析を用い，境川流域の都市化に伴う流出特性の変化を詳細に眺める．ちなみに，境川流域は 1976 年から 2006 年の 30 年間にかけて伊勢湾流域圏において最も土地利用変化（都市化）の大きな流域である．

　同じ流出量であっても，流出にはさまざまな時間遅れがあり，それが累積すると地域の流出の時間特性の違いとなって現れる．具体的には，あるエリアに降雨があったとする．その時，河川に至るまでにはさまざまな経路を雨水は辿る．そして，このための時間の遅延が起こる．また，途中に池や水田などがあると，雨水はそこにいったん貯留され，そこからある時間遅れを伴って流出する．こうした現象が重なり合って，地域に特有の雨水流出の時間特性を生み出す．

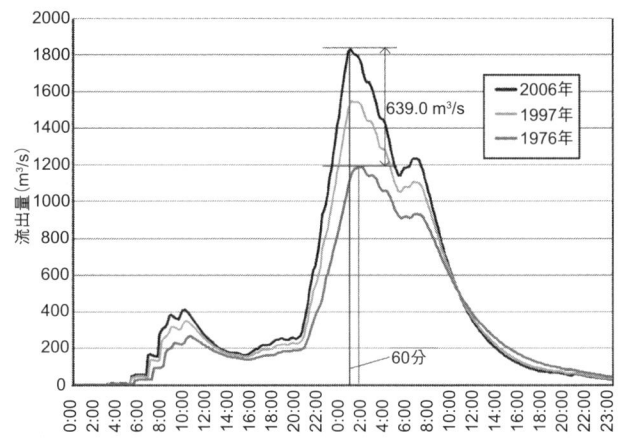

第 10 章　水循環を考慮した都市デザイン　179

図 10.2　境川内の小流域の土地利用変化による東海豪雨を想定したハイドログラフ・シミュレーション．（山内悠生作成）
水文流出解析は DHI Water & Environment の MIKE11 を用い，流出モデルは準線形貯留関数法と kinematic wave 法を使用した．

　境川のある小流域におけるハイドログラフ（流出の時間特性）のシミュレーションの結果を図 10.2 に示す．降雨は 2000 年の東海豪雨時の雨量データを，土地利用データは 2000 年に最も近い 1997 年のデータを用い，実測流量と比較をする流量検定を行った．結果**雨水流出率** 0.47 を使用したときに一番実測値に近い値が出た．この数値は，国土交通省告示の数値を用い対象エリアの土地利用面積から求めた雨水流出率 0.50 に近い．この数値を基準に 1976 年と 2006 年の土地利用を用いて河川流出量を算出し，2 時点の変化を見た．なお，1976 年と 2006 年の流出率の算出は国土交通省告示を用いた．推定した 1976 年の流出率は 0.44，2006 年の流出率は 0.58 である．計算によると**ピーク流出量**が 639 m^3/秒増大し，ピークの流出時間が 60 分早まる結果となった．ピーク流出量は 1976 年から 2006 年にかけて 1.5 倍にも増加し，流域河川へ大きな負担がかかっていること，また，ピークに至る立ち上がりも急峻になっており，一気に流出増加が起こることが予想できる．内水氾濫などの水害抑制には，流出量そのものの抑制も重要であるが，ピーク流出量を減少させることやその発生時刻をコントロールすることが大切である．ピーク流出量を減少させることは，ゆっくりと流出させることであり，その時刻をコントロールすることはピークの重なりを調整することである．

境川流域の雨水流出率，河川ピーク流出量の増加，および，**ピーク流出時刻**の早まりは河川氾濫や内水氾濫の危険性を増大させるが，その大きな要因は，不浸透性被覆である都市域の増大と，それに伴う，畑地，水田，森林などの減少である．わが国の伝統的な農業である稲作は，水田が畦を持ち，ある一定の水を貯留することにより，集中豪雨時における雨水流出の大きな抑制能力を持っている．しかし，近年の都市開発は，特に伊勢湾流域圏の場合，主に水田を都市的土地利用に転換することで進行した．境川水系のようにまだ水田が残されているエリアにおいても，東海豪雨のような集中豪雨時に内水氾濫などの災害が発生し，総合治水対策の対象地域となっている．さらに水田が都市化されてゆくと，地域の表面流出量は増加を続け，さらに流出のピーク時刻が早くなり，ピーク流出量も増加し続ける．上記のシミュレーションにおいて，1976年の土地利用データをもとに，境川上流部において，水田を10%都市的土地利用に変化させた場合のピーク流出量の変化が最も著しいことがわかった．これからは，単に農業生産の面だけではなく，治水の観点からも都市周辺の水田を保全し，有効に活用することが必要と思われる．

10.4　総合治水概念の都市計画，国土計画への反映

10.4.1　土地利用に関する法律と課題

これまでの考察で土地利用が地域の表面流出に大きな影響を与えることは理解できたと思う．ここで，少し視点を変えて，国土のマネジメントである土地利用政策について考えてみたい．

国土にはさまざまな法律に基づく，さまざまな制度上の網がかかっている．特に，国土の管理に大きく影響する法律は，**都市計画法**，**農地法**，**森林法**，**自然公園法**，**自然環境保全法**などである．都市部，都市周辺部に関係する法律は前3者であり，これに，具体的な建築やその用地を規定する**建築基準法**が加わる．しかし，これらには健全な水循環の形成を目指した土地利用計画の考え方は織り込まれていない．従来，宅地や耕作地に関する土地利用計画の概念には，地域の生態系や人間生活の基本となる水循環を計画の基本概念として扱うという発想がな

かったのである．また，それらは上位に設定された**国土利用計画法**により，統合的にマネジメントすることになっている．しかし，現実には，国土交通省，農林水産省など縦割り行政の影響により個別法の縛りが強く，必ずしも十分な調整が行われているとはいえない．総合治水に関しては，先に述べた特定都市河川浸水被害対策法が個別的に対応しているが，都市計画への反映は限定的である．

　本章の前半では，雨水流出と土地利用の関係を眺め，都市的土地利用の増加や農地，特に水田の減少が雨水流出の増大に非常に大きな影響を与えることを示した．境川流域の分析では，土地利用に基づく流域モデルと粗度と勾配による河道モデルの組み合わせを用い，雨水流出の時間特性を把握した．このような計算は，集中豪雨時に河道に流入する最大流量を求め，その規模に堪える河道の設計を行う，あるいは，その流入が河道の許容流量を超える場合は調整池などの設置で流入量を抑制するという技術的な解決を前提としてきた．これは原因の抑制というよりは，結果に対する対応を求める技術と言える．しかし，総合治水の概念形成を通して，結果への対応技術では，河道拡幅の限界などもあり，地域の流出抑制が十分に機能しないということがわかり，原因をどう制御するかという視点を組み込んだ政策に移りつつある．

　特定都市河川浸水被害対策法は，その考え方を含み，原因である土地利用改変による流出量の増加に対して開発を許可制として，大きな開発については，その場において貯留浸透施設の設置などで抑制しようという趣旨となっている．しかしながら，この法律は，もっぱら内水氾濫や外水氾濫が確実に懸念されるエリアにおける水害を抑えることが目的であり，これまで開発されてしまったエリアも含めて，対象エリアの健全な雨水流出，地下浸透，蒸発散（水循環）はどうあるべきかという大きな目標の設定は行われておらず，それらを都市計画に反映させる手法も持たない．

　土地利用と流出に大きな関係があることは，総合治水には，既存開発地域も含め，都市ばかりではなく，農地や森林の土地利用も包括して，エリアの健全な水循環を支えるためのビジョン作成が必要なことを教えている．なぜならば，すでに，これまでの開発の集積が，地域の健全な水循環を大きく逸脱しており，これからの開発の抑制を中心とした政策では，本来の健全な状況を回復できないと考えるからである．

10.4.2 雨水流出のエリアマネジメント

さて，ここで，水循環の健全化の概念を政策に盛り込む方法を考察したい．ここで提案したいのは，すでに人間の手が入ったエリア，すなわち，農地，里山，そして都市部を含めた包括的な水循環の**エリアマネジメント**の必要性である．土地利用の改変抑制を政策の外側においた河川マネジメントには限界があることは理解されているが，特定都市河川浸水被害対策法に見るような，今後行われるある規模以上の開発に対する抑制のみでは，エリア全体の健全な流出抑制環境は構築できない．対象流域に含まれるすべてのエリアを対象とした水循環マネジメントのための政策をこれからは積極的に構想する必要があろう．その一つの提案は，エリアごとに目標とする雨水流出率（あるいは場合によっては地下浸透率）を定め，エリア全体として，その目標の達成のための土地利用デザインを展開するという考え方である．現在，建築基準法では用途地域の指定があり，建ぺい率や容積率が設定されているが，その地域において許容される雨水流出率を面的に規定してゆくという方法も検討に値するのではないか．これまでに開発されたエリアも，これから土地利用を改変しようとしているエリアも，同じ土俵で総合的に考えてゆくという思想である．ただし，この場合，対象エリアの目標とする流出率をどのように設定してゆくかという技術的課題が生まれる．あるいはその流出率に達するように土地をどのようにデザインし，また，場合によっては雨水貯留浸透設備をどのように配置するかという計画技術の課題も生まれる．今後はこうした研究が必要となると考える．

10.5 水循環を考慮したグリーンインフラストラクチャーの構築

10.5.1 ドイツ，ハノーバー市クロンスベルクのグリーンインフラストラクチャーデザイン

雨水をエリアとして制御し，都市のデザインに積極的に展開している例として，ドイツ，**ハノーバー市クロンスベルク**を紹介する（図10.3）．クロンスベルクは2000年のハノーバー万国博覧会に合わせ，当初は万博スタッフの居住地区

を提供し，博覧会が終了したのちは，新都市として一般居住者を受け入れる目的で開発された地域である（City of Hannover, 2004）．その計画は高い水循環保全の水準を達成するように考えられている．

ここで紹介するのは雨水浸透システムを用いた**グリーンインフラストラクチャー**デザインである．ハノーバー市の発注で，設計はAtelier dreiseitlによって行われた（Dreiseitl et al., 2009）．団地の外部空間にはできるだけ緑地を設け，雨水浸透を図り，さらに，"Mulden-Rigolen-System"（ムルデン・リゴーレン・システム，窪地・浸透トレンチ・システム）を計画的に配置し，窪

図10.3　クロンスベルク団地の外部空間．（筆者撮影）

図10.4　比較的大きな通りの緑溝．（筆者撮影）

地は水が一時的に溜まるようにビオトープとして設計され，**浸透トレンチ**は基本的に上部を芝生などで覆い，緑化に寄与させている（図10.4）．緑で覆われた浸透トレンチは日本語には適切な用語がないが，これを**緑溝**と呼びたい．

エリアの降雨は，道路わきなどに配置した緑溝に集まり，そこで地下へ浸透させると同時に，ところどころに意識的に設けた窪地（常時，水をためた池のようなものも水をためていないものもある）へ誘導している．そして，これらのネットワークによって，団地内に自然的地形を近似させたグリーンインフラストラクチャーを生み出している．

リゴーレ（緑溝）の構造は下部に穴のあいた雨水管を埋め，その周りに砕石を配し，その上部に砂を敷き，さらにその上部を緑化するというものである．これは次に紹介する，アメリカのグリーンストリート設計におけるスウェール（swale）と同様の構造である．

10.5.2　アメリカ，ポートランド・メトロ地域のグリーンストリート

アメリカ合衆国においても地域の雨水流出マネジメントが注目をされており，特に，そのスタンダードマニュアルとして，ポートランド・メトロ地域が策定した**グリーンストリートマニュアル**が注目されている（Metro, 2002）．ポートランド・メトロ地域は3つのカウンティと24の都市を含み，130万人の人口を擁するエリアである．

このグリーンストリートマニュアルは，メトロの都市地域において1/3を占める道路が単に交通のみならず，汚染物を含めて雨水流出の流路として大きな意味を持っていることに着目し，地域の水環境の質の向上のために寄与し，かつ，視覚的にもグリーンインフラストラクチャーを構築するための道路デザインを誘導することを目的としている．ここでは，都市内の道路における雨水浸透設備の設置はコストの面においても安価で，かつ，効果的な雨水抑制を期待できることを示しつつ，道路の幅員や地域の環境との関連で，詳細なデザイン手法まで含めて体系的なガイドラインを作成している．使用されている根幹技術は，ハノーバー市クロンスベルク地区における緑溝と同様な技術である．ここでは詳細な説明は省くが，雨水浸透技術体系とランドスケープデザインを一体的に論じているところに注目したい．

10.5.3　昭島市つつじヶ丘ハイツにおける雨水浸透デザイン

日本においても，**浸透ますや浸透トレンチ**などの雨水浸透設備による流出抑制技術は長く研究がおこなわれている．特に，建設省土木研究所により，昭和50年代に「地下埋管（今の浸透トレンチ）による地下水涵養構法」による雨水流出抑制技術が開発され，1981年に昭島市つつじヶ丘ハイツにおいて，それを応用し，浸透トレンチの本格導入が行われた．その効果は非常に高く，かつ，30年経過した今日でもほとんどメンテナンスフリーで導入当時の能力を継続している．具体的には，在来工法を用いた団地地区の流出率が0.5～0.6台であるのに対して，浸透工法を用いた地区の流出率は0.16～0.29と低いレベルに抑えられている．

ここでは詳細には述べないが，浸透ますや浸透トレンチの浸透能力について

も，具体的な数値が継続的に観測されており，設計指針としても有用なデータが蓄積されている．例示として，集水面積 10〜15 m² に 1 m の浸透トレンチを想定すると，浸透能力を 1 ℓ/min·m として 50 mm 程度の降雨は十分に浸透処理が可能な能力であるとしている．ただし，ここでの浸透トレンチは表面緑化などのランドスケープデザインとの連動はない．

10.6　水循環を基軸とするグリーンインフラストラクチャーの構築に向けて

10.6.1　雨水流出抑制技術からグリーンインフラストラクチャーを持つ都市デザインへ

　本章の最初に土地利用と雨水流出は大きな関係があり，今日の都市化に伴う地域の水循環環境の健全化には，エリア全体を見渡した雨水流出抑制政策が必要であることを指摘した．つぎに，海外では，団地や道路の設計において，積極的に雨水流出抑制を行う技術の応用が行われ，また，それらの技術は都市の緑化などランドスケープデザインと連携されていること，そして，雨水流出抑制の基本技術は，都市機構などの努力により，日本においても確立されていることを紹介した．

　しかし，わが国においては，都市のエリアマネジメントにおける雨水流出抑制への視点が定まっていない．その結果，雨水流出抑制技術は，特定エリアをのぞいて十分に導入されていない．また，雨水流出抑制技術は浸透ますや浸透トレンチという技術の導入が主眼であり，ハノーバー市のクロンスベルクやメトロ地域のようにグリーンインフラストラクチャーを都市計画へ体系的に導入し，水循環の改善や生態系の保全を意識したこれからの都市デザインを展開するという考え方に乏しい．

　これからはわが国においても，雨水流出抑制技術を都市デザインとしてのグリーンインフラストラクチャーの構築にどのように結び付けるか，その理念と手法を都市計画のなかに確立してゆかなければならない．

10.6.2 都市の水みちを解析し，水と緑を基盤としたグリーンインフラストラクチャーを構築する

グリーンインフラストラクチャーの概念を導入し，浸透ますや浸透トレンチなどの雨水流出抑制の工学的技術を都市デザインの手法に組み込むために，建物で立て込んだ都市部においては，道路を「水みち」として水の流れを解析する必要がある．GIS技術を応用すると，図10.5に示すように都市部における道路の水の流れを可視化することができる．

詳細な解析過程は省くが，この流路には，街区の土地利用を反映させた流出量を載せることができるので，街路の任意の流出ポイントにおける流量を把握し，その街路へある能力を持つ雨水流出抑制技術を適用するとどのように流量が変化するかを観察することが可能となる．

図10.6にグリーンインフラストラクチャーを組み込んだ都市の一風景を描いた．都市に降雨する雨水を緑溝，浸透トレンチ，あるいは浸透ます，その他の技術を用いて，また，建物間の空間の被覆を浸透性の高い被覆（緑地など）とすることで，積極的に浸透させ，地下水や緑の涵養をおこない，またそれらの効果によって湧水地を再生し，現在排水路となっている都市河川の基底流を豊かにし，水を浄化することで積極的に可視化し，あるいは，内水氾濫などの抑制のために設置される調整池などの親水性を高めビオトープとして公園化するなど，水と緑のネットワークを回復させようとするものである．

このようなグリーンインフラストラクチャーの構築を推進するには，それぞれの地域がそこにおける水環境保全の重要性に気付き，住民，行政一体となった検討が行われなければならない．ここで，そのために重要と思われる四つの提案を整理する．

一つ目は，総合治水の概念を発展させ，都市計画地域における水循環のエ

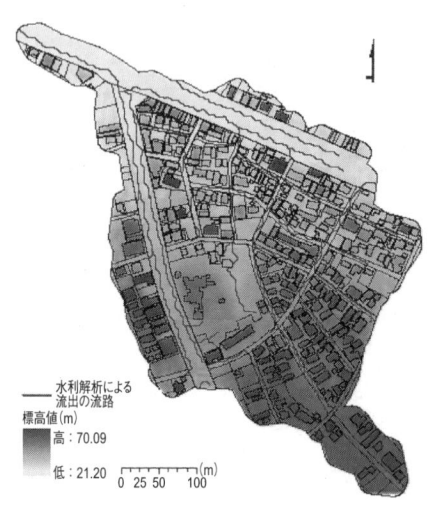

図10.5 都市の水みち解析．（井上薫作成）

リアマネジメントを制度的に構築することである．特定都市河川浸水被害対策法のように限定的なものではなく，都市計画法，建築基準法，都市緑地法や景観法の中に水循環にかかる項目を設定し，地域全体として水循環，特に地下浸透や雨水流出のコントロールを行い，その健全化を推進するような施策が住民合意のもとで形成されることを期待したい．これまで，雨水災害対策は河川側が負っていたが，本来，流出元である個別敷地からの流出量を抑制することが必要である．そのためには，個別敷地で私的な活動として行われる建築行為に対して，その敷地からの流出限度を示し，敷地内でさまざまな雨水抑制の努力をしてもらうようなグリーンインフラストラクチャー構築への誘導施策が必要になる．

　二つ目は，水田による保水機能の再認識である．本章で示したように，水田は都市化による流出を大きく抑制している．しかし，水田は際限のないスプロール

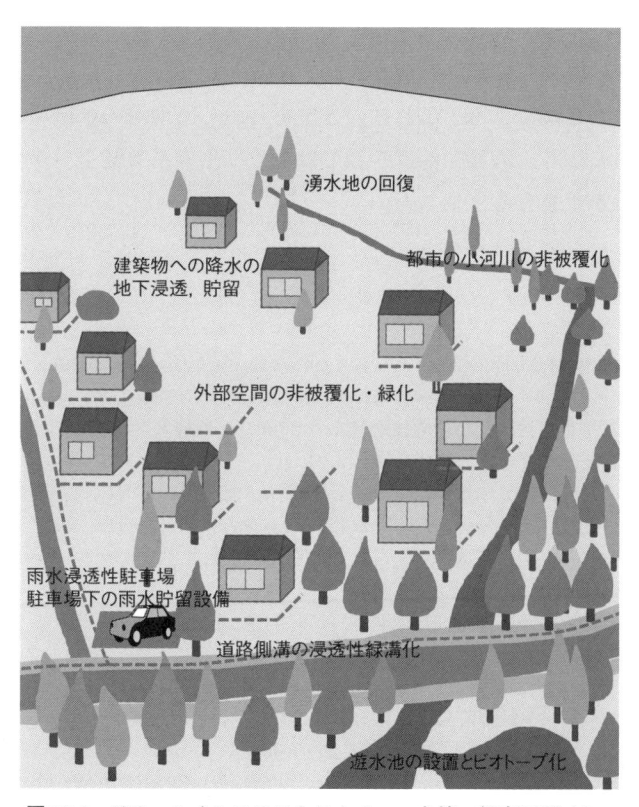

図 10.6　グリーンインフラストラクチャーを持つ都市デザイン．

によって，どんどん減少している．日本のようなモンスーン地域にある都市部においては，集中豪雨による内水氾濫が頻繁に発生するが，この抑制に対して，生産緑地としての機能のみならず，保水機能を担う重要な要素として水田を保全することが効果的である．また，同時に水田は，生物多様性にとっても貴重な存在であり，生態系の保全という意味でも価値がある．

　三つ目は市街地におけるグリーンストリートの導入である．すでに海外では実績のあるグリーンストリートの考え方を道路設計へ導入することで，都市部の内水氾濫を相当レベルまで抑制することが可能と考える．わが国においても，浸透トレンチ，浸透ますなどの技術は十分に開発されているが，それらが都市デザインと結び付いていない．

　四つ目は，グリーンインフラストラクチャーの構築をとおして，地域の水循環を生態系の健全化へとつなげるという視点である．単に雨水流出抑制という技術だけでは，緑や生物を含む生態系の改善へつなげることができない．積極的に水や生態系をより好ましい形へ「デザイン」するという行為によって，それらは初めて連結することができる．これらの方法をとおして地域の水循環の改善がおこなわれることにより，人間生活ばかりではなく，生態系も健全，かつ，持続的に営まれる都市が生まれると信じたい．

参考文献

Benedict, M. and E. McMahon (2006): *Green Infrastructure*, Island Press, 320pp.
City of Hannover (2004): *Hannover Kronsberg Handbook*, p. 71.
独立行政法人都市再生機構都市住宅技術研究所 (2007)：環境共生技術に関するデータ収集及び蓄積等調査研究（平成18年度）．
Dreiseitl, H., et al. (2009): recent waterscapes, Birkhaeuser.
Ferguson, B. K. (1994): *Stormwater Infiltration*, Lewis Publisher, 288pp.
石川幹子ほか編（2005）：『流域プランニングの時代―自然共生系流域圏・都市の再生―』，技法堂出版，307pp.
住宅・都市整備公団建築部建築技術開発室（1981）：降雨水の団地内処理システムに関する開発研究報告書．
国土交通省（2009）：土地白書，『平成20年度土地に関する動向』，PDF, p.26
京都大学フィールド科学教育研究センター編（2007）：『森里海連環学―森から海までの統合的管理を目指して―』，京都大学学術出版会，364pp.
Metro (2002): *Green Streets, Innovative Solutions for Stormwater and Stream Crossings*.

名古屋市（2006）：雨水浸透阻害行為許可等のための雨水貯留浸透施設設計・施工技術指針.
社団法人雨水貯留浸透技術協会編（2006）：増補改訂　雨水浸透施設技術指針［案］調査・計画編.
特定都市河川浸水被害対策法（2003）.
都民の健康と安全を確保する環境に関する条例（2000）.
東京都環境局（2002）：東京都雨水浸透指針解説～中小河川の流量確保と湧水の保全のために～.

(清水裕之)

第 11 章

水環境エコシステムの構築

　人間に水は必要不可欠で，毎日尿や便で 1.5 ℓ，汗や呼吸で 0.8 ℓ の水が身体から出て行くため，2.5 ℓ 以上の水を摂取する必要がある．それ以下では老廃物を尿として排泄できなくなり，慢性的な水不足となって健康を維持できないことが知られている．通常 1 日 3 回のしっかりした食事で約 1 ℓ の水分を摂取し，残りを飲用水として補給する．飲用水に人の健康を害する物質が混入していてはならないが，自然界に存在する水には，無機イオン，有機物質，細菌や寄生虫，さらには有害物質など，さまざまなものが混ざっており，そのままだと飲用には適さない．そのため，飲料水供給をする浄水処理技術が発達してきた．一方で使用後の水をそのまま放流すると，排水に含まれる有害物質によって水環境を破壊してしまう．そのため，排水処理技術が発達してきた．この章では，**水環境エコシステム**を形成する上で根幹となる水処理技術について述べる．なお，本文中の水質に関する用語については，コラム「水質の指標」を参照されたい．

11.1　上水道

　上水道の普及は，公衆衛生の改善，特に水系感染症の防止（図 11.1）に大きな役割を果たしてきた（厚生労働省，2010b；国土交通省，2004）．厚生労働省によれば，日本における 2008 年現在の**水道普及率**は，97.5％に達している．公衆衛生の向上は，日本人の長寿化に大きく貢献していると考えられている．**水道法**でも**上水道**は，「清浄にして豊富低廉な水の供給を図り，もって公衆衛生の向上と生活環境の改善に寄与することを目的とする」と定められている．水道が役割を果たすための必須項目は，水量，水質，水圧であり，これを水道の三要素と呼んで

(1) 水質：飲料水質基準に適合した安全で美味しい水の供給

(2) 水量：快適な生活に必要な水量を安定して供給

(3) 水圧：地下水混入防止，多層階からなる都市建築物への供給

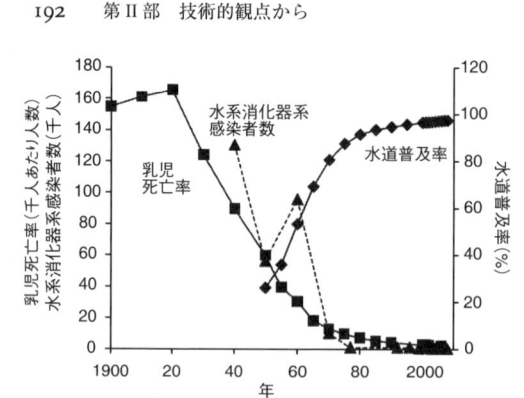

図11.1 水道整備と人の健康．（厚生労働省，2010b；国土交通省，2004）

また，これらを誰にでも大きな負担にならない料金で達成することも必要不可欠な点である．

11.1.1　水の使用量

わが国の水の年間総使用量は，1975年から2005年まで大きな変化はなく約850億 m^3/年である（国土交通省，2010a）．使用目的は，生活用，農業用，工業用の三つに分けられる．生活用水の使用量は，水洗トイレの普及によって114億 m^3/年（1975年）から約160億 m^3/年（2005年）まで増加した．一方，工業用水は，各種産業の節水技術の向上により，同じ30年間の間に166億 m^3/年から126億 m^3/年まで減少した．農業用水は1975年の570億 m^3/年に較べやや減少し，約550億 m^3/年（2005年）である．

11.1.2　使用目的と水質

生活用水は現在1日1人あたり平均300ℓ使っている（国土交通省，2010a）．その主な使用目的は，東京都の2006年度調査によれば，トイレ，風呂，炊事がそれぞれ約25％を占め，ついで洗濯が16％程度，その他となっている（東京都水道局，2010）．飲用水と水洗トイレなどの使用目的に応じて要求される水質は異なるが，日本の水道は1系統で供給する**1元給水方式**であるため，飲料水に必要とされる最も高い水質で供給されている．

11.1.3　水道水質基準

　水道法第4条に基づく**水質基準**は，水質基準に関する省令（平成15年5月30日厚生労働省令第101号）により定められ，表11.1に示す50項目が挙げられている（厚生労働省，2010a）．**重金属**や**化学物質**に関しては，浄水から基準値の10%を超えて検出されるものが項目に取り上げられており，検出レベルが低いものは，水質管理上留意すべきものとして**水質管理目標設定項目**（27項目128物質，農薬類102物質1項目を含む）にあげられて監視が続けられている．**毒性評価**が定まらない物質や，水道水中での検出実態が明らかでない44項目は，要検討項目として必要な情報・知見の収集が行われている．**水道事業者**には，**水質検査計画**に基づく定期的な水質検査が義務づけられており，水質レベルの維持が図られている．また，おいしい水に対する関心の高まりを受け，厚生省（現厚生労働省）で研究会を設け，1985年におししい水の水質要件がまとめられた（表11.2）．

11.1.4　水源

　日本の平均年間降水量は1,690 mmであり，主要な水源は地表水（河川水，湖沼水，ダム湖水）で，ついで地下水となっている（国土交通省，2010a）．河川水は，粘土質の**懸濁成分**を多く含み，地下水に較べ**溶解成分**が少ない．四季の水温変化が大きく（冬季と夏季で20〜30℃の違い），降雨や降雪による水質変化が大きいのが特徴である．湖沼やダム湖の水質は，水温の垂直分布とその季節変化に伴って変化する．**垂直循環**の悪い湖だと湖底水は**無酸素水**となる場合がある．また，窒素やリンなどの**栄養塩類**の蓄積によって**富栄養化**が進行し，**浄水処理**における**塩素要求量**の増加や水道水の異臭の原因となっている．栄養塩類の流入量を抑えることが求められている．地下水は，溶解性の無機質の含有濃度が高いことが特徴である．カルシウム，マグネシウム，鉄，マンガンなどのイオンや重炭酸イオン，塩化物イオン，硫酸イオンが溶解している．地下水が油，有機塩素化合物，ヒ素などに汚染されると，飲料水原水の水質まで浄化することは難しいことから，汚染の防止に努める必要がある（松尾，2005）．

表11.1 水道法に基づく水質基準「基準項目」50項目（H15.5.30厚生労働省令第101号）．

9項目	15項目	38項目	番号	項目	基準値	番号	項目	基準値	9項目	15項目	38項目
		○	1	一般細菌	集落数100以下/ml	26	総トリハロメタン[*4]	0.1 mg/ℓ以下			○
○	○	○	2	大腸菌	検出されない	27	トリクロロ酢酸	0.2 mg/ℓ以下			○
	○	○	3	カドミウム及びその化合物	0.003 mg/ℓ以下[*1]	28	ブロモジクロロメタン	0.03 mg/ℓ以下			○
	○	○	4	水銀及びその化合物	0.0005 mg/ℓ以下	29	ブロモホルム	0.09 mg/ℓ以下			○
		○	5	セレン及びその化合物	0.01 mg/ℓ以下	30	ホルムアルデヒド	0.08 mg/ℓ以下			○
	○	○	6	鉛及びその化合物	0.01 mg/ℓ以下	31	亜鉛及びその化合物	1.0 mg/ℓ以下			○
	○	○	7	ヒ素及びその化合物	0.01 mg/ℓ以下	32	アルミニウム及びその化合物	0.2 mg/ℓ以下			○
		○	8	六価クロム化合物	0.05 mg/ℓ以下	33	鉄及びその化合物	0.3 mg/ℓ以下			○
	○	○	9	シアン化物イオン，塩化シアン	0.01 mg/ℓ以下	34	銅及びその化合物	1.0 mg/ℓ以下			○
	○	○	10	硝酸態窒素及び亜硝酸態窒素	10 mg/ℓ以下	35	ナトリウム及びその化合物	200 mg/ℓ以下		○	○
	○	○	11	フッ素及びその化合物	0.8 mg/ℓ以下	36	マンガン及びその化合物	0.05 mg/ℓ以下			○
		○	12	ホウ素及びその化合物	1.0 mg/ℓ以下	37	塩化物イオン	200 mg/ℓ以下	○	○	○
		○	13	四塩化炭素	0.002 mg/ℓ以下	38	Ca, Mg等（硬度）	300 mg/ℓ以下			○
		○	14	1,4-ジオキサン	0.05 mg/ℓ以下	39	蒸発残留物	500 mg/ℓ以下		○	○
		○	15	シス及びトランス-1,2-ジクロロエチレン[*2]	0.04 mg/ℓ以下	40	陰イオン界面活性剤	0.2 mg/ℓ以下			○
		○	16	ジクロロメタン	0.02 mg/ℓ以下	41	ジェオスミン	0.00001 mg/ℓ以下			○
	○	○	17	テトラクロロエチレン	0.01 mg/ℓ以下	42	2-メチルイソボルネオール	0.00001 mg/ℓ以下			○
	○	○	18	トリクロロエチレン	0.03 mg/ℓ以下	43	非イオン界面活性剤	0.02 mg/ℓ以下			○
		○	19	ベンゼン	0.01 mg/ℓ以下	44	フェノール類	0.005 mg/ℓ以下			○
		○	20	塩素酸[*3]	0.6 mg/ℓ以下	45	有機物（全有機炭素の量）	3 mg/ℓ以下[*5]		○	○
		○	21	クロロ酢酸	0.02 mg/ℓ以下	46	pH値	5.8以上8.6以下	○	○	○
		○	22	クロロホルム	0.06 mg/ℓ以下	47	味	異常でない	○	○	○
		○	23	ジクロロ酢酸	0.04 mg/ℓ以下	48	臭気	異常でない	○	○	○
		○	24	ジブロモクロロメタン	0.1 mg/ℓ以下	49	色度	5度以下	○	○	○
		○	25	臭素酸	0.01 mg/ℓ以下	50	濁度	2度以下	○	○	○

注1) 9項目：水道法施行規則（S32.12.14厚生省令第45号）に示された1ヶ月に1回測定する項目．
注2) 15項目：建築物における衛生的環境の確保に関する法律（S46.1.21厚生省令第2号．H16.3.19厚生省令第31号改正）に示された6ヶ月に1回測定する項目（飲料水質検査）．
注3) 38項目：水質基準に関する省令の制定および水道法施行規則の一部改正ならびに水質管理における留意事項について（厚生労働省通知H15.10.10健水発第1010001号．H21.3.6健水発第0306002号改正）に示された全ての水源の原水について1年に1回測定する項目（原水に係る水質検査）．

* 1 耐容週間摂取量7μg/kg体重/週より0.01 mg/ℓ以下から0.003 mg/ℓに平成22年4月1日より強化．
* 2 平成21年4月1日よりシス-1, 2-ジクロロエチレンのみから改正．
* 3 平成20年4月1日より追加された項目．
* 4 クロロホルム，ジブロモクロロメタン，ブロモジクロロメタン及びブロモホルムのそれぞれの濃度の総和．
* 5 平成21年4月1日より5 mg/ℓから3 mg/ℓに強化．

表 11.2　おいしい水の条件*.

項　目	指　標	内　容
蒸発残留物	30〜200 mg/ℓ	主にミネラルの含有量を示し，量が多いと苦味等が増し，適度に含まれるとまろやかな味がする.
水をおいしくする要素		
硬度	10〜100 mg/ℓ	硬度が低い水はくせがなく，高いと好き嫌いが出る．カルシウムに比べて，マグネシウムの多い水は苦味を増す.
遊離炭酸	3〜30 mg/ℓ	水にさわやかな味を与えるが，多いと刺激が強くなる.
水温	最高20℃以下	冷やすとおいしく飲める.
水をまずくする要素		
過マンガン酸カリウム消費量	3 mg/ℓ 以下	有機物量を示し，多いと渋みがつく．濃度が高くなると水道の塩素消費量に影響して水の味を損なう.
臭気強度	3以下	水源水質の悪化により臭いがつくと不快な感じがする.
残留塩素	0.4 mg/ℓ 以下	濃度が高いと水にカルキ臭を与え，味をまずくする.

* 1985年4月25日，厚生省「おいしい水研究会」が発表した「ミネラル分，硬度，炭酸ガス，水温が適切な水」.

11.1.5　上水道施設の構成と浄水方法

上水道施設は，水源から原水を取り込み，水路によって**浄水場**まで運搬して浄水場で飲める水に浄化し，更にその水を各家庭や事業所へ配給する施設で，**貯水**，**取水**，**導水**，**浄水**，**送水**，**配水**の各施設と，給水装置からなる（図11.2）．浄水場では，原水中に含まれる有害不純物を，**沈殿**，**ろ過**，**殺菌**によって取り除く．浄水方式には，図11.3に示すように原水の水質によって，**緩速ろ過方式**と**急速ろ過方式**がある（高橋，1982）．緩速ろ過方式は，原水の大腸菌が1000 MPN/100 mℓ以下，BODが2 mg/ℓ以下，**年平均濁度**が10度以下を満たす場合に用いられる．**普通沈殿池**による24時間程度の沈殿処理の後，微生物反応が主体の**表層ろ過**（ろ過速度5 m/日以下）が組み合わされる．ろ過では普通沈殿池で除去できない懸濁物質（10 μm以下）やアンモニア性窒素，臭気成分，鉄，マンガン，合成洗剤，フェノールをとり除くことができる．物理的かつ生物化学的なプロセスである．一方，原水の水質が，緩速ろ過方式が適応されるほど高くない場合には，急速ろ過方式が用いられる．原水に**凝集剤**および**凝集補助剤**を加えて懸濁物を成長させて沈殿除去し（この間4時間程度），さらに急速な深層ろ過（ろ過速度120〜180 m/日）を行う．**微生物反応**は期待できない**物理化学的プロセス**である．両方式とも，最後に消毒（塩素殺菌）を行って浄水プロセスを終了する（日本水道協会編，1977）．

図 11.2 水道の構成.（高橋，1982 を改変）

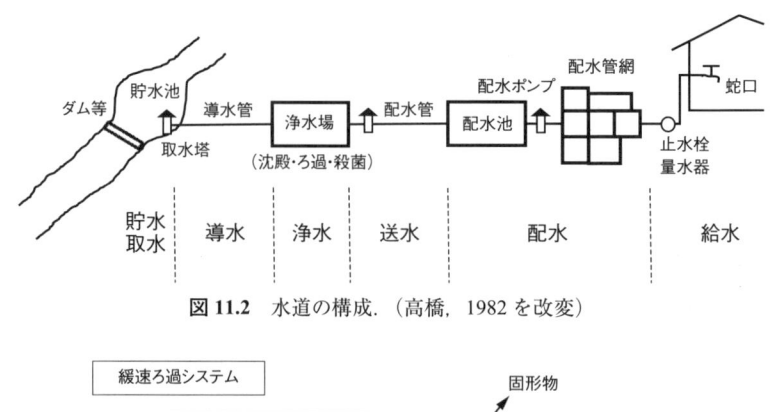

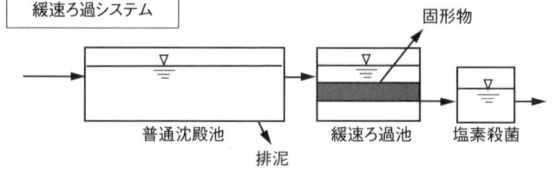

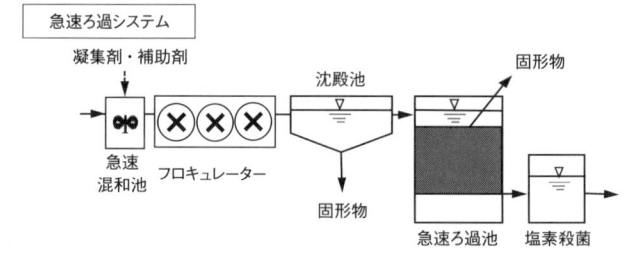

図 11.3 浄水場の浄水方式.（高橋，1982 を改変）

11.1.6 凝集と沈殿

水中の粒径 10 μm 以下の粒子の沈殿には非常に時間を要するので，**薬品凝集**により粒子を大きくして**沈降分離**を行う．凝集剤には，硫酸アルミニウム（液体・固形）やポリ塩化アルミニウムが広く用いられる．凝集剤と同時にアルカリ剤（苛性ソーダ，消石灰，ソーダ灰）が，凝集効果の高い pH に調整するため加えられる．また，活性ケイ酸やアルギン酸ソーダがフロック形成補助剤として加えられる．粒子の**沈降速度**は，**ストークスの速度式**によって求めることができる．

$$v_s = \frac{\rho_s - \rho}{18\mu} g d^2 \tag{11.1}$$

ここで，ρ_s は粒子の密度（g/cm³），ρ は水の密度（g/cm³），d は粒子の直径（cm），μ は水の**粘性係数**（g/cm·s）である．流入水量 Q を沈殿池の表面積 A で割った値を**表面負荷率**と呼び，完全押し出し流れの沈殿池では，この値よりも大きな v_s を持つ粒子が沈積除去される．表面負荷率よりも小さな v_s を持つ粒子の除去率は，v_s を表面負荷率で割って求めることができる（佐藤, 1978）．

11.1.7 消毒

沈殿およびろ過で取り除けなかった病原生物を殺滅する．飲料水としては安全が第一要件であり，どんな清浄な原水でも必ず殺菌して給水する．日本では，厚生労働省令によって，塩素消毒を行って，水道の蛇口で**遊離残留塩素** 0.1 mg/ℓ（結合塩素の場合は 0.4 mg/ℓ）以上保持されるようにすることと定められている．塩素としては，液化塩素（一般的）や次亜塩素酸ナトリウムが用いられる．

$$\begin{aligned}&Cl_2 + H_2O \rightarrow HOCl \quad（次亜塩素酸，殺菌力有り）\\&HOCl \rightarrow H^+ + OCl^- \quad（次亜塩素酸イオン，殺菌力有り）\end{aligned} \quad (11.2)$$

塩素消毒は，その効果は確実で，消毒後も蛇口に届くまで残留消毒効果があり，注入方法も容易で廉価である．また，クロラミン（結合塩素，NH_2Cl）の生成による不連続点塩素処理（アンモニアストリッピング）によるアンモニア除去もできる（佐藤, 1978）．

$$NH_3 + HOCl \rightarrow NH_2Cl + H_2O \rightarrow \rightarrow \rightarrow N_2 \quad (11.3)$$

塩素殺菌によるトリハロメタン生成の問題および塩素消毒のききにくいクリプトスポリジウム（原虫の一種）の問題が課題としてあげられている．そのため，オゾン消毒（酸化力・殺菌力が強いが，残留効果がない），二酸化塩素消毒（トリハロメタン生成が無いので有力）などの代替消毒法が研究されている（松尾, 2005）．

11.1.8 高度処理

凝集・沈殿・砂ろ過・塩素消毒という通常の上水処理では十分な処理効果が得られない場合に，**高度処理**を行う．高度処理の対象となるのは，臭気の除去，色の除去，トリハロメタンの低減化，鉄・マンガンの除去が主なものである．凝集沈殿の後に，オゾン処理（異臭，色，トリハロメタンの酸化分解除去），粒状活性

炭処理(オゾン分解後に分解しやすくなった有機物の分解や**アンモニア態窒素**の**硝化**(アンモニアから亜硝酸や硝酸へ化学変化をさせる作用)という**微生物活性炭処理**が期待できる)を行ってから砂ろ過,塩素消毒という処理フローが用いられる.

一方,半導体やバイオテクノロジー分野では,非常に不純物の少ない産業用の**超純水**(表 11.3)の需要が高まっている.これには,高度に水を純化するだけでなく一旦浄化して得られた超純水の輸送システムも必要とされる.超純水の製造では,砂ろ過に較べ除濁性能の高い各種の膜(**逆浸透膜,限外ろ過膜,精密ろ過膜**)が多段階に用いられる場合が多くなっている(吉村,2002).一般の砂ろ過が取り除ける懸濁粒子径が 10 μm 程度であるのに対し,精密ろ過膜では,0.1 μm 径の粒子(大腸菌などの微生物),限外ろ過膜では数 nm 径の粒子(コロイド粒子や油エマルジョン),逆浸透膜では数オングストローム径の粒子(亜鉛イオン,カルシウムイオン,ショ糖分子,タンパク質)の除去が可能である.膜では除去できないものは更にイオン交換(ナトリウムイオンなど)や活性炭(アルコールなどの中性有機低分子)によって取り除くことが可能である(和田,1992b).最後の殺菌には添加物質の無い**紫外線殺菌**が用いられる.精密機器産業や電子機器産業では,膜技術を使った**高度処理水**の再生利用により,極限まで水使用量を下げた効率化が図られている.

表 11.3 各種用水および超純水の水質[1].

用水	指標				
	濁度 (度)	電導度 (μS/cm)[2] 比抵抗 (MΩ・cm)	微粒子 (個/mℓ)	生菌 (個/100 mℓ)	有機物 (TOC) (mg/ℓ)
工業用水	5-20	50-500	-[3]	-	1-15
井水	1-10	50-500	1000	-	1-5
水道水	<2	50-500	1000	<10	1-5
純水	<1	0.1-5	1000		1-5
注射用水	<1	<1 μS/cm >1 MΩ・cm	>10 μm <20 個/mℓ	<10	<0.5
超純水[4]	-	<0.067 μS/cm >15 MΩ・cm	>0.1 μm <1 個/mℓ	<1	<0.005

* 1 主な水質管理指標のみを示す.ここに示した項目以外の超純水の水質指標に温度,溶存酸素,シリカ,陽イオン,陰イオン,重金属,特定の元素や分子,エンドトキシン,RNase, DNase, DNA があり,分野によって使いわけられている.吉村(2002)を改変.
* 2 水質値が 1 行の場合は電導度の値.
* 3 記号 - は,該当値無し.
* 4 近年の高度集積回路製造では,18 MΩ・cm の超純水が要求される.なお,理論純水は,0.05479 μS/cm (18.25 MΩ・cm, 25℃) .

11.2 下水道

家庭排水の**水質汚濁負荷**は BOD 43 g/人・日程度であり，その内訳は，し尿が 30%，風呂が 20%，台所が 40%，洗濯その他が 10% である（環境省，2004）．この排水には，食品由来の栄養塩，特に窒素とリン，を多く含んでいる．そのまま公共用水域に放流すると，窒素・リン濃度の増加（富栄養化）により藻類の大量増殖（アオコ大発生や赤潮）が起きる（図 11.4）．初期でかつ程度が小さい場合には，魚の餌が増加して魚の数が増えるが，藻類の死骸が底質に溜まるようになると，水中の**有機物濃度**は増加（COD も増加）し透明度の低下が起こる．さらに，水中や底質中の有機物の微生物分解に DO が消費され，**貧酸素水塊**の発生を引き起こす．これは，魚介類の種の変化にとどまらず，魚介類のへい死や悪臭の発生につながる．また，高い BOD 排水による有機汚濁によっても，同様の水質の悪化が起こる（有田，1998）．従って，良好な水環境を守るためには，**排水処理**が必要不可欠である．多くの都市部では下水道が発達し，家庭雑排水を集めて**下水処理場**で処理しているが，無処理で放流している地域が残っている（平成 16 年度末の全国下水道普及率 68.1%）（国土交通省，2010b）．これらの地域では，**浄化槽**による浄化方式の普及が急がれている．排水を**下水道**によって集め処理場で浄化することが，下水道の役割であり，以下の効果が期待されている．

(1) 汚水（雑排水，し尿）を処理して快適で衛生的な生活が営めるようにする．
(2) 汚水が溜まらないようにして，蚊やハエなどの害虫や悪臭の発生を防ぐ．
(3) 水洗トイレによって家庭におけるいやな臭いをなくす．
(4) 雨水を排水して洪水を

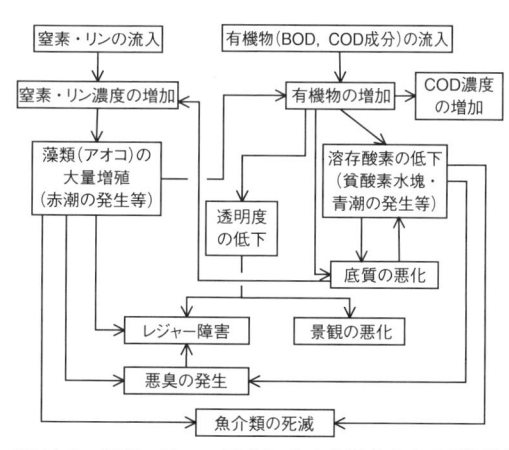

図 11.4 窒素・リンの流入による富栄養化と有機汚濁による水質の悪化．（有田，1998 を改変）

防ぐ．
(5) 川，湖，海などをきれいにして生態系を守る．

下水道は，**排水設備**（個々の土地や建物から発生する下水を公共下水道に流入する施設），**下水管きょ**（下水を自然流下により終末処理場に導く施設），ポンプ場（自然流下方式の下水管の水位回復施設），**終末処理場**（下水を最終的に処理して無害化し，公共用水域に放流する施設）からなっている．下水処理は，微生物が有機物を分解する能力を利用して行われ，**酸化池**による酸化法，**浮遊生物法**として**活性汚泥法**，**生物膜法**として**接触酸化法**，**散水ろ床法**，**回転円盤法**などがある．日本では，狭い場所でも効率よく下水処理のできる活性汚泥法が広く用いられている．

11.2.1 活性汚泥法

標準活性汚泥法では，最初沈殿池で流入下水中の懸濁物を除去（一次処理）した後，溶解した有機物を**曝気槽**（空気を吹き込むのでこう呼ばれる）で分解する（二次処理）．その概略を図 11.5 に示す．曝気槽（生物反応槽）では，**活性汚泥**と呼ばれる微生物群が有機物を好気性条件下で二酸化炭素まで分解するとともに増殖する．汚水の性質として，栄養が BOD：窒素：リン = 100：5：1 程度，水温 10℃ 以上，pH が 6〜8 の範囲が活性汚泥処理に適しているとされる．増殖した活性汚泥は，**最終沈殿池**で沈殿分離され，上澄みは消毒後放流される．消毒には，塩素が用いられることが多いが，オゾン，紫外線による消毒も行われている．活性汚泥法からの放流水は，pH 5.8〜8.6，BOD 20 mg/ℓ 以下，SS 70 mg/ℓ 以下，大腸菌 3000 MPN/100 mℓ 以下が放流水質基準となっている．最終沈殿池で沈殿した汚泥の一部は，曝気槽へ返送され（返送汚泥）新たに流入する下水処理のため

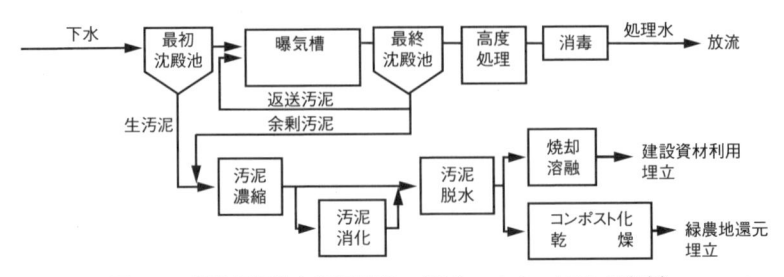

図 11.5　活性汚泥法と汚泥処理．（川合・山本，1998 を改変）

の種汚泥として使われ，また余剰となった汚泥は廃棄物として処理される（**余剰汚泥**）（川合・山本，1998；松尾，2005；佐藤，1978；Henry and Heinke, 1989）．

11.2.2　活性汚泥法の運転管理指標

活性汚泥法による下水処理を適正に行うための**運転管理指標**がある．曝気槽で一日にどのくらいの有機物を活性汚泥に分解させるかの指標は，有機物に BOD，活性汚泥に曝気槽内の SS（混合液浮遊物質濃度，Mixed Liquor Suspended Solid, MLSS）を用いて，BOD-SS 負荷（$L_{BOD/X}$, kg-BOD/(kg-MLSS・日)）として表している．

$$L_{BOD/X} = \frac{Q_{in} \cdot C_{BOD,in}}{X \cdot V} \tag{11.4}$$

Q_{in} は流入水量（m³/日），$C_{BOD,in}$ は流入水 BOD（mg/ℓ），X は曝気槽内の MLSS 濃度（mg/ℓ），V は曝気槽容積（m³）である．微生物工学における food/microbes 比と同様の考え方である．標準活性汚泥法では，$L_{BOD/X}$ は 0.2〜0.4 kg-BOD/(kg-MLSS・日) で設計され，X は 1500〜2000 mg/ℓ で運転される．有機物負荷を曝気槽の容積あたりに流入する BOD 量で表す場合もある．これは BOD 容積負荷（$L_{BOD/V}$, kg-BOD/(m³・日)）と呼ばれ，以下のように表される．

$$L_{BOD/V} = \frac{Q_{in} \cdot C_{BOD,in}}{V \times 1000} \tag{11.5}$$

標準活性汚泥法の $L_{BOD/V}$ は 0.3〜0.8 kg-BOD/(m³・日) で設計される．曝気槽における水理学的滞留時間（Hydraulic Retention Time）を HRT（日）とすれば，$HRT = V/Q_{in}$ と求められる．同様に曝気槽における MLSS が流入下水の SS によって何日で入れ換わるかを示す汚泥日令（Sludge Age）を SA（日）とすれば，

$$SA = \frac{X \cdot V}{Q_{in} \cdot C_{SS,in}} \tag{11.6}$$

で表される．ここで，$C_{SS,in}$ は流入水 SS（mg/ℓ）を示す．標準活性汚泥法の SA は 2〜4 日である．また，曝気槽—最終沈殿池—返送汚泥系における汚泥滞留時間（Solid Retention Time）を SRT（日）とすれば，

$$SRT = \frac{X \cdot V}{Q_w \cdot X_w + (Q_{in} - Q_w) \cdot X_e} \approx \frac{X \cdot V}{Q_w \cdot X_w} \tag{11.7}$$

ここで，Q_w は余剰汚泥引抜き液量（m³/日），X_w は余剰汚泥濃度（mg/ℓ），X_e は処理水 SS 濃度（mg/ℓ）である．近似値は，処理水 SS 濃度を無視できる場合を示している．返送汚泥の SS 濃度 X_R（mg/ℓ）に対して設定した曝気槽 MLSS 濃度 X（mg/ℓ）を維持するために必要な汚泥返送比 R は，$R = X/(X_R - X)$ で与えられる．標準活性汚泥法では，X_R が 10000（mg/ℓ）程度，R は 0.2～0.3 が好ましい．X_R が低くなると R を大きくしなければならなくなって，効率が低下する．従って，最終沈殿池の活性汚泥の濃縮が十分行われることが重要である．最終沈殿池の汚泥の沈降性を示す指標として，汚泥容量指標（Sludge Volume Index）SVI（mℓ/g）が用いられる．

$$SVI = \frac{SV_{30} \times 10000}{X} \tag{11.8}$$

ここで，SV_{30} は，活性汚泥 30 分沈殿率で，活性汚泥混合液を 1 ℓ のメスシリンダーに 30 分間静置したときの沈殿汚泥容積を％で表したものである．SVI は活性汚泥混合液を 30 分間静置した際の 1 g の活性汚泥が占める容積を mℓ の単位で示したもので，沈降性の良い汚泥は 50～100 の値を示す．SVI が 200 以上となって最終沈殿池での固液分離が困難になる現象を**バルキング**と言う．

　曝気槽では，活性汚泥に必要な酸素を供給し撹拌するために，エアレーションが行われる．活性汚泥に必要な酸素量は，BOD の酸化に必要な酸素量と内生呼吸に必要な酸素量の和として求められる．アンモニア態窒素の硝化が起こる場合は更に酸素量が必要となる．硝化の起きない条件で，通常流入 BOD の 1 kg 当たり 0.7 kg の O_2 が必要であることから，これを基にエアレーションの酸素溶解効率を考慮して必要空気量を求める．活性汚泥の好気的な条件を維持するために，DO を 1～2 mg/ℓ 以上に保つことが必要である．以上の管理指標を用いて運転することによって，標準活性汚泥法での BOD 除去率は 90～95％に達している（建設省都市局下水道部，1984；松尾，2005）．

11.2.3　生物膜法

　接触酸化法，散水ろ床法，回転円盤法は，採石や板などの支持体の表面に付着した微生物膜を利用して下水を処理する生物膜法である．接触酸化法は，水没充填材の下部から空気を吹き込み，充填材の表面に生物膜を形成させる．散水ろ床

法は，採石などのろ材表面の生物膜に排水を散水して有機物分解処理を行う．回転円盤法は回転する円盤の下部を水没させ，円盤上に形成された生物膜で有機物の分解処理を行う．生物膜法では，微生物が支持体上で増殖するため汚泥の返送調節が不要であるが，増殖微生物はいずれ剥離するため，その人為的な運転管理は行いにくい．処理施設は，生物膜による浄化槽と剥離微生物を処理水から分離する最終沈殿池の二つからなる．生物膜法では硝化細菌が保持されやすく，硝化反応が進みやすいのが特徴である（海野ほか，2002；Tchobanoglous et al., 2003）．

11.2.4 合流式下水道と分流式下水道

下水道は，その排除方式によって，**合流式下水道**と**分流式下水道**に区別できる（図11.6）．前者は，汚水と雨水を同一管きょで排除する方式である．雨天時，汚水と雨水を合わせた量が，晴天時の最大汚水量の3倍を超えると，超過分は**雨水吐き室**から越流して**公共用水域**へ無処理のまま直接放流（**越流水**）される．その際，オイルボール，野菜くず，髪の毛，し尿などの夾雑物が，公共用水域へ放流される．降雨回数の3割程度は直接放流が起こっていると考えられ，大きな課題となっている．これに対して，スクリーンによる夾雑物の除去，**雨水滞水池**（洪

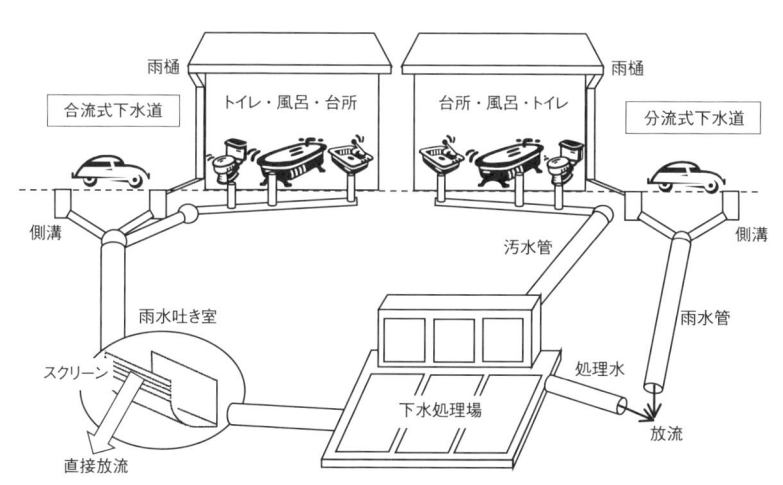

図11.6 合流式下水道と分流式下水道．（横須賀市上下水道局ホームページを改変 http://www.water.yokosuka.kanagawa.jp/cycle/kaizen/1.html 2010.6.22 ダウンロード）

水防止や越流水の抑制のために設けられる池）の設置，**汚水バイパス管**の設置などの対策が取られている．以前は下水道の目的が浸水対策であったため，合流式下水道は，古くから下水道を整備してきた都市に多く見られる．一方，分流式下水道では，雨水と汚水が別の下水管で運ばれるので，直接放流という問題点は無い．より小型の下水処理場で事足りるので建設費や維持管理費の面で有利である．しかし，**汚水管**，**雨水管**の2系統を用意するために，下水道の建設費が高い，接合ミスによって雨水と汚水が混じる，都市の屋根や道路を洗浄した雨水は汚濁があるが直接放流する，といった短所もある（国土交通省，2010b）．

11.2.5　流域下水道

流域下水道は，二つ以上の市町村の公共下水道からの下水を受ける処理施設で，**幹線管きょ**と**終末処理場**の基幹施設からなり，都道府県が設置管理する．流域下水道は，単位水量あたりの建設費や維持費が割安，水質・水量の時間変動が小さい，高度な処理技術の導入が容易，また水質保全・管理効果が上がりやすいという長所がある．一方，短所として，管きょが長くなり費用が高くなる（1 mの流域下水道を建設するのに100万円かかると言われている），長期予想に基づく建設のために容量不足をおそれ過剰設備になりやすい，地域工場廃水の受け入れによって汚泥の農地還元を不可能にしている等があげられている．**合併浄化槽**や**コミュニティプラント**（**地域排水処理施設**，**集落排水処理施設**など）で十分な場所との区別が必要である（国土交通省，2010b）．

11.2.6　浄化槽

人口密度が低い地域では，管きょの建設は非効率的であるため，下水道整備よりも，**分散型浄化槽**による水処理がコスト上有利である．現在では，浄化槽のBOD除去率も下水道と同等のレベルにあり，下水道によらない下水処理法として重要な方法となっている．浄化槽の規模には，処理対象人数が50人までの小型浄化槽，500人までの中型浄化槽，それ以上の大型浄化槽がある．中型以上の浄化槽は通常の下水処理場と同様の方式が使われる．小型浄化槽では，まずSSを**嫌気ろ床槽**で嫌気分解し，次に**接触曝気槽**で好気性生物膜によってDOCを除

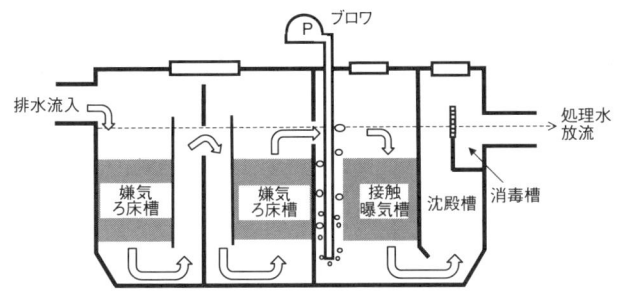

図 11.7 小型合併浄化槽．（笠間市上下水道部下水道課・合併浄化槽のページを改変 http://www.city.kasama.lg.jp/gesuidou/GappeiJoukasou/Gaiyou/index.html 2010.6.16 ダウンロード）

去し，最後に消毒して放流する（図 11.7）．BOD 除去率は 90％以上，処理水質 20 mg/ℓ 以下が達成できる（松尾，2005）．

11.2.7 下水の高度処理

下水の**高度処理**は，(1) 二次処理までででは水質基準の維持達成が不十分な場合，(2) 閉鎖性水域の富栄養化の原因となる窒素やリンの除去をしたい場合（例えば琵琶湖の放流目標水質：全窒素＜ 10 mg/ℓ，全リン＜ 0.5 mg/ℓ），(3) 処理水を再利用する場合（散水用，修景用，工業用，農業用）に行われる（Asano, 2007）．BOD，SS の除去には，マイクロストレーナや，凝集沈殿，急速ろ過が用いられる．リンの除去には，石灰，アルミニウム塩，鉄塩を用いた**凝集沈殿法**と，**生物学的リン除去法**がある．生物学的リン除去法は，活性汚泥法を嫌気条件にした後好気条件にさらすことにより，通常の活性汚泥（1.5〜2％P/MLSS）よりもリン含有率の高い活性汚泥（3〜5％P/MLSS）が生成することを利用したものである．**窒素除去**は，アンモニアストリッピングやイオン交換などの物理化学的方法も用いられるが，むしろ生物学的硝化脱窒法と呼ばれる生物学的方法が広く用いられている．有機物の分解に伴い生じたアンモニア態窒素を，好気性硝化細菌で硝化して硝酸態窒素とし，それを有機物とともに嫌気性にして硝酸呼吸を行う脱窒菌によって除去する．図 11.8 に示すようなリン除去と窒素除去を組み合わせた除去システムの構築も可能である（海野ほか，2002）．

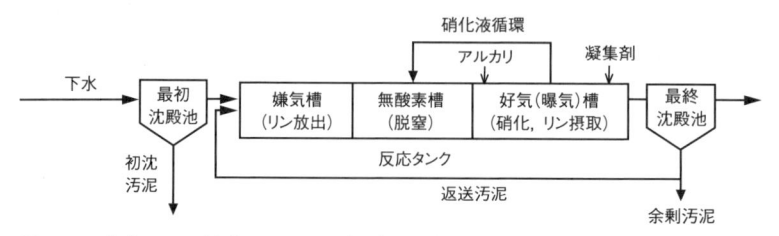

図11.8 窒素・リン除去システム（嫌気-無酸素-好気法）．（海野ほか，2002；和田，1992b）

　再利用水として使う場合は，目的に応じた高度処理がされる（Asano, 2007）．公園散水の目的では，殺菌した2次処理水で十分である．また修景用では，溶解有機物を分解する緩速砂ろ過などを行った上で殺菌した水が用いられる．工業用水として再利用する場合には，膜技術による処理が行われる（11.1.8 小節参照）（和田，1992b）．

11.3　汚泥処理

　標準活性汚泥法では，除去 SS と同じだけの**汚泥**が発生し廃棄され，産業廃棄物となる．その量は毎年 7,400 万トン以上に達し，産業廃棄物の約 19％を占めている．汚泥濃度は，初沈汚泥で 2〜4％，余剰汚泥で 0.5〜1.0％，混合汚泥で 1.0％程度である．逆に言えば，含水率が 98〜99％と高く，有機分も 70〜80％あるため，放置すれば腐敗して周辺環境に悪影響を及ぼす．一方で，汚泥には有用な有機無機成分が含まれるため，加工することで資源としての有効利用が可能である．汚泥は，濃縮脱水後に油とともに焼却し，その灰を最終処分場へ埋め立てという処理が行われてきた（海野ほか，2002）．現在では，汚泥の減量化，安定化，資源化のプロセスを利用目的に応じて行うことによって，緑農地還元（汚泥中の窒素やリンの肥料成分を含む緑農地改良有機質資材として），汚泥焼却灰や溶融スラグの建設資材化（セメント原料，レンガ，タイル，路盤材など）等への有効利用がはかられ（図11.5），2003 年現在では，リサイクル率は 64％に達している（(社)日本下水道協会，2010）．リサイクル率の向上には，地方自治体の公共工事でリサイクル資材を積極的に活用するためのリサイクル資材評価制度による支援も，大きな助けとなっている（例：愛知県における「あいくる材」）．

11.4　産業排水処理

各種産業からの排水水質に対し，**排水基準**が定められている（表11.4）．排水基準値は，水道法に基づく水質基準に比べ高く設定されている．排水が公共用水域で希釈されることを期待して設定してあると言える（松尾, 2005）．

富栄養化にかかわる栄養塩類である窒素とリンの排水基準は，それぞれ120 mg/ℓ，16 mg/ℓ と設定されている．この排水基準では閉鎖性水域の富栄養化は防ぐことができないため，各自治体が上乗せ基準を設け，高度処理を促している（表11.5）．

各種工場から排出される重金属排水の処理には，アルカリ沈殿法やフェライト法が用いられている．アルカリ沈殿法は，重金属排水に苛性ソーダまたは消石灰を加えてアルカリとして，溶解した金属イオンを溶解度の低い水酸化物として沈殿除去する方法である．

$$M^{2+} + 2OH^- \rightarrow M(OH)_2 \downarrow \tag{11.9}$$

含まれている金属イオンが1種の場合，最適pH，処理到達理論値の計算が容易で，pHによる薬注制御が可能であり，かつ使用薬品が安価という利点があり広く用いられる（吉村, 2002）．一方，複数の重金属を含む排水では，pH調整が難しい，生成した水酸化物スラッジが2次的廃棄物となって再溶解が起こるおそれがある，また金属イオンだけでなく有機酸などを含む**錯体重金属排水**には使えない等の理由から，複数の重金属や錯体重金属を含む排水には用いられない．このような排水に対して用いられる方法の一つに，フェライト法がある．鉄イオン（II）と鉄イオン（III）を1:2モル比で混合し，pH 10～12で2時間以上空気撹拌するとマグネタイトが形成されることを利用し，重金属をフェライトとして共沈させることによって沈殿処理する方法である．Fe, Cu, Ni, Zn, Co, Cd, Pb, Cr, Mn, As, Hg など幅広く一括処理が可能である（和田, 1992b）．

$$\begin{aligned}
&Fe(OH)_2 + 2Fe(OH)_3 \rightarrow Fe_3O_4 \downarrow + 4H_2O \\
&Fe_3O_4 \rightarrow Fe\cdot Fe_2O_4 \rightarrow FeO\cdot Fe_2O_3 \\
&\qquad (\text{マグネタイト}) \\
&M\cdot Fe_2O_4 \rightarrow MO\cdot Fe_2O_3 \\
&\qquad (\text{フェライト})
\end{aligned} \tag{11.10}$$

表 11.4a 排水基準（その1）．

1. 健康項目

有害物質の種類	許容限度（単位：mg/ℓ）
カドミウムおよびその化合物	0.1
シアン化合物	1
有機リン化合物（パラチオン，メチルパラチオン，メチルジメトンおよびEPNに限る）	1
鉛およびその化合物	0.1
六価クロム化合物	0.5
ヒ素およびその化合物[*1]	0.1
水銀およびアルキル水銀その他の水銀化合物	0.005
アルキル水銀化合物	検出されないこと[*2]
PCB	0.003
トリクロロエチレン	0.3
テトラクロロエチレン	0.1
ジクロロメタン	0.2
四塩化炭素	0.02
1,2-ジクロロエタン	0.04
1,1-ジクロロエチレン	0.2
シス-1,2-ジクロロエチレン	0.4
1,1,1-トリクロロエタン	3
1,1,2-トリクロロエタン	0.06
1,3-ジクロロプロペン	0.02
チウラム	0.06
シマジン	0.03
チオベンカルブ	0.2
ベンゼン	0.1
セレンおよびその化合物	0.1
硝酸性窒素および亜硝酸性窒素	100[*3]
ふっ素	8（海域以外），15（海域）
ほう素	10（海域以外），230（海域）

[*1] 水質汚濁防止施行令及び廃棄物の処理及び清掃に関する法律施行令の一部を改正する政令（昭和49年政令第363号）の施行の際，現に湧出している温泉（温泉法（昭和23年法律第125号）第2条第1項）を利用する旅館業に属する事業場の排出水には，当分の間，適用しない．
[*2] 環境大臣が定める検定法での定量限界を下回ることをいう．
[*3] 硝酸性窒素と亜硝酸性窒素の濃度，およびアンモニア性窒素濃度×0.4の合計．

電気メッキ工場などからはシアン化合物含有排水が排出される．シアン化合物は，生物体内にはいるとシアン化水素（HCN）に分解し生物の呼吸を阻害して死に至らしめる非常に高い毒性を示す化合物である．特に酸性にすると猛毒のシアン化水素を発生するので，アルカリ条件で**酸化分解**（塩素系酸化剤やオゾン）が行われる．

フッ素およびその化合物は，多くの金属と反応する性質を利用して広い範囲で用いられている．フッ素含有排水は，上記のアルカリ沈殿処理をして難溶性の

表 11.4b 排水基準（その2）.[1,2,3]

2. 生活環境項目

項目	許容限度
水素イオン濃度（pH）（水素指数）	海域以外：5.8-8.6の範囲 海域：5.0-9.0の範囲
生物化学的酸素要求量（BOD）[5]	160（日間平均120）[mg/ℓ][4]
化学的酸素要求量（COD）[5]	160（日間平均120）[mg/ℓ]
浮遊物質量（SS）	200（日間平均150）[mg/ℓ]
n-ヘキサン抽出物質含有量（鉱油類含有量）	5 [mg/ℓ]
n-ヘキサン抽出物質含有量（動植物油脂類含有量）	30 [mg/ℓ]
フェノール類含有量	5 [mg/ℓ]
銅含有量	3 [mg/ℓ]
亜鉛含有量	2 [mg/ℓ]
溶解性鉄含有量	10 [mg/ℓ]
溶解性マンガン含有量	10 [mg/ℓ]
クロム含有量	2 [mg/ℓ]
大腸菌群数	日間平均3000 [個/cm^3]
窒素含有量[6]	120（日間平均60）[mg/ℓ]
リン含有量[7]	16（日間平均8）[mg/ℓ]

[1] この排水基準は，平均的排出水量が 50 m^3/日以上である工場・事業場に係る排出水に適用する．

[2] pH，銅含有量，亜鉛含有量，溶解性鉄含有量，溶解性マンガン含有量，クロム含有量およびフッ素含有量に関する排水基準は，水質汚濁防止法施行令及び廃棄物の処理及び清掃に関する法律施行令の一部を改正する政令の施行の際，現に湧出している温泉を利用する旅館業に属する事業場の排出水には，当分の間，適用しない．

[3] pHおよび溶解性鉄含有量の排水基準は，硫黄鉱業（硫黄と共存する硫化鉄鉱を掘採する鉱業を含む．）に属する工場または事業場にかかる排出水については適用しない．

[4] 「日間平均」による許容限度は，1日の排水の平均的な汚染状態について定めたものである．

[5] 生物化学的酸素要求量についての排水基準は，海域および湖沼以外の公共用水域に排出される排出水に限って適用し，化学的酸素要求量についての排水基準は，海域および湖沼に排出される排出水に限って適用する．

[6] 窒素含有量についての排水基準は，窒素が湖沼植物プランクトンの著しい増殖をもたらすおそれがある湖沼として環境庁長官が定める湖沼，海洋植物プランクトンの著しい増殖をもたらすおそれがある海域（湖沼であって水の塩素イオン含有量が1リットルにつき9,000ミリグラムを超えるものを含む．以下同じ．）として環境庁長官が定める海域およびこれらに流入する公共用水域に排出される排出水に限って適用する．

[7] リン含有量についての排水基準は，リンが湖沼植物プランクトンの著しい増殖をもたらすおそれがある湖沼として環境庁長官が定める湖沼，海洋植物プランクトンの著しい増殖をもたらすおそれがある海域として環境庁長官が定める海域およびこれらに流入する公共用水域に排出される排出水に限って適用する．

フッ化カルシウム（CaF_2）として凝集沈殿除去をしている．これで不十分な場合は，硫酸アルミニウムを添加して，水酸化アルミニウムと共沈させる（和田，1992a, b）．

　水銀は，乾電池や蛍光灯など身近で用いられており，それらが混入する産業廃棄物処理場や焼却場の排水に含まれることが多い．水銀含有排水は，フェライト

表 11.5 伊勢湾の富栄養化対策としての窒素・リンの水質管理目標値 (mg/ℓ)[*1].

業種区分等		排水量の区分(1日当たりの平均的な排出水量)	新設の事業場[*2]		既設の事業場[*3]					
					全窒素			全リン		
			全窒素	全リン	岐阜	愛知	三重	岐阜	愛知	三重
製造業	食料品製造業	50-400 m³ 400 m³ 以上	15 10	3 1	15 10	25 15	25 25	4 3	6 4	6 4
	水産食品, 飼料・有機質肥料製造業	50-400 m³ 400 m³ 以上	15 10	3 1	[*4]	60 15	[*4]		8 4	
	繊維工業	50-400 m³ 400 m³ 以上	15 10	3 1	15 10	25 20	15 10	3 2.5	6 5	3.5 1.5
	化学工業	50-400 m³ 400 m³ 以上	20 10	2 1	20 10	20 10	20 10	2 1	2 1	3 2
	鉄鉱業	50-400 m³ 400 m³ 以上	15 10	1 0.5	15 10	20 10	20 10	1 0.5	2 0.5	2 1
	金属製品製造業	50-400 m³ 400 m³ 以上	15 10	2 1	20 15	40 15	35 15	2 1.5	3 2	2.5 2.5
	その他の製造業	50-400 m³ 400 m³ 以上	10 10	2 1	15 10	15 10	20 15	2 1	2 1	2 1.5
その他の業種等	畜産農場	50-400 m³ 400 m³ 以上	60 40	8 5	60 60	60 60	60 60	8 8	8 8	8 8
	下水道終末処理場	50-30000 m³ 30000 m³ 以上	15 10	1 1	20 15	25 20	20 20	1.5 1.2	2 1.5	2 2
	し尿処理場	50-400 m³ 400 m³ 以上	20 10	1 1	60 60	60 60	60 60	4 4	2 2	3 3
	合併処理浄化槽(201人槽以上)	50-400 m³ 400 m³ 以上	20 20	3 3	30 30	40 40	35 30	3 3	4 4	4 3
	単独処理浄化槽(201人槽以上)	50 m³ 以上	60	8	60	60	60	8	8	8
	その他事業場	50-400 m³ 400 m³ 以上	20 10	3 1	20 20	25 20	25 20	3.5 3.5	6 3	4.5 3

[*1] 水質管理目標値は, 日間平均値とする.
[*2] 新設の事業場とは, 平成10年4月1日以降に新たに設置される水質汚濁防止法の特定事業場をいう.
[*3] 既設の事業場とは, 新設の事業場以外の特定事業場をいう.
[*4] 岐阜県及び三重県の水産食料品製造業, 飼料・有機質肥料製造業に係る水質管理目標値は, 食料品製造業の値.
[*5] 単独処理浄化槽の新設事業場に係る水質管理目標は, 岐阜県及び三重県では設定しない.
出典：環境省「伊勢湾の富栄養化対策としての窒素・リンの水質管理目標値の設定について」http://www.env.go.jp/press/press.php?serial=423（平成9年3月24日）.

法でも処理できるが，その他に硫化物処理やキレート樹脂吸着処理法も用いられる．硫化物処理は，硫化水銀の溶解度が極めて低いことを利用して沈殿処理するもので，一方キレート樹脂吸着法は水銀用の選択的吸着樹脂で処理するものである．後者は，有機酸やシアンが共存すると効率が悪いのであらかじめ分解除去し

て水銀のみを処理する(和田,1992a, b).

　有機塩素系溶媒は機械部品の洗浄溶媒として広く使われてきたが,多くの地域で地下水汚染を引き起こし問題となっている.この問題には,**土壌汚染対策法**(2002年制定,2010年改正)による法整備がなされ,浄化対策が取られるようになってきた.有機塩素系溶媒を含む排水の処理は,その揮発性を利用して曝気により揮発させて活性炭で吸着除去するのが一般的である.

参考文献

有田正光編(1998):『水圏の環境』,東京電機大学出版局,404pp.
Asano, T., F. L. Burton, et al. (2007): *Water reuse, issues, technologies, and applications*. Metcalf & Eddy/AECOM, McGraw Hill, 1570pp.
Henry, J. G. and G. W. Heinke (1989): *Enviromnetal Science and Engineering*, Prentice Hall, Englewood Cliffs, pp. 372–470.
環境省(1997):「伊勢湾の富栄養化対策としての窒素・燐の水質管理目標値の設定について」,http://www.env.go.jp/press/press.php?serial=423(1997年3月24日アクセス).
環境省(2004):生活排水読本,8pp.(http://www.env.go.jp/water/seikatsu/)
川合真一郎,山本義和(1998):『新版 明日の環境と人間 地球をまもる科学の知恵』,化学同人,258pp.
建設省都市局下水道部監修(1984):『下水道施設設計指針と解説1984年版』,日本下水道協会.
国土交通省土地・水資源局水資源部(2004):日本の水資源(平成16年版)http://www.mlit.go.jp/tochimizushigen/mizsei/hakusyo/h16/index.html.
国土交通省土地・水資源局水資源部(2010a):日本の水資源(平成22年版)http://www.mlit.go.jp/tochimizushigen/mizsei/tochimizushigen_mizsei_tk1_000030.html.
国土交通省都市・地域整備局下水道部下水道資料室(2010b):http://www.mlit.go.jp/crd/city/sewerage/data.html(2010年11月19日アクセス).
厚生労働省(2010a):水道情報 http://www.mhlw.go.jp/topics/bukyoku/kenkou/suido/(2010年11月17日アクセス).
厚生労働省(2010b):白書等データベース,http://wwwhakusyo.mhlw.go.jp/wp/index.htm(2010年12月29日アクセス).
松尾友矩編(2005):『大学土木 水環境工学(改訂2版)』,オーム社,246pp.
(社)日本下水道協会 下水道資料室(2010):http://www.jswa.jp/(2010年11月19日アクセス).
日本水道協会編(1977):『水道施設設計指針・解説』,全訂新版3版,日本水道協会.
佐藤敦久(1978):『土木工学基礎講座II衛生工学』,朝倉書店,247pp.
高橋裕編(1982):『水のはなしII』,技報堂出版,232pp.
Tchobanoglous, G., F. L. Burton, H. D. Stensel (2003): *Wastewater engineering, treatment and reuse*,

4th edition, Metcalf & Eddy, McGraw Hill, 1819pp.
東京都水道局（2010）：http://www.waterworks.metro.tokyo.jp/index.html（2010年11月17日アクセス）．
海野肇ほか（2002）：『環境生物工学』，講談社サイエンティフィク，163pp.
和田洋六（1992a）：『水のリサイクル（基礎編）』，地人書館，200pp.
和田洋六（1992b）：『水のリサイクル（応用編）』，地人書館，200pp.
吉村二三隆著，栗田工業株式会社監修（2002）：『これでわかる水処理技術』，工業調査会，222pp.

（片山新太）

水質の指標

　水を利用する際には，利用目的に適した水質を得るために，含まれる不純物の種類や量を示す指標「水質指標」を目印に水処理が行われる．水質指標には，物理学的（以下，物と省略して示す），化学的（以下，化と略）および生物学的（以下，生と略）な指標がある．いささか長くなるが詳述する．
1. 透視度（物），透明度（物），濁度（物），色度（物），臭気（生）
　透視度は，水の透明の程度を示す．白色表示板に書かれた2重十字線がハッキリ識別できる水の深さの1 cmを1度として表す．透明度は，現場で測られる水の透明の程度を示すもので，直径30 cmの白色円盤が見えなくなる水深を透明度（m）とする．濁度は水の濁りを示す．蒸留水1ℓの中にカオリン1 mg含む濁りを濁度1とし，それと比較して濁度を表す．色度とは，水中の溶存物質またはコロイド物質の呈する淡黄色から黄褐色の程度をいう．蒸留水1ℓ中に白金1 mg（塩化白金酸カリウム）とコバルト0.5 mg（塩化コバルト）含むものを色度1としている．臭気は，試料200 mℓを栓付きフラスコ300 mℓに入れて40～50℃に暖めて激しく振とうして，臭気官能試験を行って評価する．
2. 蒸発残留物質（物），浮遊物質（物），強熱減量（化）
　蒸発残留物質（total solid）とは，水を蒸発乾固して残る固形物と溶解性物質の総和をいい，重量濃度 mg/ℓで表す．浮遊物質（suspended solid, SS）は，水中に浮遊している固形物質のことで，水を孔径1 μmのガラス繊維ろ紙でろ過し，そのろ過残渣を105±5℃で2時間乾燥した後の残渣重量（mg/ℓ）で表す．強熱減量（ignition loss）は，蒸発残留物質を600±25℃で30分間加熱して揮散する量のことで，主に有機物を示す．同様に浮遊物質を加熱して揮散する量を揮発性浮遊物質（volatile suspended solid, VSS）と呼び，同様に浮遊物質中の有機物を示す．
3. pH（化），電気伝導度（化）
　pHは，水素イオン濃度の逆数の常用対数をとった値で，一般にガラス電極を用いたpH計で測定される．自然の水は，中性付近を示すので，酸性やアルカリ性の場合は，工場や鉱山からの排水の影響が考えられる．電気伝導度（electric conductivity）は，水の導電性を示し，含まれる陽イオンと陰イオンの総濃度に正の相関関係がある．断面積1 cm^2，距離1 cmの電極を用いて測定される．
4. 硬度（化）
　硬度（hardness）は，水中の主として Ca^{2+} と Mg^{2+} の量を，これに対応する CaCO$_3$ の mg/ℓで表したものである．硬度の高い水（>120 mg/ℓ）を硬水，低い水（<60 mg/ℓ）を軟水という．日本の水道水は，軟水である．
5. 溶存酸素（化）
　水に溶解している遊離酸素分子（O$_2$）を溶存酸素（dissolved oxygen, DO）という．20℃の純水中のDO飽和値が8.84 mg/ℓである．DOの低下は，有機汚濁の進行度を示す．また，藻類光合成作用の強さ，自浄作用の強さなどの指標としても用いられる．通常，電極を用いたDO計で測定される．
6. 生物化学的酸素要求量（生・化）
　生物化学的酸素要求量（biochemical oxygen demand, BOD）とは，水中の有機物を微生

物が自然河川と同じような条件（20℃）で酸化分解するのに消費した溶存酸素の量（mg/ℓ）のことで，5日間の消費量を BOD_5 または単に BOD と呼んでいる．炭素系の BOD 反応式を以下に示す．

$$C_nH_aO_bN_c + \left(n + \frac{a}{4} - \frac{b}{2} - \frac{3c}{4}\right)O_2 \rightarrow nCO_2 + \left(\frac{a}{2} - \frac{3c}{2}\right)H_2O + cNH_3$$

10日以上経つと，生成アンモニアの更なる酸化による酸素消費が起こる（窒素系 BOD）ので，5日間の消費 DO を測定する．BOD_5 は水中の生物分解可能な有機物質濃度とほぼ等しく，下水や環境水の汚染度の指標や下水・排水処理の管理指標として用いられる．

7. 化学的酸素要求量（化）

化学的酸素要求量（chemical oxygen demand, COD）とは，水中の有機物を加熱条件下で酸化剤を用いて酸化する際に消費される酸化剤中の酸素量（mg/ℓ）である．BOD と同様に水中の有機物質濃度の間接的指標として用いられる．簡便迅速に結果が得られる．日本では酸化剤として過マンガン酸カリウムを用いた COD 値（COD_{Mn}）が採用されている．

$$MnO_4^- + 8H^+ + 5e^- \rightarrow Mn^{2+} + 4H_2O \quad （赤紫色→淡桃色（ほぼ無色））$$

$$O_2 + 4H^+ + 4e^- \rightarrow 2H_2O$$

1 mol の過マンガン酸カリウムの消費は (5/4) mol の O_2 すなわち，40 g の O_2 に相当する．測定の際には，60〜80℃で過マンガン酸カリウムと反応させた検液に，過剰のシュウ酸を加え，逆滴定を行って過マンガン酸カリウムの消費量を求める．

$$2MnO_4^- + 5C_2O_4^{2-} + 16H^+ \rightarrow 2Mn^{2+} + 10CO_2 + 8H_2O$$

諸外国では，重クロム酸カリウムを用いた COD 値（COD_{Cr}）が用いられる場合が多い．これは，過マンガン酸カリウムでは酸化分解しにくい低級脂肪酸，アルコール，アミノ酸，芳香族化合物などが，重クロム酸カリウムでは酸化分解できるためである．

$$Cr_2O_7^{2-} + 14H^+ + 6e^- \rightarrow 2Cr^{3+} + 7H_2O \quad （赤橙色→緑色）$$

1 mol の重クロム酸カリウムの消費は，48 g の O_2 に相当する．検液に過剰の重クロム酸カリウムを加えて加熱還流し，残った重クロム酸イオンを定量して求める．

8. 全有機炭素（化）

全有機炭素（total organic carbon, TOC）は，水中の有機物濃度を，炭素の mg/ℓ で示したものである．試料中に懸濁物質が含まれる場合は，それをホモゲナイザーで破砕して測定する．試料水を孔径 1 μm のガラス繊維ろ紙でろ過したろ液の TOC は，DOC（dissolved organic carbon）と呼ばれる．TOC は，有機物を含む水を触媒存在下で燃焼して発生する二酸化炭素を測定し，水中濃度 mg-C/ℓ として表す．

9. ノルマルヘキサン抽出物（化）

n-ヘキサンにより抽出される不揮発性物質の水中濃度（mg/ℓ）で，水中の「油分等」を表わす指標である．油分等は，魚介類に付着して異臭を付け商品価値を失わせ，ひどい場合は死滅させる．動植物油脂，脂肪酸エステル，リン脂質などの生物由来のものと，石油系炭化水素などの鉱物油が含まれる．また，農薬，染料，フェノールなども含まれる．

10. アンモニア性窒素（化），亜硝酸性窒素（化），硝酸性窒素（化）

水中の窒素は，多様な化学形態で存在している．大気から溶解した遊離窒素分子は，ラン藻などによって窒素固定されてアンモニア態（性）窒素あるいはタンパク質へと変化する．タンパク質は，食物連鎖によって植物性タンパク質から動物性タンパク質へと変化した後，その生物の死によって有機態窒素化合物として水環境に戻る．好気性環境では，有

機態窒素の分解菌，アンモニア酸化細菌，亜硝酸酸化細菌によって順次酸化され，硝酸イオンへ変化する．硝酸イオンと有機物が共存し，かつ水中の溶存酸素が不足すると，硝酸イオンが亜酸化窒素さらには遊離窒素分子まで還元する脱窒反応が進む．以上の反応を右図にまとめた．これは自然界の窒素循環であるが，自然環境では窒素濃度は低く保たれるので，各窒素化合物は人為的影響の指標ともなっている．アンモニア態窒素はし尿性汚濁を示す．農耕地に散布された過剰肥料由来の硝酸イオンによる汚染が多く報告されている．乳幼児や家畜が硝酸イオンを高濃度含む水を飲むとメトヘモグロビン症になる可能性が高い．また脱窒の際に生成される亜酸化窒素は，地球温暖化ガスの一つでもある．近年，嫌気性条件下で亜硝酸によってアンモニアを酸化してヒドラジンを経て窒素とする微生物反応（嫌気性アンモニア酸化反応）が見いだされ，排水処理技術として開発が進められている．

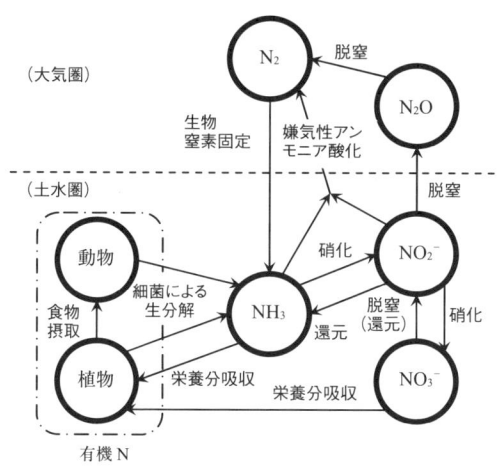

図　自然界における窒素循環．

11．リン（化）

リンは，水中で無機リン酸塩（オルトリン酸塩（PO_4^{3-}），ポリリン酸（例えば$P_2O_7^{4-}$））および有機リン化合物が主な化学形態である．ポリリン酸は水中で加水分解されてオルトリン酸を生成する．オルトリン酸が生物中に取り込まれると，遺伝子などの有機物に取り込まれ，生物の身体を形成する有機リン化合物となる．生物が死ぬと速やかにオルトリン酸に分解される．自然界の水環境のリン濃度は非常に低く保たれる．人間活動によるリン含有排水（かつては洗剤中のポリリン酸，現在ではし尿中の食物由来のリン）が環境負荷となっている．

12．細菌（一般細菌，大腸菌）（生），寄生虫（生）

水を介して発生する感染症としてコレラ，赤痢，クリプトスポリジウム症，腸管系ウイルス症などがあり，これらの原因となる病原菌の多くは人畜ふん便に由来する．そのため，水のふん便汚染を示すと考えられる一般細菌と大腸菌が水質指標として用いられる．一般細菌は，ヒトや動物の腸内に近い36℃で豊富な栄養分が存在する条件で繁殖する細菌と定義され，標準寒天培地で36±1℃で24時間培養して形成される集落（コロニー）数（個/mℓ）で表す．大腸菌は，同様の条件で乳糖ブイヨン培地入り発酵管を用いて48時間培養し，酸とガスを発生した試料を段階希釈して確率論的に100 mℓ当たりの検液中の大腸菌数を求める（最確値，most probable number, MPN）．アメーバ類やクリプトスポリジウムは，水系感染症を引き起こす寄生虫で，水や食物の摂取によって感染し（経口感染），小腸粘膜を破壊して体内に侵入して増殖する．激しい腹痛や下痢を引き起こし，場合によっては死に至る．

13. 重金属（化）

　重金属による水環境汚染は，有機水銀による水俣病やカドミウムによるイタイイタイ病などで知られるように深刻な健康被害を引き起こすため，継続的監視や汚染防止が重要である．水質環境基準項目（表 11.1）に重金属類はカドミウム，鉛，六価クロム，ヒ素，水銀およびセレンがあげられている．重金属類の起源は大部分が工場排水であるが，地殻・海水・大気などからの自然負荷の場合もある．通常の環境では，$\mu g/\ell$ の濃度かそれ未満である．重金属は，生物体中に濃縮・蓄積される傾向があるので，水中濃度が低くとも常にモニタリングしておく必要がある．

14. 有機塩素化合物（化）

　クロロホルム，ジクロロメタン，四塩化炭素，トリクロロエチレン（TCE），テトラクロロエチレン（PCE）などの揮発性有機塩素化合物は，塩化ビニル原料，ドライクリーニング溶剤，機械・金属洗浄剤などに広く使われてきたが，生分解性が低い上に毒性や発ガン性を持つものが多いので，健康被害を生じやすい．電子機器製造工程における脱脂洗浄剤として広く用いられた TCE や PCE による地下水汚染が多くの場所で見つかり，問題となっている．また，芳香族塩素化合物として，カネミ油症を引き起こしたポリ塩化ビフェニル（現在では，原因物質はポリ塩化ジベンゾフランだったと考えられている）や，非常に毒性が高くプラスチックの低温燃焼（800℃以下）で生じるダイオキシン類も項目としてあげられている．

参考文献

ここでは，各水質項目に共通する参考文献が多いので，まとめて示す．

1. 水質基準項目に関するもの：(1) 厚生労働省　水質基準に関する省令（平成 15 年 5 月 30 日厚生労働省令第 101 号），(2) 厚生労働省　水道水質基準について　http://www.mhlw.go.jp/topics/bukyoku/kenkou/suido/kijun/index.html（2010 年 11 月 17 日アクセス），(3) 松尾友矩編（2005）：『大学土木　水環境工学（改訂 2 版）』オーム社，246pp.
2. 水質の測定法に関するもの：(1) JIS K0101（工業用水試験方法）および JIS K0102（工業排水試験方法），日本規格協会編（2001）：『JIS ハンドブック 53　環境測定 II 水質』，pp. 311-569，(2) 中島重旗，加納正道ほか（1994）：『水環境工学の基礎』，森北出版，213pp. (3) 水質基準に関する省令の規定に基づき厚生労働大臣が定める方法（平成 15 年 7 月 22 日厚生労働省告示第 261 号［一部改正平成 22 年 2 月 17 日厚生労働省告示第 48 号］）．
3. 窒素やリンの循環に関するもの：(1) Vaccari, D. A., P. F. Strom, J. E. Alleman (2006)：*Environmental biology for engineers and scientists*, John Wiley & Sons, Hoboken, NJ, USA, 931pp. (2) Mulder A., A. A. Van de Graaf, et al. (1995)：Anaerobic ammonium oxidation discovered in a denitrifying fluidized bed reactor. FEMS Microbiol. Ecol. 16, 177-184.

〈片山　新太〉

第III部

社会的観点から

　水は自然の恵みであると同時に脅威である．水は生産活動，生活にとって必要不可欠な資源であるが，災いをもたらすこともある．第I部の水循環の自然科学的基礎，第II部の水の工学的技術・管理をふまえたうえで，第III部では，人間は，このような両義性を持つ水とどのように関わり，どのような制度をつくってきたのかという社会的観点から，水環境を論じる．

　第12章では，利水と水災害の歴史を概観する．文明の発展は，利水，灌漑によってもたらされ，それは，水をめぐる紛争と合意形成の歴史でもある．開発史，技術史，村落構造，生態史，水利秩序の視点から，われわれの文明・文化の水との戦い，関わりの歴史を説明し，島畑，輪中，信玄堤など，先人の知恵から洪水への対応を学ぶ必要性があると述べる．

　第13章では，貴重な水資源の利用をめぐる権利の調整の社会制度として水利権をとりあげて，国の河川管理の視点から，河川（水利権）が実際にどのように運営されているのかを論じている．慣行水利権と許可水利権の違い，その権利の特徴，現在の水利権の課題などを解説する．

　第14章では，治水・利水での河川の管理の変化を考察し，水はだれのものかを問うことの重要性について述べる．地域（村落）によって管理されてきた水が，近代化・工業化とともに国によって管理されるようになり，住民意識のレベルで水が遠くなったこと，「官」への依存と住民の「川離れ」が進み，河川環境の悪化をもたらしたが，「新しい環境」概念のもとで，河川行政の転換と「新しい公共性」の芽生えが生じていることを論じている．

　第15章では，水環境政策の変遷を論ずる．水に関わる環境政策は，これまでは質は公害（環境）の問題，量は水資源の問題として別々に扱われてきたが，水問題を水循環の状況の悪化としてとらえ，水循環の再生の必要性を述べる．その水問題は複合的で多様であることから，環境ガバナンスと市民参加が不可欠であることを主張する．

　第III部には，コラムとして現代社会において最近話題となっている水に関するトピックスが挿入されている．「都市における豪雨災害」では，局所的，突発的豪雨とそれがもたらす氾濫がとりあげられ，現代都市の脆弱性と水循環に関する住民の知識の問題が指摘されている．「湧水」は，自然の恵みの一つであり，しばしば「名水」として地域住民に親しまれ，地域資源として見直されている重要な場所である．「ウォータービジネス」は，水環境の悪化のもとで水の資源としての希少性が高まり，市場化が進んでいることを現しているが，これは水がだれのものであるのかという問いに関連している．

　水はグローバルな循環とともにローカルな流域圏でも循環しており，ある場所での人間の活動が流域全体に影響を及ぼすことから，その自然の水循環と人間の活動との相互作用が問題になる．健全な水循環を生み出すには，流域に生活している住民が水循環に関してどのような知識や認識を持ち，流域単位でどのような合意を形成できるのかが問われている．

第 12 章

水利と水災害の歴史

12.1　はじめに

　文明の発展に対して**水利**，**灌漑**の果たした役割は大きい．古代諸文明が農耕の発展に伴う人口増加，富の蓄積，都市の形成といった革命的な特徴を持ちえたのも，その基盤に水利，灌漑施設を整ええたからであり，以後，有史の諸国家が建国，治政にあたって最大の関心を払ってきたのが水利，灌漑である．

　本章では，日本に限定して，第一に水利史を概観し，第二に洪水対策としての先人の知恵を学ぶ上での具体的な事例として**洪水常襲地**の景観を見ることにしたい．

　水利史については，通史的に概観するのでなく開発史的視点，技術史的視点，村落構造的視点，生態史的視点，水利秩序的視点，および地域環境史的視点の六つのテーマをもうけ，従来の研究を整理した．というのは，前者三視点は稲作を基調とした日本農耕社会を論ずる者にとって，欠かせない視点であったし，後者二視点は，現代，および将来の「水社会」を論じるうえで重要な視点であると考えられるからである．

　なお本章では「治水」の意味を含めて「水利」という用語を使っており，後半の事例紹介では洪水常襲地として山梨県西部の釜無川と岐阜県南部の木曽三川（木曽川・長良川・揖斐川）を取り上げ，治水に重点を置いた考察をおこなう．

12.2 水利の歴史

12.2.1 開発史的視点

　開発史的視点の基調は，いかなる権力のもとで水利・灌漑施設が建造されていったかという点を探るとともに，一般農民の継続的な維持・管理の蓄積を読取ることにある．こうした点を念頭において，開発の歴史を探ってみよう．

　古代では大河川を用水にする技術はなく，谷地・栗原・芦原と呼ばれる渓流沿いの地がまず開墾され，そこが水田にされた．その後，朝廷の支配権が各地に拡大した時，農政が為政者の関心に上り，池溝の構築を中心とする灌漑工事が各地に起こされ，奈良朝，平安初期まで続いた．灌漑工事の進行によって，従来山麓地帯に限られていた水田が，しだいに平地へ進出し，とくに近畿では灌漑工事とならんで治水工事がほどこされた．皇室の屯倉（直轄領）は，土地は豊沃であり，水利の便を得，灌漑施設は整っていた．**池塘**のような灌漑施設の名を見るとき，皇室の直轄地の名と合致するものが大部分を占めている．それによって律令制国家の礎地である農耕地が国家権力のもとに維持・拡張されたことがわかる（亀田，1973）．

　各所に荘園の生起する時代となると，灌漑に対する国家管理の頽廃が全国的に見られるようになってくる．律令体制内においては，その統治の全国的な性質を反映して，国司の任国1ヵ国としての工事が見られるのであるが，荘園化の勢いがすすみ，各地が小荘園に分割されるとともに，灌漑も一荘の問題となり，土地の開発も小規模化して来，やがて鎌倉殿の封建的統一を地盤とする次の時代に移って，再び開墾は重要な問題となってくるのである（宝月，1943）．このように中世には大規模な用水開発は行われず，荘園を単位とする個別的なものが多いというのが，従来の通説であったが，近年，戸田芳美，木村茂光らによって「9～13世紀が大開墾の時代」であることが立証され，荘域を越えた水利開発が行われていたことや，畠地の開発が大規模に進んだことが明らかになった（戸田，1967；木村，1982）．

　近世に入ると大名領国制によって強力な支配が可能になり，土木技術の著しい進展とあいまって大河川下流の沖積低地の開発が可能になる．**新田開発**によって

用水路が延長されたり，用水需要の増大とともに用水の分水をめぐって上・下流の村が対立し，争論に発展することもあった．そのため時間によって分水する番水の慣行や，**井堰**(いせき)，**番木**(ばんぎ)，**水枡**(みずます)などの施設による分水が行われた（喜多村，1950，1973）．明治以降はこれまでの用水の目的に加え，工業・発電用の水路の開鑿や，地域の総合開発をめざす多目的な用水利用形態が見られる．愛知用水・明治用水などがその例である．しかし，灌漑水利慣行は旧来の慣習をそのまま継承することも多く，合理的な水利関係の発達が妨げられた．藩政時代の村あるいは村連合による用水組合が母体となって，水利土功会・普通水利組合と引き継がれ，第二次大戦後になると土地改良区が用水の管理にあたっている（新沢，1963）．

治水・利水も開発に含めるとしたら，歴史地理学紀要の『治水・利水の歴史地理』が多くのことを教えてくれる（歴史地理学会，1987）．

12.2.2 技術史的視点

技術というものは人々のたゆまない努力によって年々進歩していくものである．それが時として，古代の鉄器の使用とか近代の産業革命とかによって飛躍的に発展する場合がある．こうした時代の波をおさえながら，水利・灌漑施設建造にあたっておおきな影響をあたえた道具，技術者に注目して整理してみよう．

1970年代末ころから，全国各地で，弥生・古墳・奈良・平安時代の水田址や水路遺構が続々と発見されだし，福岡市板付遺跡からは縄文水田さえ発見された．そこでは，水田に沿って，幅約3mの溝が，水門施設を伴って，100m以上にもわたって掘削されていた．石部正志は，この大溝は，低湿地利用水田に特有の排水路であるとし，これほどの施設は，開墾土木用具の具備と，共同体全成員の組織的協業がなければ造ることはできないと述べている．さらに，弥生時代の水田遺構の特徴として大・小の畦畔が明らかになり，用・排水のための溝や堰が検出され，古墳時代末期には，**湿田**や**半湿田**ではなく，灌漑施設の整備を前提としてのみ経営可能な**乾田**が普及したと指摘している（石部，1982）．

中世は荘園内，あるいは荘域を越えた灌漑設備の拡充が見られ，開墾が積極的におこなわれた時代である．弥生時代以降の鉄器の普及がこうした開墾を可能ならしめたのであり，近世前期の爆発的な大開発をも可能にしたのである．すなわち戦国期以来発展してきた製鉄技術革新の波が，つるはしなどの土木用具製作の

前提となる大量の原料鉄の供給を可能にしていたのである．城下町に集住する諸職人を組織・動員できることも，開発の条件の一つであった．また，鉱山の採掘技術（金堀り）の発達は，とくに岩盤をくりぬいてトンネルを作り，用水路を通すのに絶大な威力を発揮した．同様に，城郭の石垣を積む石工たちの技術も，河川の流路変更などの大土木普請に利用された．要するに，戦争遂行のための鉄生産と職人編成が，開発・治水に積極的に利用されたのである（黒田，1977）．

田畑面積は慶長年間（1600年頃）から享保年間（1710年頃）までに150万町歩（約150万ha）から297万町歩へと急増している．このような増加の背後には，治水・灌漑技術の発達はもちろんのこと，数学の発達，鉱山業の飛躍的発展に伴って生じた掘鑿技術の開墾あるいは用水工事への浸透がある．

用水配分とその統制は，しだいに村落内の問題あるいは村落間の問題となり，そこに水の管理に関する特権的な階層・村落を生じ，それが近世村落の社会関係の中核をなしていくのである．江戸時代中期以降における治水技術の中心は，高大な連続堤の建設とそれを可能にした工法の発展である．治水工事が丈夫になり，河川が直線になり，そのため河川の近くに耕地ができて，そこで水害が多くなった．しかし，このような連続堤築造を可能にする技術の発展によって，従来，収量の低い不安定な氾濫原が安全な耕地となり，それが領主経済の拡大の基盤となったことは見逃すことができない．このような変化があったため，元禄年間の総石高2587万石から，天保年間の3300万石へと増加したことを忘れてはならない（古島，1975）．

12.2.3　村落構造的視点

a) 水利組織

農業水利に関する灌漑と排水の施設維持や水管理，地域内の小規模工事などは，一村落の範囲をこえたいわゆる村落共同体の存亡にかかわる問題である．そのため自らの利を守るために古くから各種水利組織が形成されてきた．江戸時代の水利組合や井組，明治以後の普通水利組合，第二次世界大戦後の土地改良区がその代表である．

その歴史をたどってみると，すくなくとも中世に遡ることができる．室町時代の中期ころから荘園領主の支配力が弱まり，領域をこえた地域農民が団結した惣

などの共同体を基礎に中世郷村制が成立したが，これとともに土地と水に対する農民の保有権が強まり，同じ水系の用水や共同の採草入会地の利用を軸に新しい地域共同体が固まった．さらに，戦国大名による領地の一円化と新田開発が進むと，同一の水系ごとに井組や水組などの連合がひろがり，水利施設や用・排水の維持管理は地域農民が自主的に担当し始めた．そして封建的自営農民を基礎に江戸時代の近世封建制が成立すると，村ごとに**井組**(いぐみ)が整備され，用水について同じ水系ごとに村々の組合や連合が展開した．

　19世紀はじめの尾張においては，各村それぞれがいずれの井組，**悪水組**(あくすいぐみ)に属しているかが『尾張徇行記』を使って復元できる．これらの水利共同体は日常の管理や利用と補修を行い，水利慣行に基づいた自治的統制を実施するのである．もちろん河川の取水堰や幹線水路，治水などの大規模工事は幕府や藩が直営したが，それ以外の地域内の小工事や補修，用・排水の管理などは井組が担当した．近代的な水利組合は，1878（明治11）年の郡区町村編制法，1889（明治22）年の市町村制で行政区画が変わり，水利について支障が生じたことをきっかけに，翌1890年水利組合条例で，はじめて誕生したといえよう．小作人を除いた農地の所有者が集って役員を選び，民費負担を原則にしながら用・排水の施設や運用の管理にあたるようになったからである．

　第二次大戦後，産業の高度化に対応して，自然や慣行が一つの前提になっている農業用水を運営する**土地改良区**は，史上はじめて大きな転換期を迎えた．労働力と農地の流出によって中世からの水利共同体が変質し始め，農民や村が担当した施設や用水の維持と運営が困難になり，これを土地改良区が代行する動きが強まっている（今村，1977）．

b）水論

　上記のような水利組織が各地で成立すると，隣接する組織間では当然利害関係が対立する場合が生じ，かなり深刻な問題が発生する．これを水論と言う．

　弥生時代から稲作が定着し，次第に河川からの引水やため池の築造をつうじて用水が確保されてきた．水田開発が進むにつれて，限りある水量をめぐり，村と村，農民と農民の間に水争いが増えてきた．個々の水田は異なった時代に支配者や農民が開いたため，古田優先などの利害が対立し，特に長い間の封建的な分立が争いを激化した．このため，すでに中世の荘園のなかでも番水制を行うなど，複雑な水利の権利と慣行が発生した．さらに室町時代には荘園領主の中で用水権

を固めるものがふえ，その末期には惣を中心とした農民の自治的な結合と自主的な用水管理が進んだ．特に戦国時代には領主による新田開発が急増し，武力を背景にした用水権の争奪さえひろがった．近世封建制が確立した江戸時代には，水をめぐる紛争は幕府や藩が調整した．しかし，中期ころから新田開発が進み，用水施設の新築や改修がふえると，河川の上・下流や左・右岸，古田と新田をめぐる水論と水争いが激化した．新田開発については菊池利夫が，水利慣行に関しては喜多村俊夫が詳細に論じている（菊池, 1977；喜多村, 1950, 1973）．

明治 29（1896）年の河川法に基づき，水利権は河川管理者（国や府県）の許可が必要となったが，江戸時代以前の水利慣行はそのまま権利が容認された．治水と都市用水への需要が膨張した高度経済成長期以降，慣行の多い農業水利への圧迫が強まり，1964（昭和 39）年河川法改正後は，農業用水の水量規制や広域調整が強まっている．

12.2.4 生態史的視点

近世において，平野から山地に至る開発の進行は，河川に大きな影響を与えるに至った．全国的な洪水の頻発である．たとえば，備後の芦田川では 1673（寛文 13）年の洪水で草戸千軒と呼ばれた町が全滅している．こうした状況に対する幕府の政策的対応が，1666（寛文 6）年の「諸国山川掟」という法令の発布である．①風雨の時，川へ土砂が流れ込んで水流をさえぎるから，草木の根を掘り取ってはならない，②土砂が流れ落ちないように上流で左右の山に植林せよ，③山中の焼畑もしてはならぬ，などがその要点である（深谷, 1977）．

この時代，小諸侯の手によりあるいは百姓の手にさえよって，小河川の利用，貯水池の築造なども行われて，従来利用しえなかった耕地の拓かれるものも少なくなかった．その場合，購入肥料使用の増加による農業上の発展がその有力な条件となっている．すなわち，それによって採草地の重要度が減ってゆき，同時に大河川の辺の草生地や，洪積台地や原野灌木地帯，山に近い採草地の開墾を許す条件になってゆき，それらの小面積の土地については小資力の者たちも開墾者として仕事に従事し，その利用しうる技術の程度に応じて小規模な灌漑工事による引水を行って，田を造成していったのである．しかし，それは『耕稼春秋』に，「大河川からの引水は水害のおそれありとして好ましからぬもの」とあるように

危険な開発であった．このように，過剰開発が生態系を破壊し人間に被害をもたらすことは，古くて新しい問題である．

　高度経済成長期以降，**圃場整備**がすすみ，稲作収量が増加してきた現代の農村地域も生態史的観点から見た場合必ずしも喜んでばかりはいられない．農薬散布ばかりがホタル，ザリガニなどの小動物を殺し，生態系を破壊するのではない．用水路にも問題があるのである．礪波の散居村の例をあげておこう．散村のシンボルともいうべき屋敷林の杉の立ち枯れ現象が近年目立ち始めたのである．圃場整備が終わって数年たってから，あちこちで枯れだした．ダム建設，農道や用水のコンクリート工事などによって，庄川から扇状地に無数に入り込んでいた地下水脈が変わり，十分な水が供給されなくなった．また，稲作のための客土工事で水田からの浸透水が減少した．こうして地下水位は低下し，1969（昭和 44）年に地表から 80 cm だったのが 1974（昭和 49）年には 1.6 m に下がり，1.5 m 前後の杉の根に届かなくなったのである（北日本新聞社，1982）．

　近世日本の水利問題を研究する人類学者 W. ケリーは，歴史（新田開発の相対的展開・速度・パターン），政治（藩その他による裁定・行政の違い）および経済（全耕作田畑に対する水田の割合・収穫見積・安定度）の三つの水利ゾーンを設定することで，生態系と経済のモデルを結合するひとつの可能性として，農業生産のより総合的な地域区分ができるのではないかと考えている（Kelly, 1987）．

12.2.5　水利秩序的視点

　第二次大戦後の水利研究は，それまで支配的だった**農業水利**の研究に加えて，水資源問題を中心に議論されるようになってきた．1961 年の『農業水利秩序の研究』で，農業水利秩序という概念が「農業用水の水源・取水・配水・排水など一連の水利用過程を対象とし，これを技術的・経営的・経済的・制度的な各方面から総合的に把握するための用語」とされた（農業水利問題研究会，1961）．秋山道雄は，この概念を農業以外の水利にまで適用し，**水利秩序**の変革という視点から戦後の水利研究の成果を整理，検討している．工業用水・都市用水の需要構造，用水の社会的性格，水資源・流域管理などの問題にふれ，公共部門にとっての課題として，「最終の水利用者であり費用負担の当事者でもある市民や農家，企業などが，水利問題の性格を把握するためには，多様な工夫を必要とする．情

報の収集から水管理への参加に至るまで，選択可能な経路を示し，水の合理的な利用に向うような制度をつくりあげていくこと」を提言している（秋山，1988）．

　高度経済成長期を通じて建設されたダム・河口堰は，21世紀を迎えた現在，その建設の是非をめぐって，論争を巻き起こす存在となっている．伊藤達也は，木曽川水系の長良川河口堰や徳山ダムを取り上げ，なぜ，ダム・河口堰は人々に受け入れられないのか．そして，なぜ，ダム・河口堰の建設は続くのか，という問いかけをして「水資源開発の論理」を導き出している．そこでは問題発生に至る歴史的経緯，問題発生をめぐって発生した市民グループの特徴や対応，長良川河口堰問題をめぐって提起された裁判の評価などが示されている（伊藤，2005，2006）．

　新見治，鈴木裕一，肥田登らは，水利の問題を水と人間の関係から総合的に扱う「水文誌」という分野を創設し，水文環境や水利用に関する情報の表現方法の開発，水循環と水収支を基本的概念とする水文誌記載の具体的な試みを意欲的におこなっている（Shinmi et al., 1988）．

12.2.6　地域環境史的視点

　自然・環境と人間との関係性を新たな視点から再検討するために，歴史地理学の立場から本章筆者の溝口常俊は，「地域環境史」という概念を提唱した．その思想の根本は，地域は複合体であるという考え方である．山や川，平野，海，島などさまざまな自然環境のもとで，住民がそこを基盤として，あるいは他地域との交流や葛藤を通じて，生業を営み，精神生活を作り上げながら，地域の歴史を形づくってきた過程を明らかにし，自然環境と人間生活史，環境と地域社会，自然と人間との対立と調和といった問題群を，総合的に再構成したいと考えているからである（溝口，2005a）．

　溝口の構想は荒削りの枠を出ていないが，歴史学の羽賀祥二は治山治水論を展開する際に「地域環境史」という概念はきわめて重要だとし，次のように述べている．「とりわけ治水や治山という問題を考えようとするとき，河川下流域の治水問題は上流域の山の管理の問題に直接的な関係性をもっている．当然のことであるが，行政区画をこえた『流域史』や『広域史』を想定して，研究されなければならない．たしかに歴史災害や，治水・治山の研究方法としては，災害に関す

る伝承・信仰や情報などを取り扱う災害文化史や，災害や防災に対する社会の対処の体制や考え方を検討する災害社会史がある．しかし，治水・治山問題でいえば，上流から下流をふくむ河川流域全体が対象となり，そこでの自然環境全体や流域内部での利害の対抗性などが議論されなくてはならない．また山林の荒廃は土砂流出や滋養の不足という問題を生じ，その結果海洋の環境にも多大の影響を与えるのである」（羽賀，2006）．

12.3 洪水常襲地

12.3.1 釜無川の信玄堤

「水をもって水を制する」これは武田信玄の水利政策の基本である．釜無川（富士川上流）の濁流から甲府の町をいかに守るか．当時の技術では洪水を防ぐ直線的な堤防を構築することは不可能であった．そこで考えられたのが御勅使川の**鉄砲水**と**霞堤**の築造であった．地形図（図12.1）を見てみよう．百々（A）という地名が示すように，大扇状地を作った御勅使川はあばれ川であった．まず，その御勅使川の水路を北部に固定した．その際，八田村六科の西に将棋頭（B）という圭角の石堤を築いて水流を南北に分け，六科の北の流れを釜無川左岸の堅固な崖である高岩（C）にぶつけると共に，その手前で本流と合流させ，両川の水勢を弱めた．しかも激流が逆流して右岸の堤防が決壊するのを防ぐため，合流点に「十六石」なる巨石をならべて水勢をそいだ．さらに，やや下流の左岸（D）に雁行状の霞堤を配列した．地形図（明治43（1910）年）では直線的になっており，すでに当時の面影はのこっていないが，明治23（1890）年の2万分の1図では5本の突出した堤が残っていた．永禄3（1560）年の建設当時には本堤から小規模な33の突出しが造られ，その後数度にわたって改築されていったのである．ここでは（D）周辺の**信玄堤**がよくわかる絵図（文政7（1824）年）を示しておこう（図12.2）（龍王村，1955）．

信玄は堤防上に竹林を植えて防水林とし，さらに領民を移して龍王河原宿（E）を創設し，地子・諸役免許の特権を与え堤防保護と防水の任に当らせた．こうした治水事業の結果，盆地低部の氾濫原においても富竹新田（F），西条新

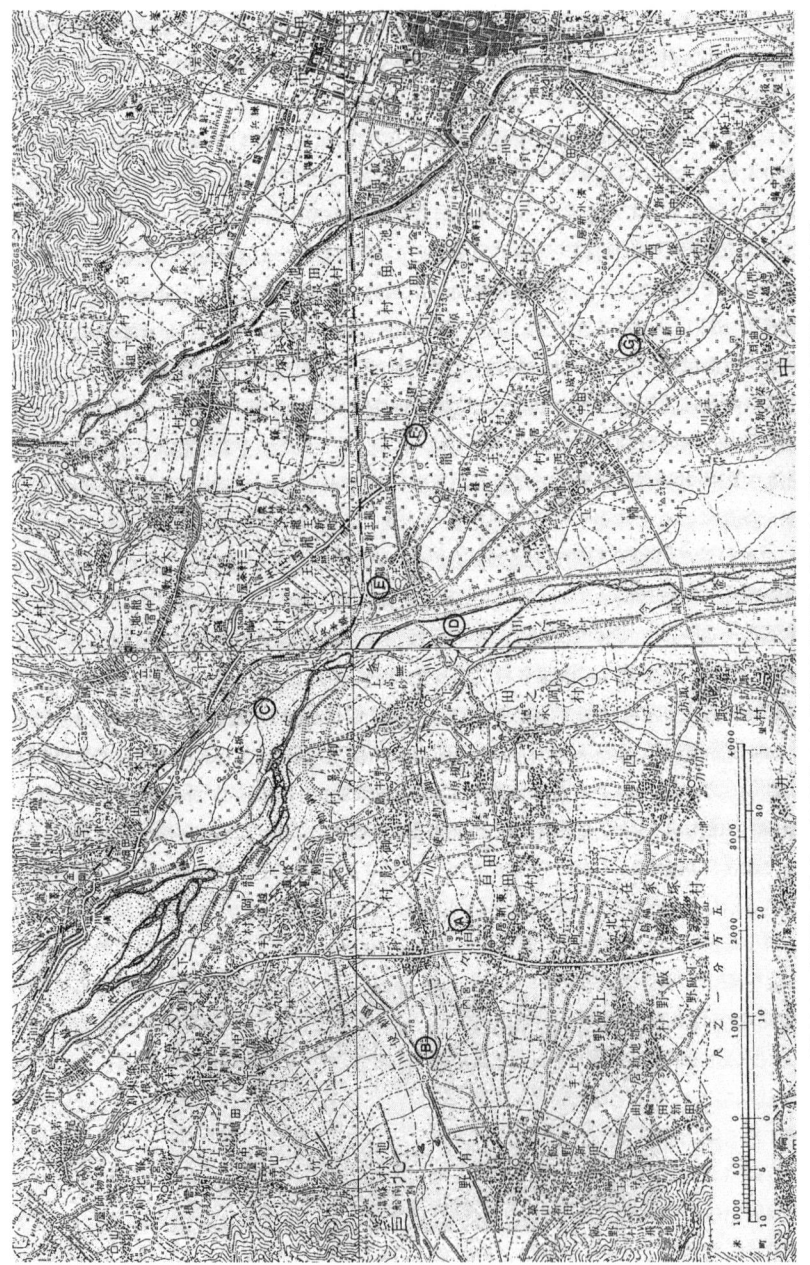

228　第 III 部　社会的観点から

図 12.1　釜無川の治水．(5 万分の 1 地形図「韮崎」「鰍沢」「御岳昇仙峡」「甲府」1910 年)

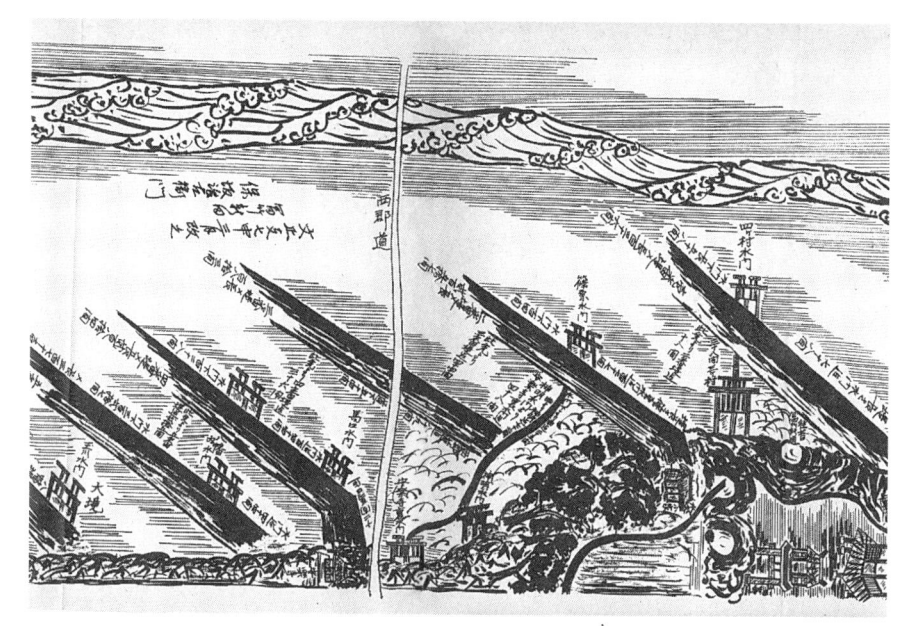

図 12.2　信玄堤絵図．(文政 7 (1824) 年 3 月)

田 (G) などの新田開発が盛んになり，水利灌漑の便もよくなって農業生産力は飛躍的に増大していったのである．

　釜無川の氾濫がいかに強烈であったかは，これら甲府市南西部の諸集落が，龍王集落を扇の要とした放射線上の微高地に立地していることからわかる．これは水流をさけて自然堤防上に住みかを求めた住民の知恵であるが，この盆地の民と沃野および甲府の街をたびかさなる洪水から守らねばならない，と考えたのが信玄である．

　このように水をもって水を制し，水を巧みに利用した土木政策は単に信玄の領地を守るというだけでなく，その後の各地の国土建設に大きなインパクトを与えたという点で画期的な事業であった（有薗ほか，2001）．

12.3.2　木曽三川の輪中

　濃尾平野の歴史は木曽三川（木曽・長良・揖斐川）との戦いの歴史でもあった．『岐阜県治水史』によると，はやくも神護景雲 3 (769) 年に「木曽川（鵜沼川）

大水，川道を変える」とある．以後，現在まで洪水・水害のニュースは絶えることがない．住民は毎年必ず押し寄せてくる洪水対策のために，微高地に家を建て，数か村集まって堤を築いた．それは**輪中**と呼ばれ，明治初年には木曽三川のデルタ地域で 80 を越えた．微高地に立てた家でさえ水没することは珍しくなく，さらに一段高いところに**水屋**を設け洪水時の避難場所とした．また，内水氾濫による水損を防ぐため田面を盛土する**堀田**が作られた．

こうした，家，村レベルでの洪水対策に加えて，地域全体を洪水から守ろうとした治水対策が，河川そのものの堤防を強固にした御囲堤であり，河川分流を行った宝暦治水および明治の**三川分流工事**であった．以下，この三大土木事業を振りかえりつつ，新たに発見された絵図の紹介，さらには 2002 年の台風 6 号豪雨災害における**輪中堤**の功罪を述べ，「治水」を考えてみたい（溝口，2005b）．

a）御囲堤

集落を防御する輪中堤は**囲堤**（かこみてい）ともいわれるが，それに「御」がつくと，公権力の色合いが濃くなる．尾張藩は名古屋城側の領域を洪水から守るため慶長年間（1596〜1615）に木曽川左岸に強固な連続堤である御囲堤を築造した．「美濃の諸堤は御囲堤より低きこと三尺たるべし」といわれている差別的治水堤であり，実際，美濃側の破堤，洪水は尾張側の比ではなかった．美濃側でも大垣城下を守るための大垣藩の御囲堤が造られており，美濃の農村部は二重の打撃を受けざるを得なかった．これは，悲しいかな，ごく最近 2002 年の台風 6 号豪雨災害にもまともに現れたのである．安八郡北部は標高 8 m まで水が入ったが，大垣市街地は御囲堤により，また十六輪中は輪中堤によって浸水をまぬがれたのに対し，その他の集落は水中に没した．後述する明治の木曽三川分流工事以来，洪水は毎年のようには襲わなくなった．ゆえに土地開発者は低地に住宅団地を造成し，安く人々に提供した．それがあだとなり，多数の犠牲者を出したのである．尾張においても，名古屋市を取り囲む庄内川右岸の西枇杷島地区が 2000 年の東海豪雨時に大打撃を受けた．庄内川の堤防がやはり御囲堤ではないかと勘ぐりたくなるように，名古屋市街地側は切れず，枇杷島側が洪水となった．濃尾平野一面に張り巡らされている用・排水施設の機能を過信し，低地にまで住宅を造成したからであり，肝心な時に排水機が作動しなかったという不運も重なりはしたが，これは明らかに人災と言って良かろう．

b）宝暦治水

「御手伝普請」という響きは，諸藩にとって「おとりつぶし」に匹敵するくらいお家の一大事であった．それが宝暦3（1753）年に幕府から薩摩藩に発せられたのである．木曽三川治水工事をせよとの命であった．幕府の厳しい監視の元，経費はすべて薩摩藩持ちである．長良川から揖斐川に流れる大榑川に堰を越して水を流す洗堰を造る工事に加えて，最大の難工事は油島新田の地先を締め切り，長良川と合流した木曽川と揖斐川を分離するものであった．濃尾平野の地形は東高西低になっており，油島地点で木曽川の河床は揖斐川のそれより8尺（約2.5 m）高く，出水時には滝のように水が揖斐川に流れ込んだのである．難工事たる所以である．宝暦5年に完成するも，藩の2年分の収入に相当する40万両にのぼる出費，90余名の犠牲者を出した責任をとって惣奉行平田靭負は切腹したとされている．

この宝暦治水時に水行奉行として立会を命ぜられていたのが，交代寄合美濃衆として大名並みの格式を有していた高木家である．高木家には西家，東家，北家の三家があり，8万点にも及ぶ西家の文書が名古屋大学付属図書館に所蔵されており，そこには膨大な数の治水関連文書および絵図が含まれており，流域住民が持続してきた水との戦いの歴史を考察する上で不可欠の資料群となっている．これに加えて，散逸したといわれていた北家の文書が2003年に発見されたことにより，この地の治水史の実際がより精緻に語られることになろう．

宝暦治水とそれに関わった薩摩義士が美談として語られ，あたかも水害史に終止符が打たれた感があるが，実際はそうでもなく，「宝暦治水」を否定する動きが地元で出ていたことにここでは注目しておきたい．たとえば，天明4（1784）年に長良川沿岸の81か村が大榑川洗堰撤去を求めて争論が起こっている．つまり，宝暦治水工事により，上流側の人々は，流れるべき水が流れなくなり，今まで以上の犠牲を強いられたのである．次に挙げる高木家文書群の一絵図（口絵14）は，大榑川洗堰の影響で排水が困難となった上流部の森部輪中がその悪水（排水）を自普請で下流の福束輪中榎又村まで流すようにした伏樋工事図である．昭和51（1976）年の豪雨時に，この排水路（江下）の樋門跡と当該地域の堤防の決壊場所が一致したという．安八町発行の『9.12豪雨災害史』によると「安八町の最南端にあり輪之内町と接する中村では『此村は森部輪中と福束輪中との囲堤外長良川と伊尾川との水の出合水袋の内にある村なり……最も水の輻輳する所故

水場なり．安永二巳年洪水の時囲堤（輪中堤）切入拝借金を以て自普請に堤を築き，村の東北西一円に囲堤あり然るに天明七未年にも決壊して今水用さき池になれる処（切所池の押堀）四ケ所あり……』と，中村輪中が再々決壊して水害を受けていることが記録されています」とある．近年，各自治体で洪水防止のためのハザードマップが作成されているが，まだ古絵図が利用されてはいないようである．大いに活用すべきであろう．

c) デレーケの三川分流工事

三川分流という基本方針は宝暦治水と変わらないが，明治20（1887）年に着工されたオランダ人技師**デレーケ**（Johannis de Rijke）による分流改修工事が画期的であったのは次の諸点である．着工に先立って流域全体の土質・環境調査が行われ，量水標の設置，粗朶工法の採用，および諸所の支流に砂防工事が施された点である．本工事は，長良，揖斐両川を結ぶ中須川，中村川，大樽川を締め切り，海津町成戸で合流する木曽，長良両川を**背割堤**（せわりてい）で分流し，さらに油島で合流する木曽，揖斐両川を完全に分流させるものであった．これに付随して，新川を開き，川幅を広げ，屈曲部を直線化する工事が行われた．分流工事は明治33（1900）年に，そして関連工事は大正元（1912）年に完成した（伊藤，1990）．デレーケの治水思想の特徴が，徹底した治山重視であったことは注目すべきであろう．砂防工事に力が入れられ，彼ら蘭人工師たちの事績は現在では「オランダ堰堤」とか「デレーケ砂防」と称され，高く評価されている（伊藤，2010a）．

デレーケの治水工事以後，明治後半より，排水機の設置などにより輪中の治水はさらに近代化されていった．特に第二次大戦後の干拓土地改良事業による圃場整備がおこなわれたことにより，通常時の洪水はなくなり，それにより輪中堤が減り，堀田は姿を消した．しかし，こうしたことが1959年の伊勢湾台風による大洪水，1976年の長良川決壊という大惨事を招いたことも事実である．その対策の一つとして，1988年から桑名郡長島町の長良川河口付近で河口堰の建設が始まり，環境保全を主張する反対派が押し切られる形で，95年に完成した．ところが，2000年にはまたもや東海豪雨による大惨事が発生した．

洪水は必ず起きるものと謙虚に受け止め，被害を最小限に食い止めるための英知を宝暦治水以降の治水史から学び，対策に活かすのが我々の努めであろう．

d) 濃尾平野の島畑

伊勢湾・三河湾の海岸線は，温暖であった縄文時代には随分と内陸部にまで後

退していた．その後，弥生時代，古代と海岸線は前進し，平野部の自然堤防上に集落が立地し居住空間が拡大していったが，人間の手により海浜が埋め立てられるという行為，即ち干拓が本格的に開始されたのは江戸時代を待たねばならなかった．

海岸線，とくに木曽川，長良川，矢作川，豊川など大河川の河口部は土砂の供給量も多く，干潟もでき，そうしたところが埋め立てられ，数多くの新田村が誕生した．江戸時代初期の頃は藩が出資した藩営新田が見う

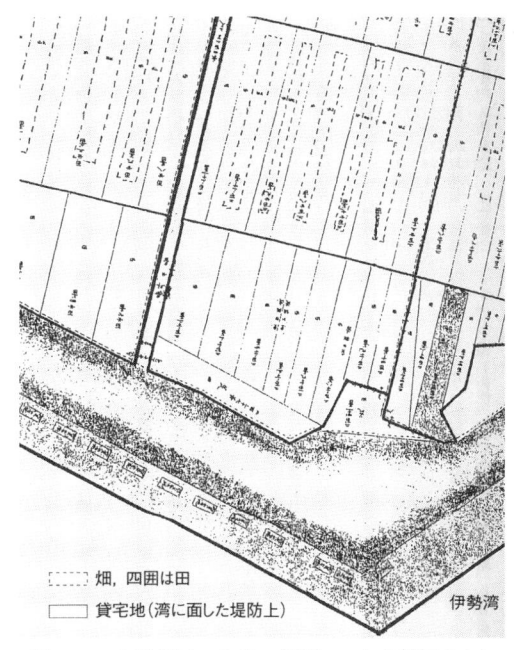

図 12.3 宝神新田の島畑．（明治17年地籍図より）

けられたが，その後は有力な町人の手による町人請負新田が中心となった．干拓，新田開発は幕末，明治と続けられていく．新田造成の一例を明治9（1876）年にできた宝神新田の地籍字分全図（明治17（1884）年）によって見てみよう（図12.3）．海岸線の堤防に貸宅地が列状に建ち並び，その内側に用水が敷かれ，その用水にそって荒田ができ，さらにその内側に短冊形の水田が立ち並ぶ．興味深いのはその水田の一筆の中央部に細長い水田と同型の畑が造成されている点である．これが干拓地の**島畑**である．新田開発に畑地が多いのが伊勢湾岸の干拓地の特色である．そのほとんどが区画割りされた短冊型の田の中に相似形の島畑が入り込んでいる形をとっており，新田開発時に田と島畑がセットになって作りだされていたことがわかる．明治17年の地籍図，地籍帳によれば，田と島畑の間を縫って数多くの「**重田堀潰**」が走っていた．これは普通の水田面では低すぎるため，適度なかさ上げをして稲作適地を造成するわけであるが，その掘りこんだ跡地の堀潰れ地を指し，排水路，小舟の通路に利用されていた．19世紀後半から20世紀前半まで尾張デルタ地帯の景観は，決して水田一色ではなく，最高位に島畑，宅地，中位に水田，下位に水路として重田堀潰の3層の高低地によっ

て成り立っていたと言えよう（溝口，2006）．

　濃尾平野において，新田地帯を始めとする多くの地域から島畑は，主として戦後の圃場整備により，姿を消した．しかし，圃場整備がなされなかった一宮市三井地区においては現在でも数十の島畑が残っていて，ごく最近までの長い歴史の中で商品作物の生産地として重要な役割を果たしてきた．江戸・明治時代は綿，大正・昭和初期は桑，とくに第二次大戦直前は島畑の9割が桑畑であった．それが食糧難の戦時中はサツマイモ，戦後は大根が中心になり，イチジクも植え付けられたという．島畑の中でも適所があり，幾分湿気の多いところでは大豆，瓜が好まれ，高くなって乾燥した所では綿作がなされたという．またこうした農産物は市場価格に左右されることが大きく，大正時代の畑作物の価値が稲より高くなった時には皆一斉に真桑瓜，黄瓜を作った．逆に，戦後一時期の米の増産時代には島畑を削って田を造成したこともあったという．

　三井在住の草田二三夫氏は現在島畑とその周囲の水田を合わせて3町歩ほど借り受け，島畑農業を継承している．近世以降のこの地の冬の風物詩となっている切り干し大根は，現在も島畑で生産されている．島畑でとれた大根は細切りにされ，冬の伊吹颪が当たるよう西向きにセットされた1列50メートルに及ぶ竹編みネットに散りばめられ，晴天なら三日間乾燥させたのちに愛知の切り干し大根として出荷されている．氏は水田では稲作を行うと共に小学生の野外学習用に古代米（赤米）を作ったり，観賞用のハス，食料用のレンコン，クワイも栽培している．この島畑にはサギ，カモ，キジ，ヒバリなど幾多の野鳥がすんでおり，耕耘機で水田を耕した後に群がり顔を出した餌をついばむ．カラスは草田氏が島畑に顔を出す時間を知っており，持参したコンビニ弁当の袋を狙ったりする．水中にはタニシ，カブトエビなど珍しい生き物が生息している．まさに島畑は自然の宝庫でもある（草田氏から2000年7月23日，同10月22日，2001年1月28日，2002年6月10日に聞き取り）．

　一筆の水田の中にぽっかりと浮かぶ島畑景観は，実は日本の変わることの無かった小農家族経営を象徴する景観であった．2004年の大洪水時に撮った写真が図12.4である．洪水に強い島畑，そこには洪水常襲地に生活してきた人々の知恵が埋まっている．

図 12.4　一宮市三井地区における洪水時の島畑．(2004 年 7 月 20 日筆者撮影)

12.4　歴史地理学を洪水対策に活かす

　本章では，「水の環境学」を歴史地理学の立場からいかにアプローチできるかを考え，前半で水利の歴史を概観し，後半で洪水常襲地での築堤事例と歴史的遺産として消えゆく「島畑」を紹介した．
　21 世紀に入っても日本のみならず世界各地で洪水の襲撃からは逃れることはできないであろう．しかし，洪水の被害を最小限に食い止めることはできる．洪水対策として，いくつか考えられることを述べ，結びとしたい．
　第 1 に，「信玄堤」をみなおすことである．霞堤としての「信玄堤」から学べることは，洪水を 100％止めるのではなく，オーバーフローも床下浸水も可とする意識への転換である．床上浸水を食い止められればいいのであって，洪水といかに付き合うか，少々不謹慎な言い方かもしれないが，洪水と親しめばいいと思う．第 2 に，「輪中決壊絵図」をみなおすことである．「歴史は繰り返す」といわれているが，多くの犠牲者を出した 1976 年の長良川決壊箇所が江戸時代の絵図に載っていたのである．こうした地点を近年自治体で作成されているハザードマップに活かしてもらいたいと思う．第 3 に，洪水常襲地だけを見るのではなく，治山・治水の観点から地域を広域に複合的に見る視点，すなわち「地域環境

史」的視点を持つべきであろう.

最後に，水災害を考える上で，岐阜地理学会・名古屋地理学会での基調講演「防災に果たす地理学」(2009)での伊藤安男氏の興味深い，しかし深刻な話を載せておこう．「水災害は天災ではない，人災である．……水防団がある水防倉庫へ行ったところ，中は空っぽであったと．水防資材は一切なかったと．じゃあ次の水防倉庫へ向かったところ，鍵がかかっている．その鍵は区長が持っておるから，区長の家へ行ってくれということで，水防団の方が区長の家へ行ったら，その鍵は持っておらんと」(伊藤, 2010b).

われわれは，水防マップを作る際，水防倉庫のある地区は，安全度が高いと示す．しかし実際には，上記のようなことが起こることもあるのを忘れてはならない．

参考文献

秋山道雄 (1988)：水利研究の展望と課題．人文地理，40(5)，38-62．
有薗正一郎・溝口常俊他編 (2001)：『歴史地理学調査ハンドブック』，古今書院．
深谷克巳 (1977)：新田と用水．『週刊朝日百科・日本の歴史73』，朝日新聞社，206．
古島敏雄 (1975)：『著作集6 日本農業技術史』，東京大学出版会．
羽賀祥二 (2006)：治水・治山をめぐる歴史文化—名所図会と地域環境史—．『名古屋大学文学部研究論集 史学52』，名古屋大学文学部，65-91．
宝月圭吾 (1943)：『中世灌漑史の研究』，畝傍書房．
今村奈良臣 (1977)：『土地改良百年史』，平凡社．
石部正志 (1982)：技術の発生と伝播・定着．三浦圭一編『技術の社会史1』，有斐閣，pp. 39-97．
伊藤達也 (2005)：『水資源開発の論理—その批判的検討—』，成文堂．
伊藤達也 (2006)：『木曽川水系の水資源問題—流域の統合管理を目指して—』，成文堂．
伊藤安男 (1990)：輪中地域とその特質．岐阜県博物館『輪中と治水』，pp. 2-49．
伊藤安男 (2010a)：『洪水と人間—その相克の歴史—』，古今書院．
伊藤安男 (2010b)：防災に果たす地理学．岐阜地理，53，2-15．
亀田隆之 (1973)：『日本古代用水史の研究』，吉川弘文館．
Kelly, William W. (1987): Water Control, Political Economy, and Production Zones in Tokugawa Japan. A discussion Paper for the Workshop on Population Change and Socioeconomic Development in the Nobi Region, Stanford University, 15-18 March 1987.
菊池利夫 (1977)：『新田開発』，古今書院．
喜多村俊夫 (1950)：『日本灌漑水利慣行の史的研究』，総論編，岩波書店．
喜多村俊夫 (1973)：『日本灌漑水利慣行の史的研究』，各論編，岩波書店．
北日本新聞社編 (1982)：『礪波散居村』．

木村茂光（1982）：大開墾時代の開発．三浦圭一編『技術の社会史1』，有斐閣，pp. 149-204．
黒田日出男（1977）：国土と風景の変貌．『週刊朝日百科・日本の歴史73』，朝日新聞社，198．
溝口常俊（2005a）：『地域環境史』研究構想．溝口常俊・高橋誠編『自然再生と地域環境史』，名古屋大学環境学研究科，pp. 7-17．
溝口常俊（2005b）：木曽三川治水史．名古屋大学環境学研究科編『環境学研究ソースブック―伊勢湾流域圏の視点から―』，藤原書店，pp. 156-159．
溝口常俊（2006）：『近世・近代の畑作地域史研究』，名古屋大学出版会．
農業水利問題研究会（1961）：『農業水利秩序の研究』，御茶の水書房．
歴史地理学会（1987）：『治水・利水の歴史地理』．
龍王村（1955）：『龍王村史』，付図．
Shinmi, O., Y. Suzuki, et al. (1988) : Recent Trends in Hydro-geographical Studies in Japan. Geographical Review of Japan, 61 (Ser. B), 23-34.
新沢嘉芽統（1963）：『河川水利調整論』，岩波書店．
戸田芳美（1967）：『日本領主制成立史の研究』，岩波書店．

（溝口常俊）

都市における豪雨災害

2000年9月11日から12日にかけて，東海地方は激しい降雨に襲われた．名古屋市では，11日19時に時間最大雨量97 mm，11日の日降水量428 mmが記録され，2日間の総雨量は年間降雨量の3分の1に及ぶ567 mmに達した．新川や新地蔵川で破堤被害が発生したほか，溢水や越流は市内十数か所に及んだ．内水氾濫が各所で起こり，道路や鉄道の冠水，断水や停電など，都市機能が一時的に停止した．市域面積のおよそ3分の1に当たる約110 km^{2}が水没し，1959年の伊勢湾台風に続く，戦後2番目の浸水被害となった．

この豪雨災害をきっかけに，およそ次の3点において，集中豪雨に対する現代都市の脆弱性が改めて認識されるようになった．

まず都市では，地面がコンクリートやアスファルトなどで覆われ，雨水が地下に浸透しにくいため，排水不良による内水氾濫が起こりやすい．実際，東京などの都市部では，破堤や溢水などに比べて，内水氾濫による被害額の割合が圧倒的に大きい（下図）．内水氾濫は，近年ゲリラ豪雨として社会的関心が寄せられている突発的・局所的な降雨の状況や，土地の微妙な高低差のみならず，下水道や雨水管の配置，排水設備の処理能力などと密接に関係し，また河川洪水を防ぐための排水調整によっても起こる．現代の都市では，低地での土地開発や地下空間の高度利用が過度に進められていることもあり，内水氾濫を正確に予測したり完全に抑止したりすることは，ますます難しくなっている．

こうした都市型水害への対処が困難な要因は，都市が言うまでもなく，かなり広域にわたる水循環システムの中に置かれていることからも生じる．たとえば，農地の減少や森林の荒廃など，周辺地域の土地利用の都市化は，短時間のうちに都市内に流れ込む水の量を飛躍的に増大させた．これによって破堤や越流の危険性は高まり，河川堤防の強化とともに，土地利用管理も含めた，水系全体にわたる総合的な治水対策が求められるようになった．しかし皮肉なことに，このように水管理が広域化・高度化・専門化すればするほど，住民の認識上，それとの社会的・空間的距離はますます増大することになる．

それゆえ，もっと深刻な問題は，多様な住民が頻繁に入れ替わるという都市の社会的特性と関係する．多くの住民はそのような複雑な水管理システムの実態を知らない．また日常生活において，自分たちの住んでいる場所の地勢を意識することもほとんどない．過去の浸水被害の経験は，地域の中に集合的記憶として残りにくい．そのため，差し迫る水害の危険性に関しては，いわゆる行政情報に頼らざるをえない．2001年と2005年には水防法の一部が改正され，行政レベルでは，ハザードマップの整備を始めとして，防災に関わる情報提供の強化が図られるようになった．こうした試みは，都市住民が自分たちの足下を見つめ直すきっかけになるかも知れないと期待される．

（高橋　誠）

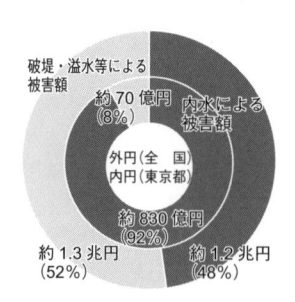

図　水害原因別の被害額の割合．（1994〜2003年の10年間の合計．国土交通省資料による）

湧水について

　湧水は，地下水が自然状態で地表に流出したもの，もしくは地表水に流入するものである（環境省水・大気環境局，2010）．水は人類の生存と活動に欠かせない資源であることから，湧水は，集落や産業の立地に大きな影響を与え，文化を生み出し，場所によっては宗教的に重要な場所としても意味づけられてきた．日本では泉・清水・生水（しょうず）などとも呼ばれ，その一帯を代表する地名として使われている場所もある．一方，湧水には生態系をはぐくむ機能もあり，希少種を含む生物生息地としても重要である．

　湧水の分布は，地形・地質によって規定される．環境省水・大気環境局（2010）は，湧水を段丘崖の下部に見られる「崖線タイプ」，丘陵や山地の谷頭に見られる「谷頭タイプ」，扇状地扇端部に見られる「扇端タイプ」など七つのタイプに分類している．いずれも，粘土・シルトといった難透水層の上に，砂・礫といった透水層が乗る地層構造が見られ，透水層中に存在する地下水面が地形面と交差するところに湧水が生じる．また，帯水層の上に難透水層があって加圧されている場合は被圧地下水となり，自噴する．

　東海地方にも数多くの湧水が存在している．中でも，大垣の湧水群は全国的に知られている．この地域には揖斐川とその支流が堆積させた礫層からの自噴井が多く，名物の和菓子の素材となり，農・工業用水としても重用されている．あまり知られていないが，名古屋の都心近くにも湧水は存在している．千種区高牟神社にある元古井の湧水（図1）や熱田神宮清水社の奥からの湧水は，いずれも熱田台地の縁から湧き出したもので，霊験あらたかな水として古くから親しまれている．

　生物生息地として重要な湧水も東海地方には多い．たとえば，養老山地東麓に見られる扇状地扇端の湧水池は，希少魚種であるハリヨの生息地となっている．また，丘陵地に見られる湧水湿地（図2）の存在にも着目したい．湧水湿地は，その名の通り丘陵斜面や谷底からしみ出した湧水によって形成された小面積の湿地で，東海地方には特に多く分布し

図1　元古井の湧水．（愛知県名古屋市，高牟神社境内）

図2　東海地方を代表する湧水湿地，葦毛湿原．（愛知県豊橋市）

ている.ここではシデコブシ・シラタマホシクサなどのように,ここで進化した東海地方固有・準固有の植物が多く見られ,「東海丘陵要素植物群」(植田,1989)としてまとめられている.

　湧水は今後,これまでの伝統的な利用に加え,環境学習の場,観光資源,災害時や渇水時の給水地としても大きな役割を果たしていくだろう.この視点からも,必要な保全策を講じていく必要がある.

参考文献
環境省水・大気環境局 (2010):湧水保全・復活ガイドライン.
植田邦彦 (1989):東海丘陵要素の植物地理 I　定義.植物分類・地理,40,190-202.
　　　　　　　　　　　　　　　　　　　　　　　　　　　　　(富田啓介)

第 13 章

水利権と河川の管理

13.1 水利用の歴史

13.1.1 現行水利秩序の形成

わが国における水利用の歴史を振り返ると，古代から江戸時代まで2000年以上は稲作の発展とともに農業用水を中心に利用されてきた．そして明治以降100年の間に水道事業や水力発電，工業用水などの利用が始まった．また，水利用が盛んになるにつれ河川水に対する依存度も高くなってきた（図13.1）．

荘園が発達した鎌倉時代の農業用水は，村落別の慣習に従った河川の水利用が行われていたと考えられる．しかし江戸時代まで続いた新田の開墾により農業用水も利用が盛んになったことから，洪水による流路の変遷や干ばつをきっかけに

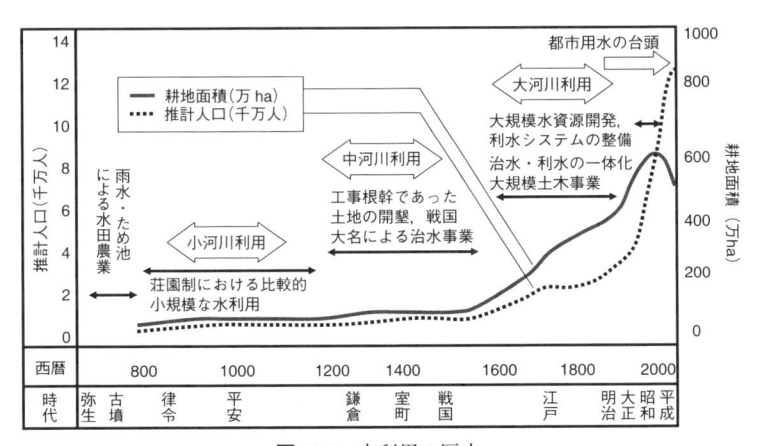

図 13.1 水利用の歴史．

用水不足の問題が発生したことは容易に想像がつく．

　例えば，岐阜県の本巣市，岐阜市西部を流れる席田用水は，木曽川水系揖斐川支川根尾川を水源とし根尾川扇状地に灌漑用水を補給する，現在も存する農業用水である．1530（享禄 3）年 6 月の大洪水で根尾川の流れが西寄りとなり，干ばつになると水量が枯渇し左岸の席田村と右岸の真桑村で用水の配分をめぐって論争が始まるようになった．やがて用水管理は成文化されるまでになり，水不足になると一層各村の権益を主張するようになっていた．この論争は江戸時代に至っても続き，江戸幕府の仲裁により**分水堰**を設け席田 6 割，真桑 4 割に分水するルールがつくられ分水量は現在も守られている．河川の水配分をめぐる地域間紛争は全国に存在し，線香に目盛りを刻み，一定時刻ごとに水流をかえ水配分の公平化を図る**番水**（廻し水制）という手法が考え出されたのもこの頃である．このような紛争を長い間で何度も経るうちに，農業用水としての水利用の秩序が形成されていったのである．

　その後，明治以降は近代化と都市化の進展により飲料水として水道用水の増加，電灯の発達による水力発電の利用，更には工業化による工業用水の需要が増加してきた．こういった新たな目的に伴う河川の水利用の増大は，それまでの農業を中心とした既存の水利用に支障となるケースを生じさせることとなった．そして 1896（明治 29）年最初の河川法（以下「旧河川法」と言う）が発布され，河川水の水利使用を許可制とする制度が始まった．実は最初に明治政府によって始まったわが国の河川行政の主たる目的は，舟運と灌漑用水の取水の安定化を図るための**低水路工事**を主とするものであった．それが河川沿岸の開発を促進することとなり洪水被害が増加することとなった．結果的に堤防によって洪水の氾濫を防止する**高水工事**への転換への要望が高まり，本格的な治水対策を実施するにあたって基本となる法律として旧河川法が公布されたのである．従って，旧河川法の内容は治水に重点が置かれ，利水の面では流水を占用する際に許可が必要となっただけであった．それでも，このような制度化は河川水の利用が増大するなか農業用水などの既存の水利用者にとっては権利が保護されることとなり，一方新たな水利用を目指す者にとっても新規参入の手続きが明確になったことから大きな効果があったと言えよう．

　その後も水需要は確実に増加の一途をたどることとなったが，既存の水利用は保護されていたため水量の増量が課題であった．そして 1935（昭和 10）年に内

務省の土木会議で河川の総合開発に関する議論が行われ，その結果「河川の上流に洪水を貯留し水害を軽減すると共に各種の河川利用を増進する方途を講ずるは治水政策上は勿論，国策上も最も有効適切なるを以て速やかに調査に着手し河水統制の実現を期する」とした．つまり洪水調節と利水補給を兼ねる現在の多目的ダムによる，河水統制事業と呼ぶ新しい治水，利水の方式の始まりであったが，戦争の影響により大きな進展は無かった．

第二次世界大戦の終結と共に，戦後の復興と豊かな生活を目指し新憲法の制定を始めとして法律制度の面で新たな国づくりへの枠組みが次々と形作られた．水に関連する制度を見てみると，1949（昭和24）年に土地改良法，1952（昭和27）年に電源開発促進法，1957（昭和32）年水道法，1958（昭和33）年工業用水道法などである．

この頃になると，経済の成長に伴って人口は都市へ集中しはじめ，水道用水・工業用水の需要は各地で高まり，1961（昭和36）年には水資源開発促進法が制定されると共に水資源開発公団が設立された．

13.1.2 河川法改正の流れ

ところで，前小節でご紹介した戦後の法制度の改革の中に河川法の記載が無いことに疑問を持たれた読者もおられるのではないか．実は旧河川法の制定以降も河川法改訂の動きは何度もあったのである．詳しくは河川法の逐条解説の序文に記載されているので興味のある読者はごらん頂きたいが，少しだけご紹介する．

1896（明治29）年旧河川法が制定されたが治水に重点がおかれたため，近代産業の発展に伴い水力発電を始めとする水利用の増加に対する要請に応えられなくなってきた．そこで河川法を所管する内務省は，利水関係の内容を充実すべく1919（大正8）年改訂を試みたが，他の利水関係省庁の合意を得られず改訂に至らなかった．背景には農業用水を所管する農林省が農業水利法案を，また水力発電を所管していた逓信省が発電水力法案の制定を考えていたからである．その後も旧河川法の制定以降第二次大戦までに2度，大戦後も2度チャレンジされたが，いずれも関係者間の合意が得られず日の目を見なかったのである．

既にご紹介したように第二次大戦後，旧河川法以外の法制度などは充実し，戦後のわが国の経済はめざましい発展を遂げることとなった．しかし一方で，特に

復興発展のためダム式による大規模な水力発電が実施されて，他の河川使用関係者との利害の対立が先鋭化し，他方，多目的ダムによる新しい方式の治水，利水の機運が高まるなど，旧河川法の取り決めだけでは複雑な水利用を管理できなくなっていたのである．また，水の合理的利用，河川の総合的な管理などに関する世間の認識と要求が従前とは比べものにならないほど高まっていたという背景もあった．このため，河川法の改訂は国会でも大きな議論となり，利水関係省庁や都道府県知事をも巻き込んだ大議論の末，1964（昭和39）年新しい河川法が制定されたのである．

新しい河川法（以下「河川法」と言う）では治水・利水の両面を体系的に管理できることとなった．具体的には，水系を一貫して管理することとし，河川を国が管理する一級水系と県が管理する二級水系に分けた．また，利水関係の規定も充実し，水利使用に際して既得の水利権を保護するとともに新規水利事業が円滑に実施できるよう水利使用関係の調整を図る規定を設けた．灌漑用水に関しては後述する**慣行水利権**の**許可水利権**への切り替えや水利権内容の厳格な規制化，また新たな水利用を可能とするため，ダムによる水資源開発の考え方を10年に1回程度生起する渇水においても取水できるようにするなど，水利権の許可の基準化を図るとともに，それ以前の既存水利権についても水利使用の安定化を河川管理者が推進することとした．その他，流水占用料などの収入を都道府県の収入とすることや，水利使用及び土地の掘削などの処分をするときには関係行政機関に対する協議及び関係地方公共団体の意見聴取を行うなどのルールが盛り込まれたのもこのときである．こうした河川法を含めた水に関するさまざまな法制度の下で，秩序ある発展が進められることとなった．

その後1997（平成9）年には再び河川法が大幅に改訂されることとなった．国民の生活レベルの向上，余暇時間の充実などにより河川環境に対する国民の関心が大きく高まりを見せ，特に1994（平成6）年に完成した長良川河口堰工事に対する世論の広がりは河川管理者に環境の重要性を大きく印象づけた．しかし，河川法の目的は治水・利水が主であり，環境に関しては配慮すべき事項ではあったものの目的ではなかったため，十分な対応をとることができない状況であった．そのため河川法の目的である治水・利水に環境を加え，総合的な河川制度の整備を目指した改訂が行われたのである．その特徴には，河川環境の整備と保全を河川法の目的に加えたこと，また，河川整備計画の策定にあたって，地域の意見を

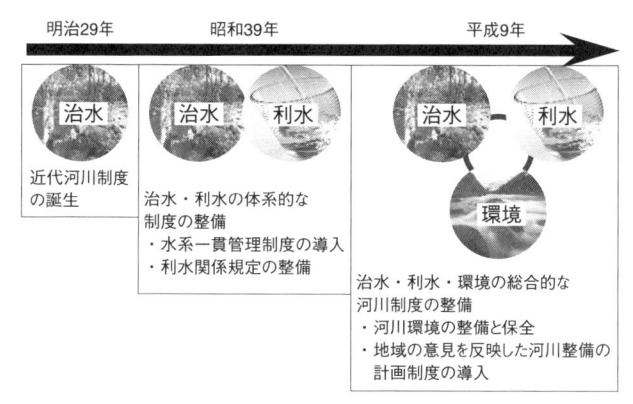

図13.2 河川法の流れ.

反映する仕組みになったことが挙げられる（図13.2）.

13.1.3 水資源開発基本計画（フルプラン）

　水利用の歴史を語る上で**水資源開発基本計画**について触れておく必要がある．戦後の高度成長期には大量の工業用水が必要となった．その多くは地下水を利用していたが，特に三大工業地帯では大量の地下水を汲み上げたため，広大な面積で地盤沈下を引き起こすこととなった．こうした地盤沈下は1959（昭和34）年の伊勢湾台風による被害を大きくした要因ともなり，これを契機に地下水の利用に規制がかかると，河川水に対する依存度が高まることとなった．ますます逼迫する水需要に対処するとともに水資源を計画的に確保するため，1961（昭和36）年に**水資源開発促進法**が制定されたのである．

　この規定では国土交通大臣が，産業の発展や都市人口の増加に伴い広域的な用水対策を実施する必要のある水系を**水資源開発水系**として指定し，指定された水系では長期的な展望にたった水資源開発基本計画（通称**フルプラン**．以下フルプランと言う）を決定することとなっている．2010年現在，水資源開発水系として指定されているのは，利根川，荒川，豊川，木曽川，淀川，吉野川，筑後川の七つの水系であり，その全ての水系において，厚生労働大臣，農林水産大臣，経済産業大臣その他関係行政機関の長に協議し，関係都道府県知事及び国土審議会の意見を聴き，閣議決定を経てフルプランが定められている（利根川及び荒川に限り，

2水系を合わせて一つのフルプラン），全国に109の一級水系があるが，そのうち七つのフルプラン水系から用水の供給を受ける地域の総面積は国土の約17%，人口や産業活動は約5割が集中していると言われており，多くの国民がフルプランに基づき総合的な水資源の開発と利用の合理化の恩恵を共有していると言える．

13.2 水利権の内容

13.2.1 水利権とは

水利権とは文字通り水を利用する権利を総称して言うことであるが，少し難しく言えば「水利権とは，河川の流水を含む公水一般を一定の目的のために，継続的・排他的に使用する権利」であり，河川法では**流水の占用**と表現している．以下この章で水利権と表現した場合にはこの流水の占用のこととする．

本書は法律書ではないのであまり深入りすることは避けるが，河川法における位置づけを確認しておくことは重要である．河川法第2条第2項では，「河川の流水が私権の目的にならない」と規定されており，水利権は流水を使用する権利（流水に対する一面的な支配権）であって，流水を所有する権利（流水に対する全面的な支配権）ではないことを明示している．また，同法第23条には流水の占用は，特許使用権に基づく流水の使用であると規定している．このような法律的性質は，わが国における水利権の発祥に由縁するところである．1896（明治29）年に制定された旧河川法では，流水の占用を特許使用（指定の者に権利を設定する行政行為）として構成（旧法第18条）されたが，すでに成立していた農業水利についてはそのまま旧河川法の規定に基づく許可を受けたものと見なす方針がとられ，河川法においてもそのままこの方針が踏襲された．

ところで，河川法においては，同法34条に「許可に基づく権利」という表現はあるものの「水利権」という言葉はまったく出てこない．また，特定多目的ダム法第3条では，この「河川法第23条の規定による流水の占用の許可によって生ずる権利」のことを，**流水占用権**と呼んでいる．では水利権という表現が法律に無いかというとそうではなく，税法関係の六法令の中では水利権という表現が

されているのである．これらの法令のなかでは，いずれも，課税対象たる無形固定資産の一つとして水利権が挙げられている．

13.2.2　水利権の内容

　では水利権の中身はどんなものであろうか．水利権は取得しようとする者の申請行為に対して，水利権を許可する河川管理者が**水利使用規則**を発効することによって手続きが完了する．このため水利権を取得した者を**水利権者**または**水利使用者**と呼ぶことがある．水利用の許可証とも言うべき水利使用規則には，基本的な事項として次の六つのことが記載される．

　一つ目は目的である．目的には発電（水力），かんがい，水道，工業用水，鉱業用水，養魚，し尿処理などがある．

　二つ目は占用の場所つまり取水する位置である．河川から取水する場合には，上流か下流か，あるいは左岸か右岸かなどにより取水の優劣が生じることがある．このため，取水口をどこに設置するのかは大きなポイントとなる．また，ダムなどを建設して水を貯留する場合にも水利権を得ることが必要となり，その場合にはどの範囲に水を貯留するのかも重要な情報である．

　三つ目は占用の方法である．取水するのか貯めるのか，川にダムや堰を設けてそのせき上げした高さを利用して堤防を開削して設置した取水口から取水するのか，あるいは川にポンプを設置してくみ上げるのか．他にも川から供給される地下水を伏流水として取水する場合などもある．

　四つ目は占用の量すなわち**取水量**である．取水量は**最大取水量**と**年間総取水量**で規定され，例えば農業用水の場合には最大取水量は季節によって変化することが一般的である．

　五つ目は取水の条件である．下流に既に許可済みの水利権などがある場合には河川の水量が一定量以上の場合もしくは，自ら設置したダムなどからの補給水しか取水できない．またダムなど貯水池に水を貯留して利用する場合には，**常時使用水位・最低水位**など流水を貯留する条件を規定する管理規定の策定を義務づけることとなっている．

　六つ目は許可期間である．河川の水を利用する場合，取水施設やダムなどの施設整備が必要であることから，一定期間の水利用が補償されることも必要であ

る．一方，公水である河川水を優先して利用することから一定期間毎に利用状況を確認する必要もある．このため，水利権は一定期間毎に更新をすることが義務づけられている．その期間は利用目的によって違いがあり，発電の場合にはおおむね20年間，その他の水利権についてはおおむね10年とされている．

この他にも，河川管理者への取水量報告や許可の内容を掲示することなどが記載されている．取水堰などでは許可内容の看板があるのでごらん頂きたい．

13.2.3 水利権の内容の制約

水利権が，河川の流水を排他的に使用する権利であることは既に述べたが，その権利に制約がかかる場合がある．

その一つが渇水時の制約である．水利権は，河川の流水を直接支配する権利であるが，許可を与えた河川管理者に対する債権ではない．つまり，取水が不能な状況となっても，その実現を河川管理者に求めることができない．

また，通常の河川管理を行う中で発生する事象に関しては受認する必要がある．つまり，河川管理者が実施する河川工事やその他の河川管理のための行為というものは，水利権者も含めた公共の利益のために実施されるものであり，そこで発生した濁水などにより支障が生じたとしても水利権者は我慢する必要がある．

これらの制約が全ての水利権が有する内在的な制約とすると，個別の水利権毎に規定される制約もある．例えば，豊水条項，貯留制限，劣後条項などの河川からの取水などにおける制約である．また，許可の期間や更新申請，失効についての規定に関する制約などの他，排水，工事，管理，標識の表示などに関する制約を付す場合がある．しかし，これらの条件は適正な河川の管理を確保するための最小限度のものとし，水利権者に対して不当な義務を課すこととならない必要がある．

13.3 水利権の分類

13.3.1 許可水利権と慣行水利権

　水利権といっても都市用水のような消費型や発電用水のような還元型の取水がある．また干ばつ時に取水順序に制限がかかるなど，水利権をいろいろに分類することによってより公平で円滑な河川管理を目指している．そのひとつが本小節で説明する水利権の成り立ちに起因する区分である．

　水利秩序が江戸時代までに農業を中心に形成され，明治以降の近代化による発電用水，都市用水の水需要の増大に対する農業用水を主とする既得水利の保護と新規利水の円滑な権利設定に対して，1896（明治29）年に旧河川法が制定され水利使用が許可制となったことは既に述べた．この時に，旧河川法の施行以前より取水実態のあるものを**慣行水利権**として認めることとした．本来であれば，取水施設の安全性や河川流量との関係を確認して取水が可能である場合に限り水利権を許可するのであるが，旧河川法以前の農業を中心とした小規模な取水に関して

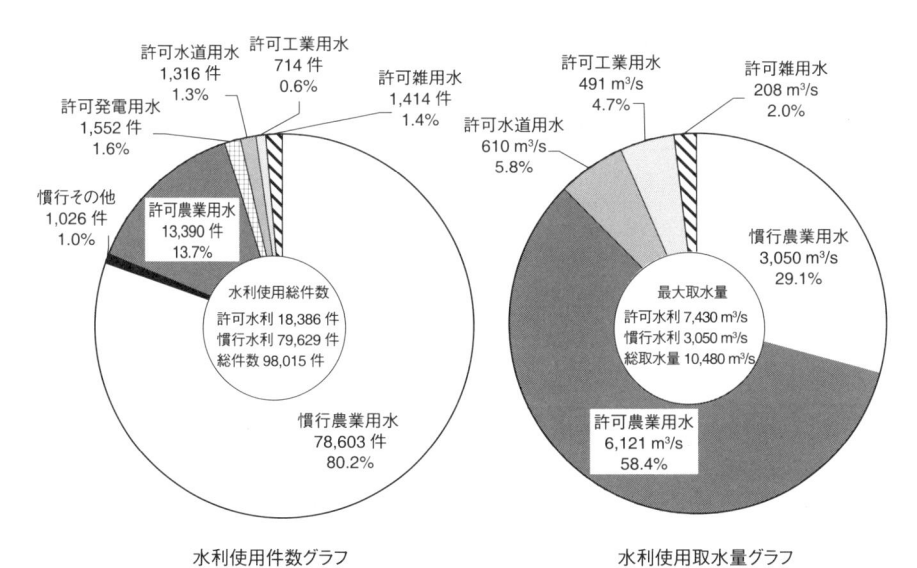

図13.3 水利使用の現況．（一級河川）．（2009年3月31日現在）
慣行農業用水は取水量の届出があるもののみ．発電用水は除く．

そのような条件を付すことは事実上不可能であった．このため，機会を捉えて許可手続きを行うこととし，それまでの取水を慣行水利権として届出程度の簡易な申請で許可することとしたのである．1964（昭和39）年の河川法の施行時にも旧河川法で認めた慣行水利権については引き続き慣行水利権として認めた．これに対して，法律に沿って審査を受けた水利権を**許可水利権**と呼んでいる．許可水利権になると，水利使用規則による制約を受ける．

ちなみに，わが国における水利使用件数約98千件（2009年3月現在）のうち，約80千件（約81％）が慣行水利権であるが，最大取水量の合計で比較すると発電を除いた総最大取水量約 10,500 m³/秒に対して，約 3,050 m³/秒（約29％）が慣行水利権となっており，慣行水利権にいかに少水量のものが多いかがわかる（図13.3）．

13.3.2 使用目的による分類

水利権は使用目的によって使用後に全量が河川に還元するものや，水道用水のように一般的に取水されたら全量が消費されるもの，農業用水のように季節によって取水量が変化するものなど違いがある．このため使用目的によって水利権を分類することがある．これまでに認められた水利権を列記すると以下の通りである．

- かんがい用水利権
- 発電用（水力）水利権
- 水道用水水利権
- 鉱工業用水利権
- その他（養魚用水，消流雪用水など）

13.3.3 権利の安定性による分類

「安定性」とは干ばつなどによって河川流量の減少時に取水に支障を生じる程度を評価する言い方で，ほとんど取水に支障をきたさなければ「安定」，頻繁に支障が生じるようであれば「不安定」と表現する．この安定性の違いで水利権を**安定水利権**，**豊水水利権**，**暫定豊水水利権**の3種類に区分することがある．安定

水利権に対して豊水水利権と暫定豊水水利権をあわせて「不安定取水」と総称することもある．

　図13.4に三つの水利権の概念を図示した．この図はわが国の河川の一般的な水量をイメージで示したもので，5月頃に雪解けで9月には台風で水量が増加している．またこの川には**河川維持流量**（河川本来の機能を維持する流量）が決められ，**既得水利権流量**（既に許可などにより取水している水利権流量）が許可されているものとする．例えばこの川から取水しようとする場合，河川維持流量は河川に残すことになっており取水できない．また既得水利権には支障を与えてはいけないことになっている．従って，新たに取水する場合には河川水がこの両者を満足する流量を上回る水量の範囲内であれば，物理的には取水は可能ということになる．しかし年間で最も少ない時期の河川流量（図では「基準渇水流量」と表現）の範囲内の水量（図では「新規許可可能範囲」と表現）であればほぼ1年を通じて安定して取水可能な水量がある（安定取水）が，それ以上の取水をする場合雪解け期と台風期しか河川水が無いため安定した取水はできない（不安定取水）．前者のような通年取水可能な水利権が安定水利権，後者のような基準渇水流量以上の期間のみ取水可能な水利権が豊水水利権である．安定水利権が通年取水することが可能なのに対し，豊水水利権では通年取水することができない場合が生じる．流水を排他継続して占用するという水利権の性格からしても，豊水水利権は特例的なものであり，水利権としての目的が十分達成されない恐れや，基準渇水流量以下でも取水が行われて下流の既得水利権を侵害する恐れなどがあることか

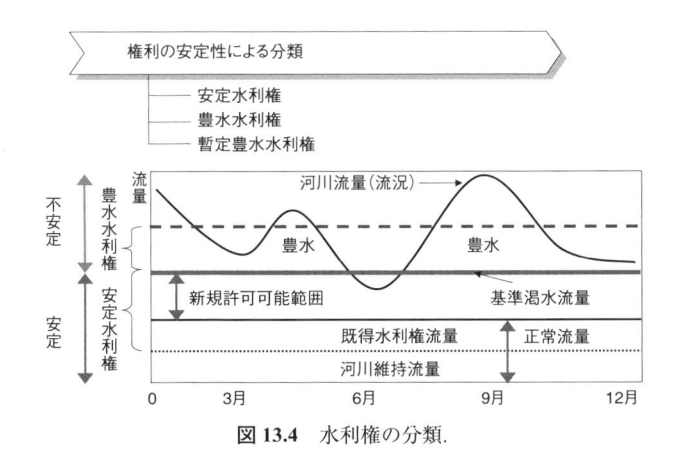

図13.4 水利権の分類．

ら，原則として許可されない．ただし，都市化などにより水道用水の需要が増大し緊急に取水することが社会的に強く要請されており，安定水利権とするためのダムなど水源施設の整備が進められている場合には，許可期間の到来とともに失効する暫定的な豊水水利権という意味で「暫定豊水水利権」を許可することがある．

13.4 水利使用の申請手続き

13.4.1 手続きの原則

ここまで水利権とは何かについて述べてきたが，水利権を取得するにはどのような手続きが必要なのだろうか．水利権は取水量や取水する場所，利用目的などによって様々である．そこで理解しやすくするため，あなたがある市の水道事業者になったと想定し，市民の水道用水をまかなうため水利権を申請する場合の手続きについて紹介する．

まず水利権は事前申請が原則である．河川法23条に「あらかじめ」と記述されているとおり事前に河川管理者に水利権（流水の占用）の許可を得る必要がある．手続きにはある程度の期間が必要なので，その期間も考慮する必要がある．

13.4.2 事業計画の確定と手続きの範囲

まずあなたの市を流れるA川水系B川から取水したいとすると，具体的にどの地先で取水するのか，どういう方法で取水するのか，川の水だけで足りるのか，ダムなどの水源施設は必要か，川での工事が必要となるのかなど明確にしておく必要がある．河川法23条の水利権以外の手続きが必要となることも多い．取水地点の川の堤防をくり貫いて取水管を設置する必要があれば，河川の土地を占用する許可（同法24条の許可）が必要となる．そこに取水の施設を設置するとなれば工作物新設の許可（同法26条第1項の許可），河川のすぐ近くを掘削する場合には保全区域の行為の許可（同法55条第1項の許可）などが必要となる．

ところで，河川法の適用を受けない水の利用であれば水利使用の申請は不要で

ある．ため池の水や，地下水，海水などを利用するのであれば水利権が不要だからである．しかし，川の水が一時的に伏流している地下水の場合や，河口に近い感潮区間の海水であっても河川区域からの取水，水力発電に利用したあと河川に戻る前の水であっても申請が必要となるので注意が必要である．

13.4.3　水利使用の区分

次に申請する水利権の量を明確にする必要がある．水利権には取水する水量や供給先の規模などによって**特定水利使用**と**準特定水利使用**に分かれるからである．水道用水の場合，あなたの市の人口が1万人以上であれば特定水利使用となる．人口がそれ以下でも1日の取水量が2500 m^3以上であればやはり特定水利使用である．他にも特定水利使用となる条件は，発電用水，取水量2500 m^3/日以上の鉱工業用水，最大取水量1 m^3/秒以上又は面積300 ha以上のかんがい用水である．

ちなみに，準特定水利使用は，取水量最大1200 m^3/日または給水人口5千人以上の水道用水，取水量最大0.3 m^3/秒または面積100 ha以上のかんがい用水，取水量最大1200 m^3/日以上の水道またはかんがい以外の水利用である．

それ以下の水利用についても基本的には河川管理者の許可が必要である．

13.4.4　水利使用の許可者

申請に必要な資料が調えば申請書を提出することになるが，水利使用の区分や取水を予定している河川の管理者によって申請先が変わってくる．

あなたの市が一級水系から取水しようとしており，その規模が1万人以上とすれば特定水利使用となり国土交通大臣の許可が必要となる．国土交通省の出先となる最寄りの河川の管理事務所などに申請書を提出することが必要である．提出された申請書は出先事務所から地方整備局などを経由して国土交通本省に上申され，問題がなければ許可が出る仕組みである．

水利使用区分が準特定以下のケースや河川の管理者が都道府県，あるいは市町村の場合は許可の権限が整備局長や知事，市町村長に下ろされており，手続きが簡便になっている．

13.5 水利使用許可の判断基準

13.5.1 公共の福祉の増進

前節の手順で申請された水利権は，該当する河川の管理を行う国または県，市町村において，以下の四つのポイントで審査されるので申請の前に留意しておくことが肝要である．

- 公共の福祉の増進
- 実行の確実性
- 河川流量と取水量の関係
- 公益上の支障の有無

第一は，付与された水利権が公共の福祉の増進に寄与するものであるかどうかについてである．河川法の目的として「公共の福祉を増進することを目的とする．」とある．そもそも水利権が公水である河川の水を排他的に利用する権利であることから，取水することによって公共の福祉の増進が図られる必要がある．申請された水利使用によって国民生活や産業活動への効果が期待されるのか，それに伴う影響はどうか．また，他の公共の福祉を目指した事業との整合はもちろんのこと，国または地方のさまざまな長期計画などと照らし合わせても整合が取れているか．河川水以外の水源への代替えの可能性などを勘案し，総合的に判断される．

13.5.2 実行の確実性

水利権は自主的な申請行為によって許可されるとともに，限られた河川水を排他独占的に利用できる権利でもある．このため「早い者勝ち」といった考えを排除する意味でも，許可された水利権の実行の確実性が確保されているかどうかも重要な要素である．

事業計画の妥当性として関係法令に基づく許可などを受けているかまたは受ける見込みが確実であり，かつ，当該水利使用の内容が関係法令による許可などに係る事業内容と整合が図られている必要がある．また，事業の遂行能力として申

請者は事業を遂行する能力及び信用を有すると客観的に判断される者である必要がある．水利権が取得できたとしても浄水場や配水施設の計画が具体的でなかったり，建設費用など予算措置などについても十分な準備がなされていないようだと許可されない場合がある．

また，取水予定量の算定が妥当かどうかも特に重要である．取水予定量が合理的な根拠に基づいて算定されたものであり，妥当な範囲内のものである必要がある．例えば水道用水の場合には，必要水量＝（一人一日最大給水量×計画給水人口）のうち地下水など他の既存水源からの給水量を除いた取水量となっていることなどが審査される．

また，他の水利使用者や漁業など既に河川を利用している者との調整が図られており，申請された水利使用により損失を受けるおそれがある者がいる場合には，その者の同意を得られるかどうかも，実行の確実性として審査される．

13.5.3　河川流量と取水量の関係

13.3.3 小節でも記載したが，水利権は河川の流水を排他継続して占用する権利である．加えて河川法の目的として「河川が適正に利用され，流水の正常な機能が維持され，河川環境の保全がされるよう総合的に管理する」とあり，適正な利用とは紛争などの発生を防止し円滑な水利用が図られることを目指している．ほとんどの河川では複数の水利権者が水を利用しているが，干ばつになる度に一部の，例えば最下流の水利権者の取水に支障をきたす状況が発生する場合がある．新たな水利権の許可によってこのような状況が頻繁に発生することになると，水利権の権利としての位置付けが揺らぐことになり，適正な河川管理に支障をきたす．このため，申請された水利権が安定水利権であることが基本となる．

図 13.5 は水利権の許可をする際の考え方を模式図にしたもので，上段の図は 13.3.3 小節でも紹介したが取水を予定している河川の自然状態における 1 年間の水量の変化を示したものである．ただし 13.3.3 小節では任意の年の流況をもとに記述したが，わが国の実際の水利権審査においては**安定性**を考慮して 10 カ年で最小の渇水流量を**基準渇水流量**と呼び判断材料の基本としている．10 カ年で最小の渇水流量を基準としていることから，「十分の一（1/10）渇水を対象としている．」と言う場合もある．

図 13.5 水利使用許可の考え方.

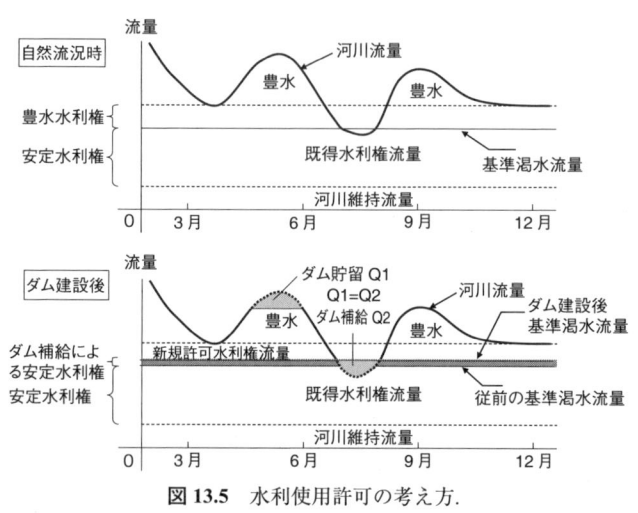

「基準渇水流量」；通常，過去 10 カ年の渇水流量（年間 355 日を下らない程度の河川の流量値）のうち最小のもの．

　ちなみに1年間分の日平均河川流量データ 365 個を大きい順に並べて 355 番目の流量を**渇水流量**（かっすい）という．同様に 275 番目の流量を**低水流量**（ていすい），同 185 番目を**平水流量**（へいすい），同 95 番目を**豊水流量**（ほうすい）と呼び四つの流量を総称して**流況**と呼ぶ．流況を見ると，その川の1年間の流量変化や水の豊かさがわかるのである．

　13.3.3 小節及び図 13.4 で述べたが，この基準渇水流量に対して，河川維持流量と既得水利権流量の両者を満足したうえで更に流量に余裕があれば，水利権の取得が可能となる．

　ここで河川維持流量について説明する．河川法第1条（目的）で「流水の正常な機能が維持されるように管理」することとされている．これは本来河川を流下する流水が有する機能，例えば動植物の生息や漁業・地下水の補給・景観の他，流水の占用すなわち水利権として許可された取水などの機能を正常に維持することである．この機能を維持するために必要な最少流量を**流水の正常な機能を維持する流量**略して**正常流量**と呼んでいる．このうち流水の占用として既に水利権として許可されており保全される水量を既得水利権流量あるいは**水利流量**，また正常流量から水利流量を除いた河川として維持すべき流量を**河川維持流量**あるいは略して**維持流量**と呼ぶ．

　図 13.5 上段の図のようなケースでは，維持流量と既得水利権流量の合計が基

準渇水流量と一致しているので既に安定水利権と言える水利権は全量許可済みであり，新たな水利権は許可されない．わが国の河川は外国に比べ急流河川が多い．このため渇水流量が小さくなる傾向が強く，ほとんどの河川では既に基準渇水流量までの安定水利権は許可済みとなっている．

図13.5の下段の図は，このようなケースにおける許可の考え方である．いま新規許可水利権流量を取得しようとした場合，基準渇水流量以上の流量が無いと取水できないため，不安定取水となりこのままでは許可されない．しかし上流でダムなどの貯留施設を建設することにより，水が豊富なときにダム貯留（Q1）をし，基準渇水流量以下となったらダムから補給（Q2）すれば基準渇水流量を上げることとなり，新規の水利権流量が許可可能となる．つまりダムにより河川流況を安定化させたことになり，その結果水利権の許可を得ることができるのである．当然このために必要となるダム建設の費用は，新たな水利権を得ようとするものが支出するのが普通である．

13.5.4　公益上の支障の有無

水利権の許可を判断する際の四つ目の視点は，公益上の支障の有無である．今まで述べた3項目は水の利用そのものに関する内容であったが，公益上の支障とは河川法23条の流水の占用に関する内容以外に関する審査である．通常，流水を占用する場合にはダムや堰などの工作物が必要となるが，これらの工作物が河川法26条第1項の審査基準を満たしているか，あるいは河川内に建造される工作物が洪水流下の支障にならないか，その他公益上の支障になることは無いかなどである．

具体的には，水利権を使用する際の土地の占用や工作物の新築などは最小限度のものとなっていることが必要である．「せっかく取水管を設置するので2倍の大きさの施設を整備したい」と思ってもそれは許されないのである．水利権は排他的に利用できる権利であり，具体的ではない場合には許可されない．また，河川区域内に設置される工作物に関しては，河川法26条第1項に従って決められた法令等の構造を満足するものでなくてはならない．該当する法令等には河川管理施設等構造令，工作物設置許可基準，河川砂防技術基準（案）がある．

この他，河川法の適用外の事項であっても，公水を占用的に利用する者に対し

ては法令等の遵守に関して審査を行う．例えば工作物の設置工事などで発生する廃棄土であってもその処理方法が適切かどうか，また，工事現場からの排水は環境基準を満足することはもちろん，十分な対策が講じられているかなどである．

13.6 水利権の運用と新たな動き

13.6.1 渇水調整

水利権は，前述のように取水予定地点における 10 カ年の渇水流量のうち最小となる基準渇水流量を判断材料の要素としている．つまり，「十分の一（1/10）渇水を対象としている．」

しかし，20 年，30 年の中にはそれよりも厳しい渇水流量となる年，つまり**異常渇水**が発生する．そのような状況になった場合には取水できない場合が予測される．

一般に水利権の優先順位は使用目的ではなく，水利使用規則で先発の水利使用に支障を生じないよう記述されている成立の順序による．また，慣行水利権では古田優先，上流優先などその土地の慣行によることもある．従って関係利水者間で渇水調整が整わない場合には，優先権のある水利使用者に先んじた取水はできないということになる．

しかし，異常渇水となれば利水者の全てが取水できる状態とならなくなる．それぞれ国民生活や経済活動に密接な関係のある水利使用であり，優先権のあるものがもっぱらその権利を主張した場合は，いたずらに混乱が生ずるだけである．つまり河川の適正な水利用が不可能となることから，**渇水調整**が行われる．

河川法において，川は公共物としての性格を有しており，川から水利権により取水を許可された利水者は，相互にその水利使用の調整について必要な協議，つまり渇水調整を行うように努めなければならないとされている．また，河川を管理するものは，利水者間の協議が円滑に行われるよう，水利調整に関して必要な情報の提供に努め，調整に関して必要であれば斡旋や調整を行うことができるとされており（河川法 53 条），河川法上は，渇水調整は利水者が相互に協議を行う努めがあり，河川管理者は必要な場合だけ調整を行うことができる，となってい

る．河川管理者がオブザーバー的な立場であることは水利権の成り立ちを考えると大変興味深い．

実際には，河川管理者は行政指導の面からの調整を含めて，それぞれの水利使用の緊急性，公益性，渇水の状況などを勘案し，最小限の必要水量を確保する観点に立って取水量の削減，ダム補給量の調整・指導・要請などを行っている．また，このような行政指導が円滑に行われるよう関係水利使用者，関係地方公共団体，関係行政機関などで組織する常設の**渇水調整協議会**を設置している．

また，渇水調整を円滑にし，危機管理に対する対応を図るため，1997（平成9）年の河川法の改正時に同法53条の2に渇水時の水利使用の特例が設けられた．その内容は，異常な渇水時に利水者Aに対して，河川管理者の承認を受ければ，他の利水者Bが自分の水利権の一部を利水者Aに使わせることを可能にしたもので，本来であれば水利権変更もしくは新たな水利権が必要となり，既に述べたとおり十分な審査が必要となるところであるが，異常渇水時には簡易な審査で水利権を許可できることとなっている．これは緊急時に限り利水者間での水融通を円滑にするもので，通常の審査で必要となる関係行政機関との協議も不要となっている．

この特例による適用例としては，2001（平成13）年5月に茨城県の小貝川で生じた水不足に対して，霞ヶ浦から農業用水を注水して水融通を行った事例が最初である．また，2005（平成17）年の夏期渇水では，木曽川の渇水で水不足となった愛知用水に対して長良川から河口堰で開発した水を融通し知多半島を救ったほか，徳島県の水不足に対して和歌山県新宮川からタンカーで水を送るという離れ業のような事例がある．

13.6.2　発電ガイドライン

水力発電の水利権でしばしば問題となるのは，発電取水口や発電ダムの下流における減水区間が発生することである．高度成長期に旺盛な電力需要に応えるためできるだけ多くの取水を行い発電が行われた．このため発電取水の下流ではいわゆる「水涸れ」状態となっていた．しかし，市民生活が豊かになるにつれ環境への関心が高まり川に水を戻そうとする気運が高まった．これに応えるため，1988（昭和63）年7月に「発電水利権の期間更新時における河川維持流量の確保

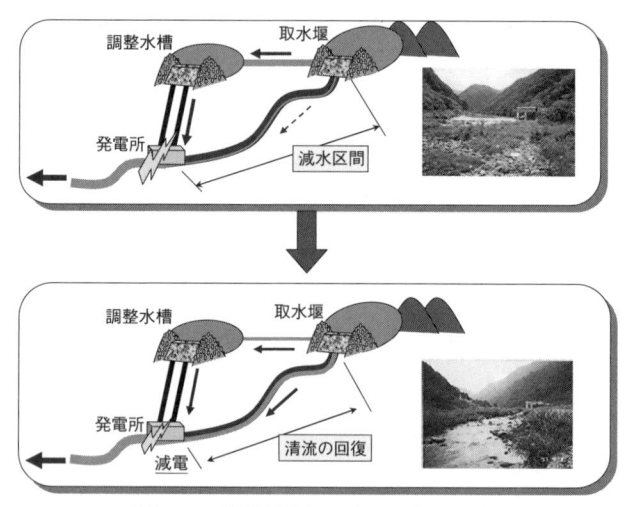

図 13.6 発電ガイドラインのイメージ.

について」(通称発電ガイドラインと呼ばれる)が当時の建設省と通商産業省によって制定され，その後は一定の河川維持流量を下流河川に流し，河川環境として最低限必要な河川流量の確保を行っていく流況改善の保全対策が講じられることになった(図 13.6)．発電の水利権は通常 30 年 (2009 (平成 21) 年度以降は 20 年) ごとに更新する必要がある．このため更新の際に発電ガイドラインに該当する次に挙げる発電所では，発電取水口等における集水面積 100 km^2 当たり概ね 0.1～0.3 m^3/秒程度の河川維持流量を流下させる必要があるとされている．

(1) 他の水系へ流域変更または海に直接放流する発電所．
(2) 取水口から発電を終え河川に還元するまでの減水区間が 10 km 以上で，集水面積が 200 km^2 以上，または減水区間に自然公園法の区域や，観光地がある発電所．

この結果，1988 年の開始以来発電事業者などの協力もあり，これまでに発電による減水区間が全国で約 6300 km あったが，約 5100 km の区間で清流が回復している．

13.6.3 小水力発電等に係る規制緩和

水力発電は地球温暖化対策に貢献するクリーンエネルギーである．しかし効率

の良い大規模な水力発電は既に開発済みであり，残る候補地は一般的には多額の予算と長い年月をかけた大規模なダムなどさまざまな課題を有する．その一方，発電規模こそ小さいが，大規模なダムなどを必要とせず，既存の農業用水路などを流れている水を利用して少ない予算で発電する施設，いわゆる小水力発電が注目されていたが，小水力発電と言えども施設の設置には既に述べたとおり河川法の許可など複雑な手続きが必要となり，その普及の弊害となっていた．このため地球温暖化対策に加え経済対策に向けた規制緩和政策として，2004（平成16）年に電気事業者による新エネルギー等の利用に関する特別措置法（Renewables Portfolio Standardの頭文字から通称RPS法と称される）が施行され，出力1,000 kW以下の水力発電所など新エネルギーの導入が義務づけられるとともに，小水力発電に関しては水利権の申請書類の一部簡素化を行うなどの取り組みが始まっている．

　具体的には，通常の水利権の申請には河川の流量と取水量及び他の河川使用者の取水量との関係を明らかにする計算など，多くの申請資料が必要とされていた．しかし，例えば農業用水路の途中に発電機を設置して発電するような小水力発電の場合，他の水利使用に完全に従属して発電を行うことが見込まれるため，河川からの取水量が増えるわけではなく，河川流量に影響を及ぼさないため省略可能となった．

13.6.4　環境用水に係る水利使用許可の取り扱い

　国民生活が豊かになるにつれ環境に対する関心が高まり，身近な水路などに水を流して水質改善・親水空間や修景などの創出等により，潤いのある水辺環境を求める声が高まってきた．しかし水利使用の目的として環境用水は位置付けられておらず，従前は雑用水として許可を得ることで対応してきた．しかし，1997（平成9）年河川法の目的に環境が加えられた改訂を契機に，環境用水として水利権を得ることが可能となった（図13.7）．申請の主体は地方公共団体を原則とするが，事業目的の公共性及び事業の実行の確実性等が担保されればNGO等でも可能である．また水源が必要であることはもちろんであるが，河川の流水が安定的に確保できない場合であっても，環境用水の目的が達成できる場合には，関係者間の意見集約等を踏まえ，豊水を水源とすることを可能としている．しかしながら環境用水の目的や効用の多くがメンタル面にあることから，他の既得水利

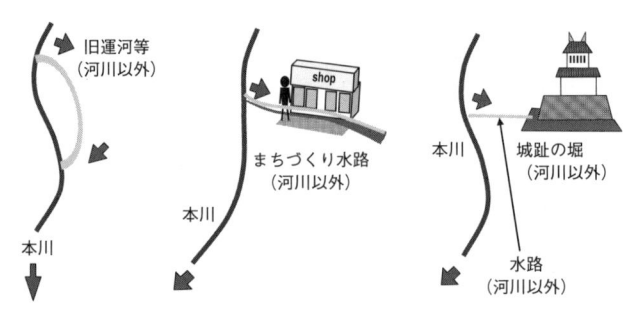

図 13.7 水利使用許可による環境用水の導水のイメージ.
旧運河等，まちづくり水路，城趾の堀など河川（法定河川又は準用河川）以外の水路等への導水を，水利使用許可により実施する.

権者や関係する河川利用者の理解を得ることが最も重要であろう.

参考文献
河川法研究会（2006）：『河川法解説』，大成出版社.
木曽三川流域誌編集委員会・(社) 中部建設協会編（1992）：『木曽三川流域誌』，建設省中部地方建設局，pp. 398-406.
建設省中部地方建設局（1988）：『木曽三川—その流域と河川技術—』，pp. 668-670.
七戸克彦（2005）：現代の水利権をめぐる諸問題.『河川レビュー』，pp. 11-15.
水利権実務研究会（2005）：『水利権実務一問一答』，大成出版社，pp. 253-255.
薄葉　智（2009）：小水力発電と水利権（新エネルギーの普及促進に向けて），国土交通省北陸地方整備局水政課.

（山内　博）

第 14 章

河川の公共性
―水はだれのものか―

14.1 社会学からの「水の環境学」

　すべての生命は水とともに生きてきた．あらゆる生命の生存にとって，水が不可欠であることは言うまでもない．

　その水が今，世界的な危機にある．モード・バーロウは「三つの"水危機"――減少する淡水供給，不平等な水へのアクセス，企業による水支配――は，今日，地球と私たちの生存に対する最大の脅威となっている」と述べ，続けて，「世界では淡水供給の減少にともなって紛争が深刻化し，戦争に発展する可能性がある．こうした紛争または戦争は，国家間，あるいは富裕層と貧困層との間，または公共の利益と民間の利益の間，さらには地方と都市の人びとの間，自然界と産業化された人類との間で発生することになる」（バーロウ，2008）と警告を発している．ここであげられている「**三つの水危機**」によって社会的なストレス，紛争が発生する危険性にわれわれが直面しているという事実だけでなく，こうした「三つの水危機」そのものが人間と社会によってもたらされたものであることに注意しなければならない．

　現代では，世界中の水あるいは水環境は「そこに自然にあるもの」ではなく，すでに「人間や社会によって占有され，利用され，さらに，汚染されているもの」である．世界有数の大河である中国の黄河ですら，人間の取水によって断流してしまった．「1972 年には，黄河の流れが史上初めて海に注がなかった．この年の断流日数は 15 日だったが，それ以降は日数が増え，1997 年には 226 日となった」（バーロウ，クラーク，2003）．このように，水や水環境の背後に，社会

の秩序や人間の活動を見てゆくことが必要であり，そのあり方を規定していると考えなければならない．社会学から水環境を考える出発点はここにある．

こうした社会学からの水環境へのアプローチにとって，もっとも基礎的な課題は「水はだれのものか」という問いである．環境を対象とする社会学的研究において，自然をめぐる所有の問題は中心的な論点である．この問題を解こうとして，多くの論者がコモンズを論じ（たとえば『環境社会学研究』第3号参照），鳥越皓之は総有論（鳥越，1997）を提起し，秋道智彌は「**自然の文化化**」という概念を使っている．「自然の文化化」とは，もともとは福井勝義の概念で，「人間による自然の囲いこみ，あるいは所有や占有について諸権利を主張すること」（秋道，1999）を意味している．これらの議論はすべて，近代的な私有権とは異なる，「もう一つの所有権のあり方」を問題にしないと環境が守れないことを暗に示している．このことは，言い換えれば，現代の環境問題は**近代的所有**から発していることを問題にしている．ここでの所有とは，「究極的には，このような人と人，人と自然との関係のとり方からはじまり，またそこに帰る媒介的制度」（嘉田，2001）なのである．この「自然はだれのものか」という問題は一見，自然と人間との関係の問題であるかのように見えるが，それは同時に，人間と人間との関係でもある．

「水はだれのものか」という問題は具体的には，水へのアクセス権の問題につながってゆく．ここでアクセス権とは「人間と自然との関係」に見えるが，「だれがアクセス権を持ち，だれがその権利から排除されているのか」という点では「水をめぐる人間と人間との関係」をも意味している．現在，世界的には「水はニーズなのか，権利なのか」が問われている．「水はニーズだ」とすれば，「営利目的の民間セクターが，市場を介して生命の維持に必要なこの資源を提供する責任と権利を手に入れられる」ことになる．他方，「水が権利だ」とすれば「すべての人に非営利目的で平等なアクセスを保証する責任が政府に生じる」（バーロウ，クラーク，2003）ことになる．現在，発展途上国への水関連の支援（ダム建設，灌漑施設整備，上下水道整備などの支援），先進国での新自由主義的な政策の下で「水の市場化」が進んでいる．しかし一方では，水の市場化によって，生命のもっとも基礎的なものである水へのアクセス権が奪われ，とくに，貧困層は水を得ることができなくなると反対し，「地球とすべての人びとのために，水は公共財であり，私たちが生き残るためには賢く持続可能な形で共有されねばならない

との認識を取り戻すことが何よりも重要だ」(バーロウ, 2008) と主張されている．このように，水や水環境を考える時にもっとも基礎にある「水はだれのものか」という問いは，するどい対立を含んでいる．本章では，近代日本に限定して，「水はだれのものか」という問題を，社会学から考えてみよう．

14.2 自然の所有をめぐって

　環境問題を考えるとき，われわれは，いつも「自然はだれのものか」という問題に直面する．自然はもともと「だれのものでもないもの」，すなわち無主の存在であった．その時には，「自然はだれのものか」ということは問題にされなかった．だが，開発や近代化に伴って，無主のものであった自然が多くの人に利用されはじめ，利害対立や競合が生ずるにしたがって，その間に一定のルールが必要となってきた．一定のルールが成立すると，そのルールに従って自然は特定の人に占有され，同時にそれ以降，他の人々はそれを利用することから排除されてゆく．皮肉なことに所有というルールが厳格になるにしたがって，自然は利用し尽くされ，汚染されてきた．自然破壊や汚染に直面したとき，われわれは再度，「自然はだれのものか」という問いを発せざるをえなくなった．公害問題に苦しめられた人々は，「特定企業に空気を汚す権利があるのか，空気は皆が公平に享受できるものではないのか，この空気はだれのものか」と問い，工場のために埋立てが進む海岸に対しては「海岸はみんなのものであり，すべての人は入り浜権をもっている」との主張がなされた（高崎・高桑，1976）．このように，自然が危機に直面するともう一度，「自然はだれのものか」という問いを発することになる．

　そのため，河川環境を取り上げる際にも，「河川はだれのものか」を考えることは重要である．しかし，環境に関連する山野河海の所有権の問題は，生活・生産空間の所有権の問題と比べて複雑である．

　自然（あるいは，山野河海）に関する所有は，個人の私有権とは大きく性格を異にしている．歴史的に見れば，山野河海は「無主のもの」であり，一種の「自由財」であった．住宅地や田畑のように「人々の暮らす領域」は早い段階から帰属（所有）が明確化したのに対して，「人々から遠い領域」である山野河海は自

由な利用が続いていたのである．しかし，開発が進むにつれて，山野河海が希少財としての意味を持ち，次第に特定の人への帰属がはっきりしてくる．「自然の資源化」（松井編，2007）とともに，所有が次第に問題となった．それでも，依然として大部分の山野河海は，私有財のように私的に支配・管理されるものにはなりえなかった．

　自然の大部分が自由財であった段階においては，所有は決定的な重要性を持っていない．むしろ，所有を問題にせず自然が利用され，自然を利用する過程で管理もあわせて行われていた．ここでは，自然の利用の中に管理が内包され，利用と管理とは一体化していた．こうした段階にあっては，「**公私共利の原則**」の下，山野河海が利用されてきた．公私共利について筒井迪夫は島田錦蔵を援用して，「『領有権者の**公権的利用**と住民の**私権的利用**とが同一地域について併存し，両者が互いに排除することなく，伸縮性をもちつつ共存する関係』と解される用益関係」と説明している（筒井，1987）．

　こうした「公私共利」の状態は，明治以降，近代的な所有権の考え方が導入され，公私の区分が明確化し，あらゆる土地が官地と私有地に区分されるようになると大きく変化する．ここで注意すべきは，公私区分が官民区分にすりかわっていることである．

　この区分が行われることによって，それまで利用を中心に考えられてきた自然が，所有を中心に扱われるようになる．すなわち，所有が管理・利用のあり方を決めてゆくようになるのである．その結果，官地となった山野河海は「官による所有・管理」が行われるようになり，民間の利用が排除されていく．

　一般に**私有財**の場合には，所有と管理と利用は一体のものである．しかし，山野河海については，それほど単純ではない．そのために，私的所有財の場合には一体のものと考えられる所有・管理・利用という三つの局面を，山野河海においては図14.1のように別々のものとして設定し，その相互関係を考察してゆくことが必要となる．ここでは，明治以降，日本において河川の所有権がどう確定され，それにともなって，管理・利用のあり方がどう定まってきたのかを見てゆく．

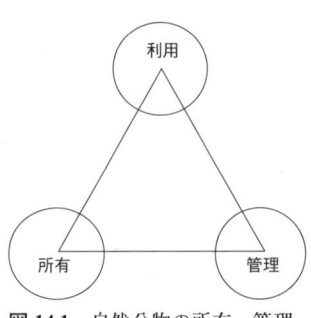

図 14.1　自然公物の所有・管理・利用の三角形．

14.3　近代河川行政の成立

　近代日本の河川行政を，三つの時期に区分しよう．第一期は，明治の河川行政の体制が確立して以降，1950年頃までの時期である．第二期は，近代的な河川行政の体制の下，河川整備が盛んにおこなわれた時期である．第三期は，そうした河川整備がさまざまな問題に直面し，別の河川行政のあり方を模索し始めた時期である．

　近代の国家制度が整えられるに従って，河川行政の中央集権的な体制が確立された．「中央集権的統一国家の形成は，当然に河川行政の中央集権的統制の確立をめざすものであった」（渡辺，1959）．そこでは，「治水が国家の事務であるという意識が貫かれて」（武井，1961）いた．

　こうした**近代河川行政制度**をつくりあげるにあたって重要な役割を果たしたものは，土地所有権の創設と，河川法の制定であった．日本における近代的な土地所有権の創設は，1872（明治5）年，地所永代売買解禁・地券交付などの**地租改正事業**によって始められた．地租改正そのものは，土地の所有者を確定し，その土地に税金を課することによって，誕生して間もない国家の財源を確保するための政策であった．それと同時に，このことは近代的な所有概念を日本社会に導入することにもつながっていった．

　その基本的な考え方は，「(1) それは土地に対する絶対的な権利で，その土地に存在する具体的な占有利用の関係によって制約を受けるものであってはならない．(2) したがって所有権者は家・村落などからの規制にかかわりなくその土地を自由に処分できる．(3) それは個人権であり，所有権者は，身分・職業を問わず，また家の戸主であるか否かを問わない．(4) 以上のような土地所有権は，すべての地にくまなくおよぶもので，それぞれ，位置・境界・面積・所有者・地租額が確定していなければならない」（丹羽，1987）というものであった．「領主であれ農民であれ，『自分のもの』を支配するという所有観念が希薄であった」（稲本，1992）幕藩期の土地所有観念と対比してみると，この近代的な土地所有権の導入がいかに画期的なことであったかがわかる．

　明治政府は私有地に対しては，地租改正事業を通して土地の権利関係を整理し，所有者を確定し，地租の納税者を定めた．だが山野河海の場合には，そう簡

単にはいかなかった．個人の所有者を確定する前にまず，私有地とそれ以外の土地とを区別する作業が必要であった．

山野河海の改革は，私有地の地租改革のようには簡単にはおこなわれなかった．その理由を筒井迪夫は次のように説明している．「江戸時代の林野の利用が『公私共利』の関係にあったからである．公私共利とは，公権者と私権者が共に用益する関係であるが，こうした利用関係に基づく『所有』形態を現代法体系に基づく『所有』形態に変えるには，まず公私共利制の林野を，公と私に分離することが必要だったからである」（筒井，1987）．すなわち，山野河海の改革は，たんに私有地とそれ以外の土地との境界画定にとどまらず，これまでの山野河海の土地にかかわる所有と利用の観念を根本的に変革しなければならなかったのである．

山野河海の改革は，「**官民有区分**」という形で進んでゆく．1873（明治6）年3月の「地所名称区別法」（太政官達第114号）によって，全国の土地は皇宮地，神地，官庁地，官用地，公有地，私有地，除税地に区分された．ここでは，皇宮地，神地，除税地という特殊な土地を除外すると，土地は**官庁地・官用地**と**公有地**と**私有地**の三つに区分されていた．さらに最終的に，山野河海の帰属は1874（明治7）年11月「**地所名称区別改正法**」（太政官布告120号）で決まってゆく．そこでは，「公有地」というカテゴリーは消え，すべての土地は**官有地**と**民有地**とに二分された．ここでの関心の中心である官有地は，第一種から第四種に細分類された．第一種官有地は，地券（政府の土地所有権を証明した証券）を発せず地租を課せず区入費（現在の地方税に相当する税）を賦さない皇宮地，神地など．第二種は，地券を発行し地租を課せず区入費を賦する皇族賜邸，官用地．第三種は，地券を発せず地租を課せず，区入費を賦さない山岳，丘陵，林藪，原野，河海，湖沼，池沢その他民有地でないもの．第四種は，地券を発せず地租を課さず，区入費を賦する寺院，学校，病院その他民有地でないものである．この所有改革の結果，「明治期になると，そのすべてではないにしろ山野河海は国家による単一所有・管理に編成される」（秋道，1995）ことになり，島崎（1969）が描いたように，それまでの周辺住民の慣行的利用（それまでの公私共利の利用形態）が排除されていったのである．

ここで考察の対象としているのは，地券もなく，地租も区入費も課さない**第三種官有地**として位置づけられた山野河海である．この官地の決め方からは，「一

般的には民有地でないものが官有地であるという，一種のトートロジーになっている．その実質は，民有の確証のないものはすべて官有地に編入するという方針であった」（三本木，1999）ことがうかがえる．つまり官の土地は，西欧的な意味での「みんなの土地」という意味での「公共の土地」ではなかった．「当時の土地国有化ということは，国有林野の例に見られるように，必ずしもこれを地域住民の自由使用・一般使用に供するという公共性を伴うものではなかった」（三本木，1999）のである．そのために，西欧的な意味では「公有」であることは「だれにでも開かれていて，利用可能」という意味である．しかし日本では，「国有地（あるいは公有地）につき，立ち入るべからず」という看板を当然と受け取り，藤田（2006）が指摘するまで，だれもこの表現の矛盾を指摘するものがなかったのである．

近代の河川行政を基礎づけた第二の制度は，1896（明治29）年に成立した河川法（以下，**旧河川法**と称する）である．「我が国の河川法制は，旧河川法以来一貫して，河川そのものが国の公物とされるべきことを基本に，国としての最も重要な責任分野であることを明確にしてきた」（三本木，1999）．旧河川法第3条では「河川並其ノ敷地若ハ流水ハ私権ノ目的トナルコトヲ得ス」とされ，「『河川』と認定されるとその区域内の敷地の上の私権は消滅せしめられる」（同）ことを定めた．

さらに，この旧河川法によって，国家が河川を所有・管理すると同時に，河川工事への国家補助を行うことが定められた．「公共の利害に重大の関係があると主務大臣が認定した河川は河川法上の『河川』として国の管理権に服せしめ，国の機関たる地方行政庁に工事施行ならびに維持修繕の責任を負わせるとともに，人民の河川敷地・流水の占用や工作物設置を原則として地方行政庁の許可にかかわらしめ，その他土地所有者の権利義務を定める等，河川取締・監督の原則を定め，強力な行政権の発動に法律的根拠をあたえている」（渡辺，1959）．

この旧河川法の主な特徴は，次の二点である．第一に，旧河川法により中央集権的な河川行政が確立したこと，すなわち「治水という点でみれば，それは国家権力の中央集権的河川管理立法であった．行政面でも財政面でも国の河川に対する発言力はこれによっていちじるしく強化されることになった」（同）．「おなじ公物法といっても，後年（大正八年）の道路法とくらべれば，河川法はやはり絶対主義確立期にふさわしい官僚行政中心の立法であった」（同）と言われている

のである．

　しかし，中央集権的な体制が確立したとはいえ，実際には国家財政の逼迫により，計画をした河川改修すら進まなかった．河川法の制定を受けて，1910（明治43）年の第一次臨時治水調査会は，全国から65の直轄河川を選定し，二期に分けて治水工事を執行する計画を立案した．しかし，1913（大正2）年の政府の財政整理方針の下，工事は計画どおり進まなかった．続いて，1921（大正10）年，第二次臨時治水調査会による河川工事計画が立案されたが，関東大震災，昭和の経済恐慌，戦時体制への準備などにより，実際には工事が計画どおり進むことはなかった．軍事予算優先の下で，治水計画の実施が大幅に遅れた．

　第二に，旧河川法は治水中心であって，「利水行政の観点はほとんど考慮されていなかった」（同）ことである．利水については，「従来の慣習的利用を是認した」だけで，公水をどう利用するのか（利用権を与えるのか）に関してなんら規定しなかった．「実際，旧・新河川法ともに，公水とされるものの範囲・水利権の性質内容・権利調整の基準等について実体的規定が殆どないために，判例法によってこれらを明らかにせざるを得」なかった（三本木，1999）のである．

　たしかに旧河川法は流水の権利関係を明確には規定していない．「旧河川法第18条は，『河川ノ敷地若ハ流水ヲ占用セムトスル者ハ地方行政庁ノ許可ヲ受クヘシ』と規定し，行政権限の所在を示すのみであって，水利権の性質内容，許可を要するものの範囲，許可の基準，権利の調整その他実体的な事項は全く明記されていなかった」（同）．そのため，水利権について旧河川法のなかでは「既得権保護の思想以外には実体的な基準はほとんど見当たら」ず，法的な規定が欠如していたため，問題が生じるたびに司法判断を仰がなければならなかったのである．ただし，判例上も，1919（大正8）年の大審院判決に見るように，「河川水流の引用使用に関する行政事務は，法令上特別の規定がない限り，国家の行政事務の範囲に属するものと認めるべきである」と述べ，明確に河川水流の事務は国家の行政事務の範囲に属するとされたのである．

　旧河川法においては明確でなかった利水に関しては，大正後期から昭和期にかけて制度整備が試みられる．しかしながら，利水をめぐる内務省，農林省，逓信省の省庁間の確執が調整できないため，利水にかかわる制度を創設することができなかった．

　官民有区分以降，国有林野も河川も官有とされたが，林野と河川では，その民

間の利用実態の点で大きな違いが見られた.「明治期の改革は山野や海面の所有を官有化して, その領域を利用する人びとから税金を取るという税制革命であった……この時期, 古代以来の『山川の公私共利』の思想を踏襲すべきであるという考え方がしりぞけられ, 公私共利の制度は後退し, 森林の国有化によって, 従来からあった入り会いの慣行が消滅してゆく」(秋道, 1995). このように国有林野から民間の慣行的利用が厳しく排除された.

これと比べて, 河川関連の**水利権**, **漁業権**に関しては, 官民有区分による土地所有権の確定が**入会権**を否定することはなかった. 近代以前から水田耕作に利用されてきた水利権が慣行水利権として引き続き認められたからである. 実際の利水に関しては, 従来の慣行水利が続いており, また, 地域単位で用水管理が行われていた. 歴史的に見ても,「日本の稲作においては村レベルでの用水管理が徹底しており, 官僚的支配は比較史的に［見て］薄弱であったから, 多くは底辺農民の自治管理によって処理されていた」(湯浅, 2004). このように, 慣行水利権が保護され, そして, 慣行水利権の存続が, 慣行的な水に関わる地域自治のシステムを存続させてきたのである. この点を嘉田由紀子は次のように説明している.「一連の水域関連の法整備の中で, 明治政府は水利権や漁業権などを, 中央政府が掌握し, 管理しようとしたが, 江戸時代以来の村落自治の伝統を主張する住民たちの強力な抵抗の中で, それまでの慣行的な農業水利権や漁業権を, 地域団体による自主管理に任せることになる. これが漁業法と水利組合法である.……［こうしたことは］行政や官僚組織によって囲い込まれるのではなく, 共有資源の自治管理の母体として, 水利組合や漁業組合, 村落社会など小さなコミュニティが主体となりうる歴史的背景となっており, 日本社会の強みともいえる」(嘉田, 2003).

こうしたなかで, 村落内では「重層的な資源利用」(嘉田, 2001) がおこなわれていた. この「**『重層的資源利用』**のもとでは, 必要とする人が自然のシステムにあわせて利用するという意味で,『所有』よりも『利用』を重視するシステム」(同) が働いていた. 言い換えればそれは,「利用を重視する総有システム」でもある. ただし, こうした総有システムが強力に作用している地域と, そうでない地域とが存在してきたことも看過できない.

以上の議論から, 河川と流水に関して, 制度的には国家による所有と管理が進んでいたことがわかる. だが, 実際上は, 国家管理と共同体管理の二元的な構造

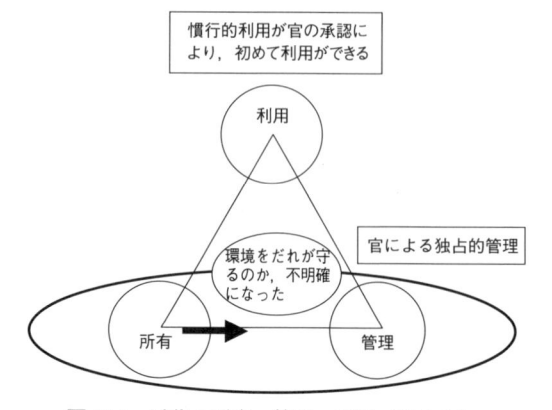

図 14.2 近代の所有・管理・利用（理念上）.

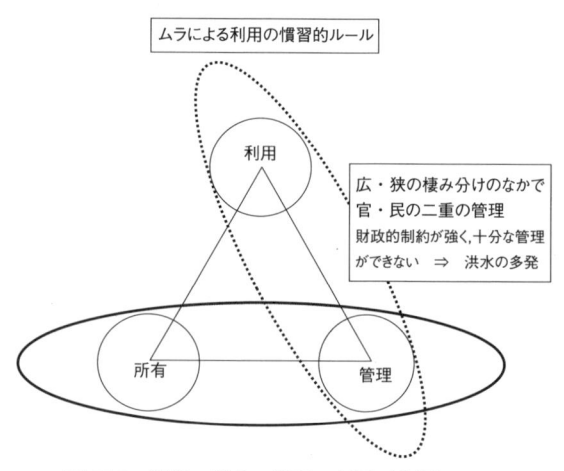

図 14.3 近代の所有・管理・利用（実際）.

が続いてきた．この議論を所有・管理・利用の観点からまとめてみると，制度上は，図 14.2 に示すように，国家による河川所有を中心に，国家による河川管理の体制ができあがってきた．その国家所有・管理体制のなかで，河川の利用がおこなわれることになる．このことは，所有・管理と利用が切り離されることを意味していた．

しかし，現実には農業を中心とした水利用として，地域住民による農業用水利用と，それに対応した用水管理が行われていた．その点で，民間の「近くの水」は官の所有によって規定されてはいなかった．それを図に示すと，図 14.3 のよ

うになる．

　河川が官地に組み入れられ，旧河川法が成立したことによって，所有を中心とした集権的な管理体制が組み立てられていく．その結果，従来からおこなわれてきた河川の分権的管理体制は，制度上は否定された．しかし，実際には，国家財政の逼迫から，国家による十分な河川管理はおこなわれなかった．そのため治水面でも大規模な河川整備だけでは不十分なため，地域の水防活動などのソフト面での治水対策が続いてきた．

　このように旧河川法によって，河川の私的利用の制限あるいは排除が定められたが，従来の村単位の水利用は「私的利用」と見なされなかったため，村による用水の管理・利用システムが存続してきた．この点で，制度上は河川の管理が住民の手から離れていったように見えるが，実際に利用する住民からすれば，従来とそれほど変わりがないままであった．

14.4　戦後の河川行政

　戦後の河川行政は治水対策から始まった．それは，戦前の河川整備の遅れと，戦後の度重なる台風の来襲などによって水害被害が続いたためである．

　1955年頃からの高度経済成長とともに，河川の公共事業も急速に進展していった．戦後になると，戦前と異なり，河川整備や上下水道整備には莫大な国の資金が投入されるようになった．とくに，敗戦の年1945年の枕崎台風に始まり，1959年の伊勢湾台風まで，台風による水害が甚大であった．なかでも，伊勢湾台風は災害としては最悪の5,014人の死者を出した．こうした河川氾濫による度重なる被害発生への対策として，河川整備や海岸護岸整備が急がれたのである．そのため当時，河川整備・改修事業が「公共性の高い事業である」ことを疑うものはだれもいなかったし，それを国家的な事業として行うことは当然のことであった．

　戦後の河川行政では治水とともに利水が重要な課題となってきた．それは戦後，工業の発展と都市化に伴って，水需要が急増したためである．そうしたことへの対策として，政府は1957年**特定多目的ダム法**，1961年**水資源開発促進法**，**水資源開発公団法**，1964年**新河川法**を相次いで制定した．これら一連の法律に

よって戦後の河川行政は確立した．同じ時期には，1957年に水道法，翌1958年に下水道法が成立している．これらの法のうち，特定多目的ダム法（以下，特ダム法と呼ぶ）はとくに重要であった．この特ダム法は「ある意味で，新河川法よりも大きな意義を有している．新河川法は，利水政策を重視したと言われるが，水利権許可の実質的ルールを明記していない．特ダム法は，治水（オーナー）を中心に据えて，利水（ユーザー）の需要に応じた使用権を設定するという構図を確立しており，これがあって初めて新河川法に堅固な屋台骨が備えられたのである」(三本木，1999)と旧建設省の官僚である三本木健治は，その重要性を指摘している．

旧河川法において理念として確立した中央集権的な河川行政体制が，以上の法整備に支えられ，さらに国家財政の伸張に裏付けられて，戦後実質的に完成した．

こうした行政による河川整備や上下水道の整備に反比例するように，それまで存続してきた水文化や，地域的な河川や水の管理システムが衰退してくる．

この慣行的な水の管理と利用の衰退の様子を，琵琶湖研究から具体的に見ておこう．水道が敷かれる以前，「前川の水は上知内の村びとにとって文字通り生命の水であった．人びとは前川で米をとぎ，野菜や食器を洗い，洗濯をしていたばかりでなく，そこは夏には子供たちにとっては水遊びの場であり，またアユやマスやウナギなどを捕まえる娯楽と漁の場であった」(桜井，1984)．そのため，水を汚さないようにしてきた地域の水文化が守られてきた．毎年八月には「床掘り」（川掃除）が行われていた．この水を利用するのも，管理するのも，村人自身であった．「この水は，上知内の住民の共同によって維持された『共有財』とでもよべるもの」（同）であった．

こうした水文化が，上水道整備によって崩壊する．「前川をよごさないという生活規範が弛緩し，それにともなって前川が排水路という新しい意味を内包するにいたった」（同）．水が消費的意味しか持たなくなったとき，「水は共有財」という人々の意識も消えていった．

共有財としての意味を喪失したことと並行して，「利用の個別化と水源の公共化」が同時に進行する．ここで，共同管理主体としての地域は，むらから市町村へシフトしている．この過程は，嘉田由紀子に従えば，「近くの水」（嘉田，2003)の喪失であり，「シャドウ・ウォーター」(嘉田，1995)化である．具体的

には,「昭和 30 年代まで,淀川水系の上流である琵琶湖周辺では,井戸や川水,わき水など自然の水を生活に使い,排水を河川や湖に流さない伝統的な生活様式が主流であった.いわゆる『**近い水**』を地域社会が自主管理することで,地域から流れ出す水の清浄さを保ち,その結果,琵琶湖水も清浄さを保っていた」(嘉田,2003).しかしながら,この頃を境に,水の「中央管理化」が始まる.「地理的に取水地点が遠方になり,『**遠い水**』がダムにより供給されるだけでなく,社会的にも国や県などにより行政管理が進み,地域住民や自治体が口を出せない,手も出せない,『社会的に遠い水』の制度がつくりだされることになる.社会的に遠くなることが,心理的にも水を遠くさせ,次第に川や水への関心が薄れ,人々の川離れ,水離れが進むことになる.そこでは住民は単なる水の消費者と位置づけられる」(同) ようになった.

こうした**川離れ**,**水離れ**と同時に,河川環境は悪化してゆく.川離れは環境悪化の原因でもあり,結果でもあるのだ.

戦後の河川行政は,旧河川法時代に敷かれたレールの上を進みながら,堤防やダムの建設,上下水道の整備など河川整備を拡充させていった.しかし,そのことと並行して,むらに代表される地域的な河川管理システムは解体していった.この二つの現象がもたらした地域社会の変化を,ここで整理しておこう.

第一に,地域に根付いていた河川や水の文化が衰退した.住民は河川で遊ばなくなり,河川への関心も低下した.河の文化は,利水の文化だけではなく,治水の文化も含んでいる.河川行政が充実するほど,地域住民の,水害の危険性を認識する能力が低下し,河川にかかわる災害文化が衰退していった.皮肉なことに,河川改修が進めば進むほど,人々は安心して,それまで育ててきた災害文化という「水害から自らを守るための鎧」を脱ぎ捨てていった.その根底には,川や水の不可視化が進んでいた.人々は,日常的に眼にする河川が,意識の上では「見えなくなった」のである (田中,2004).まして,「最悪の日」の洪水をイメージする力などすっかり失っていった.その結果,「都市生活が水に関して便利になればなるほど,雨ばかりではなく,水そのものに思いを馳せる心を失ってきた……多くの都市生活者の関心は雨に関して,せいぜい傘を持ち歩くかどうかの問題になってしまった」(萩原・萩原,2000).しかしながら,「現実には,雨が降らなければ渇水問題が都市生活に重くのしかかり,大雨が降れば洪水や浸水そして崖崩れが心配になる」(同) という事態には変わりはないのである.

第二に，地域住民が水の消費者，受益者に転化した．住民の受益者化は，一方では，日常的な「官への依存」を推し進め，他方では，いったん水害などが発生したときの「官への厳しい責任追及」となって現れてくる．都市生活者は，主体的に水防活動をおこなわなくなったばかりではなく，その責任を官に帰するようになったのだ．

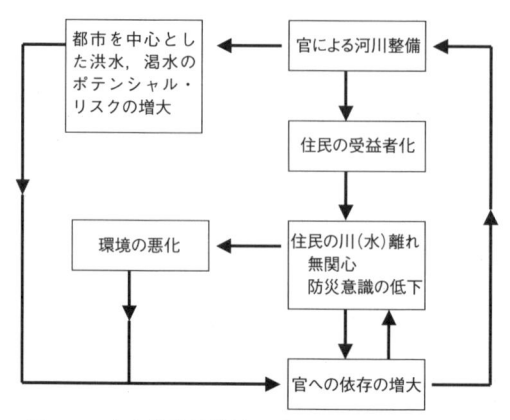

図14.4 中央集権的整備と「川離れ」との悪循環．

こうした住民の意識のあり方は，河川行政のあり方と表裏一体である．「都市に降った雨をすべて下水道に入れて捨ててしまい，使う水がすべて遠く離れた水源地に降る雨に頼る」形の河川行政が進められてきた．こうした河川行政は「浸水と渇水の同時発生が必然的に起こりうる」(同)ようなポテンシャル・リスクの増大につながってゆく．

住民の受益者化，「川離れ」(河川への関心の低下と生活上の関わりの希薄化)の結果，住民自身がダウンストリームへの視点を欠如させてきた．一般の汚水の行方はもちろん，自分が排出する生活の雑排水の行方にも「目が届かない」．しかし，環境を取り戻すためには，「近代以降の産業社会によって切断され，断絶させられてきたアップストリームとダウンストリームをどのように再統合し，循環的なシステムとして再編成するのか，という課題に，私たちは直面している」(長谷川，2003)のである．

官がもっぱら河川整備，管理を行うというこのような体制は，図14.4に示したように，ポテンシャル・リスクを増大させ，住民の受益者化と川離れを進め，河川環境の悪化をもたらした．さらに悪いことには，こうした問題に対して，住民は「無力である」(と判断している)ために，これまで以上に「官への依存」を強めてゆき，その結果，行政側は河川整備を一層独占的に担当せざるをえないことになる．ここで「無力である」とは，自ら直接に解決するための手段を持たないということと，主観的にそう判断していることの二重の意味なのである．

14.5　河川行政の転換

　河川行政の問題点が，1990年頃から指摘されるようになってきた．
　第一に，河川の「環境」に対する見方が変化したことがあげられる．急激な工業開発によって水質が悪化し，川の近くに住む人々がヘドロや悪臭に悩まされた高度経済成長の頃に比べると，90年代にはたしかに水質は改善されてきた．しかしながら，近年，そうした水質悪化などに限定されない河川環境の捉え方が一般化してきた．河川の水質はもちろん，川や水辺に生息する動植物や生態的な環境，河川景観を含めた川原や周辺環境なども「環境」のカテゴリーに入ってくる．こうした「新しい環境」概念の観点から河川環境の悪化が議論されるようになったのである．第二は，従来型の河川整備（たとえば「三面張り」河川整備）への批判が強くなった．環境概念の拡張とともに，ダム建設への反対，人工的な河川改修のあり方への批判，治水や利水を重視するあまり環境を軽視することへの批判など，これまでの河川整備に対して多くの批判が寄せられるようになった．従来の「官への信頼と依存」から「官への不信」へと，市民意識が大きく揺れてきたのだ．しかし，同時に他方では，洪水に対する安全性を強く求める声も増えてきた．こうした，河川行政をめぐる市民からの多様な，時には相矛盾するような要求や意見が，政府に投げかけられるようになってきた．こうした状況に直面して，従来のように，「公共事業としての河川整備事業のあり方を政府が独占的に決める」ことが，困難になってきた．
　こうしたなか，河川行政も政策転換をしつつある．第一に，近代河川方式への反省がおこなわれてきた．すなわち河道を固定し，そこから水を溢水させないという河道主義そのものが，再検討されるようになってきたのだ．河道主義の反省から，「混合主義」と言われる多様な管理方式の組合せが追求されるようになってきた．具体的には，流域一貫主義，総合治水方式，湿地・氾濫原（遊水地，霞堤などを含む）の再評価，多自然工法（コラム「「多自然」と「近自然」」参照）の導入などである．こうした見地から，山の保水能力向上のための涵養林整備，植樹の重要性が指摘され，水田の保水能力が再評価されてきた．さらに，都市内においても浸透性のあるアスファルト整備，個々人の敷地内での貯水槽の整備，ビルの雨水利用，処理水の二次利用が推奨されるようになった．第二に，河川管理

主体の多元化である．これは，官が河川や水循環を独占的に管理してきた従来の
やり方とは根本的に異なる方向である．ここでは，国土交通省による独占的な河
川管理方式からの離脱がめざされている．実際にも，河川管理全体からすれば周
辺に位置するとはいえ，河川環境保全には多様な主体が関与し始めた．第三に，
1997年の河川法の改正は，こうした河川行政の転換を明確にした．この改正に
よって，河川行政の目的が「治水・利水」から「治水・利水・環境」へと変わ
り，「環境」という項目がはじめて河川行政に加わった．

　以上の変化を受けて，市民が参加し，あるいは市民と連携して河川環境を保全
し，さらに，河川整備を進めてゆこうとする動きが活発になってゆく（リバーフ
ロント整備センター，2001；同，2005；吉川，2005；島谷，2000）．河川をコモンズ
と捉えること，河川をめぐるボランティアやNPOの増加，「森は海の恋人」など
の運動に代表されるような流域連携の動きなどが全国各地で見られるようになっ
てきた．行政の側からも，河川整備過程への流域住民の意見の反映，市民活動へ
の支援などが積極的におこなわれるようになった．

　現在，政府，自治体，NPOなどのボランティア，流域住民が，河川をめぐっ
て多様な「参加と連繋」のための活動をおこなっている．たしかに，こうした活
動は，市民の主体性の程度（行政からの関与の度合い），市民活動の広がりと成果
などの点で，地域ごとに大きな差異が見られる．しかし，こうした活動の根底で
は，河川をめぐる公共性そのものの再検討が迫られている．

14.6　新しい公共性の形成へ

　明治の近代的な河川行政の中で，「**大きな（国家大の）公共性**」のレベルでは，
官による所有と，それにもとづく管理の体制が制度的に作り上げられた．このと
きの中心は治水であった．しかしながら同じ時期，「**小さな（地域の）公共性**」
のレベルでは，利用を中心とした従来の管理の体制が存続しており，そのこと
が，「近くの水」環境の保全に貢献した．この「小さな公共性」の中心は利水で
あった．つまりこの時期においては，「大きな公共性」は所有と治水を中心とし
て構成され，「小さな公共性」は河川利用と利水が中心であり，「大きな公共性」
と「小さな公共性」は，所有と利用，治水と利水という二重の意味でねじれた関

係を持ちながらも,共生していた.

戦後になると,「大きな公共性」のレベルでは,明治期に制度化された所有・管理体制が引き続き存続しただけではなく,財政的な裏づけをえたこともあり,公共事業が大いに進展し,官による治水制度が完成した.その結果,「官」中心の河川整備が進んだ.この「官」中心の河川整備においては,だれの眼から見ても治水工事が遅れている状況下では,公共事業として河川整備をおこなうことは「公共性が高い」ことは自明であった.

戦後の急速な工業化と都市化によって,水需要は一挙に拡大する.その拡大した水需要を満たすことが「官」に求められた.ここで,官による利水制度が整えられ,河川にはダム建設を中心として構造物が建設された.しかしこのことが,その後の河川にかかわるさまざまな問題を引き起こすことになる.

一方,戦後に,「小さな公共性」は急速に衰退した.それは,水道の整備,農家の減少によって農業の水利用機会が減少したことと,農業改善事業による農業用水システム(とくに用水路と排水路の分離)の整備が密接に関連している.住民自ら水を管理する必要がなくなったことで,それまで存続してきた「水をめぐる小さな公共性」が消滅することにつながった.

このような官中心の「大きな公共性」の拡充と,地域住民がつくりあげてきた「小さな公共性」の衰退のなかで,河川は単なる排水路としか見なされなくなり,企業も家庭も工場排水や生活雑排水を浄化しようと注意することも少なくなった.そのため,水質汚染などさまざまな水をめぐる問題が発生した.これに対して,緊急避難的に各地で住民運動が発生し,その問題の解決をめざした.そうした運動は行政による対応の遅れや不備を批判するものであり,企業の環境汚染に対する反対運動であった.

1990年前後の戦後河川行政の転換期において,従来の「大きな公共性」は危機に直面する.そのため,水環境を向上させる**新しい公共性**を作り出すことが求められている.しかし,それは政府や国会が作り出すものではなく,次に述べる「小さな公共性」の積み上げの中から作り出されるものであろう.

現在,「小さな公共性」の芽生えが,環境保全運動という形で全国各地に見られる.地域ごとにもさまざまな動きがある.ある河川では,「小文字の公共性」(形成途上の公共性)が,村落レベルにも,行政区画レベルにも提案されている.また別の河川では,複数の「小さな公共性」が競合しながら存在している.こう

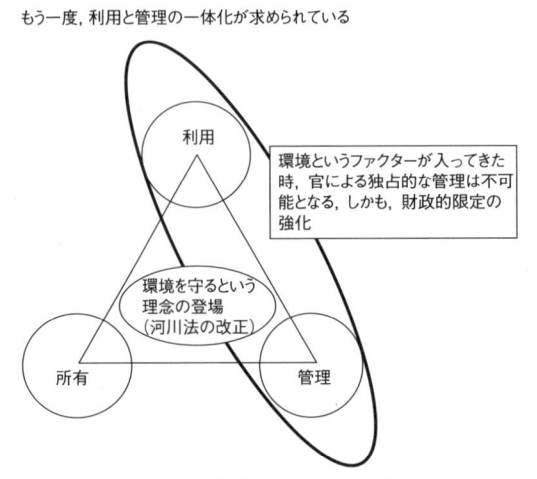

図 14.5 　今後の河川のあり方.

した一方で，「小文字の公共性」が生まれる契機すらなく，従来どおりの「大きな公共性」が揺るぎなく存在している河川もある．そこでは，これまでどおり官への河川整備の陳情がおこなわれ，ダム建設などによる河川整備事業が待望されている．

こうしたなかから，「新たな公共性」がどう立ち上がってくるのかを社会学者は研究する必要がある．その際，「小文字の公共性」から「大文字の公共性」（制度化された公共性）へとどう転換してゆくのか，小さな公共性が大きな公共性へどう転換してゆくのかを注意深く見てゆく必要がある（公共性の転換に関しては，田中（2010））．

このことを，所有・管理・利用をめぐる秩序の問題から考えよう．

これまでの議論において次の点を明らかにしてきた．近代になって，国家による山野河海の「官有」化がすすみ，その所有権が明確になったことにより，その管理権は官が独占することになった．そのことによって，従来の「河川環境の管理と利用の体系」が崩壊した．かつては，河川は利用しながら管理されてきた．しかし従来の体系が解体すると，利用から管理へのフィードバックが効かなくなったため，環境が悪化するという結果を生み出した．そうした点を考慮すれば，山野河海の環境を守るためには，利用を中心とした管理体制にもう一度，戻さなければならないのではないか．それを図示したものが，図 14.5 である．今

後，具体的に利用を起点に河川をどう管理してゆけるのか，それを構想することが求められている．そのためにも，循環のユニットを小さくすること，すなわち地域社会による環境管理システムを構想することが必要となる．だからこそ，「小さな公共性」から始めるべきなのである．こうしたことは，新しい河川秩序を構築することにつながるであろう．

　河川は法律上では，「自然公物」である．公物とは一般に，「国または地方公共団体などの行政主体による直接に公の目的のために供用される個々の有体物をいう」（末川編，1991）．公物は河川・海浜などの自然公物と，道路・公園などの人工公物に区分される．また公物は国家所有のもの（自有公物と称される）だけではなく，個人が私的に所有する重要文化財（私有公物と称される）なども含まれる．しかし，その自然公物は本当に「公」であっただろうか．実際には，「官民有区分」によって，自然は「官」のものに編入され，自然「官」物であった．であるなら今後，自然公物の「公共性」を取り戻すことが必要である．「環境を守る」とは，山野河海を「官」地としてではなく，「公」物として捉えることから始まる．官物としての河川や山野が「環境の危機」に直面している現在，どう真の「公」物にしてゆけるのかが問われているのである．

　以上，日本の河川や水をめぐる公共性の転換を論じてきた．しかし，このことは，14.1節で紹介したように，ひとり日本だけの問題ではない．むしろ，自然を「利用し尽くす」現代文明のなかにあって，世界のどこにおいても「水はだれのものか」が問い直されているのである．

参考文献
秋道智彌（1995）：『なわばりの文化史―海・山・川の資源と民俗世界―』，小学館．
秋道智彌（1999）：自然はだれのものか．秋道智彌編『自然はだれのものか』，昭和堂．
バーロウ，モード（2008）：『ウォーター・ビジネス』，佐久間智子訳，作品社．
バーロウ，モード＆トニー・クラーク（2003）：『「水」戦争の世紀』，鈴木主税訳，集英社新書．
藤田弘夫（2006）：『路上の国柄』，文藝春秋社．
萩原良巳・萩原清子（2000）：都市生活者と雨水計画．萩原清子編『都市と居住』，東京都立大学出版会．
長谷川公一（2003）：『環境運動と新しい公共圏』，有斐閣．
稲本洋之助（1992）：現代日本社会の土地問題．東京大学社会研究所編『現代日本社会 6　問

題の諸相』，東京大学出版会.
嘉田由紀子（1995）:『生活世界の環境学』，農文協.
嘉田由紀子（2001）:『水辺ぐらしの環境学』，昭和堂.
嘉田由紀子（2003）: 琵琶湖・淀川流域の水政策の100年と21世紀の課題. 嘉田由紀子編『水をめぐる人と自然』，有斐閣.
環境社会学会（1997）:『環境社会学研究』第3号, 新曜社.
松井　健編（2007）:『自然の資源化』, 弘文堂.
丹羽邦男（1987）: 近世における山野河海の所有・支配と明治の変革.『日本の社会史　第2巻』, 岩波書店.
リバーフロント整備センター（2001）:『川・人・街　川を生かしたまちづくり』, 山海堂.
リバーフロント整備センター（2005）:『川からの都市再生』, 技報堂出版.
桜井　厚（1984）: 増補「川と水道」, 鳥越晧之・嘉田由紀子編『水と人の環境史［増補版］』, 御茶の水書房.
三本木健治（1999）:『判例水法の形成とその理念』, 山海堂.
島崎藤村（1969）:『夜明け前』第二部（下）, 岩波文庫.
末川　博編（1991）:『新法学辞典』, 日本評論社.
高崎裕士・高桑守史（1976）:『渚と日本人』, 日本放送出版協会.
武井　篤（1961）: 河川法制定とその社会経済的背景. 水利科学, 5-2.
田中重好（2004）: 戦後日本の地域的共同性の変遷. 慶應義塾大学法学研究会編『法学研究』, 77-1.
田中重好（2010）:『地域から生まれる公共性』, ミネルヴァ書房.
鳥越皓之（1997）:『環境社会学の理論と実践』, 有斐閣.
島谷幸宏（2000）:『河川環境の保全と復元』, 鹿島出版会.
筒井迪夫（1987）:『日本林政の系譜』, 地球社.
渡辺洋三（1959）: 河川法・道路法. 鵜飼信成ほか編『講座日本近代法発達史　6』, 勁草書房.
吉川勝秀（2005）:『川のユニバーサルデザイン　社会を癒す川づくり』, 山海堂.
湯浅赳男（2004）:『文明の中の水』, 新評論.

（田中重好）

ウォータービジネス

　水は，生産活動と生活にとって，必要不可欠なものであるが，地球上で利用できる淡水はわずかであり，そのアクセスでは地域的偏在性が大きい．しかも水は天然の資源であり，供給の絶対量を人為的に増加させることはできないという特性を持つ．産業の発展，人口の増加で，水の需要はますます増加していることから，量的な問題として，多くの国では水不足の問題が生じている．さらに質的な問題として，生活排水，工業排水などによって水質汚染が進んでいる．そこから水をめぐる紛争が発生すると同時に，水の再利用や浄化などで大きな市場が生まれ，水をめぐるビジネスが活発化している．

　といっても，そのビジネスは多様である．第1は，水道水に代わる飲み水として「おいしい水」を供給するボトルウォーターの市場である．ある特定の地域の湧水，地下水は，おいしい水として，ブランド性，希少性を持ち，多くの企業がその水を求めてその地域に立地する．日本では山梨県白州町（現在北杜市），鳥取県の大山，六甲山，富士山山麓，霧島山系などが地域ブランドになっている．第2に，水道水をより安全でおいしくする家庭用，業務用の浄水器の市場である．これらの市場は安全性や水質を求める消費者の嗜好の変化で，拡大している．第3に，日本では上下水道のシステムは自治体によって供給されてきたが，自治体の財政危機で，水道事業の民営化，規制緩和が進められ，民間企業へ委託する自治体が出てきた．上下水道事業がビジネスになり，フランスなどの外国の資本・グローバルな多国籍企業がその事業に進出している．第4に，最近増加しているのが，ホテル，病院，大企業など，水を多用する大口の需要家に，水道料金より安く地下水を販売する地下水ビジネスである．大口になるほど公共の水道料金は割高であり，コスト削減のために地下水を利用する事業所が増加している．第5は，工場排水を浄化する技術，システムを供給するビジネスであり，環境基準の強化によって生まれた市場である．第6は，工業用水として，液晶，半導体製造など特定の用途に適した高品質の超純水を供給するビジネスである．第7は，海洋深層水を飲料，食品，健康・医療など多目的に利用するビジネスである．第8は，膜技術などで，海水を淡水化するビジネスである．中東など淡水が不足している地域で市場が見込まれている．

　このようなウォータービジネスは，企業や消費者のニーズの拡大によって成長しており，需要と供給の関係で成り立っている．しかし，ウォータービジネスで問題になるのは，輸送などのエネルギーコストの問題の他に，企業が特定の地域で大量に地下水を汲み上げる場合である．それは地域の外部周辺に大きな影響を及ぼす可能性があるからである．地下水は，地下に浸透し，長い年月をかけて蓄積されてきた水であり，地域（流域）のなかで循環しており，ローカリティ（場所性）を持っている．地下水に含まれているミネラル成分の性質（硬水・軟水など）は地域によって異なり，地域特産の酒，味噌，豆腐など，地域ごとの多様な文化をもたらしてきた．大企業は，もし水を利用できなくなればその地域から撤退し，他の地域へ移転できるが，住民はそうはいかない．水は循環し，本来再生可能な資源であるが，地下水は，補給能力以上に使用すれば枯渇することになる．その過剰な汲み上げは，地盤沈下をもたらす．また，滞留時間は長く，一度水質の汚染や障害が起きると，もとの状態に回復させるのは容易ではない．この地下水の特性から，短期的な利益ではなくて，長期的な視点から維持・管理する必要がある．

特にここで経済的・社会的に問題になるのは，自然の恵みである地下水はだれのものかである．地下水の所有権は，公水論と私水論で議論が分かれており，国によってもその法的位置づけは異なり，明確ではない．日本では，地下水は，公水としての河川とは異なり水利権の対象外であり，原則的に民法上，私水として扱われ，土地所有者が地下の水を自由に汲み上げることができる．しかし，一部の地域住民は企業の大量取水を心配し，企業の事業の拡張に異議を申し立てる地域もあり，先に挙げた白州町など一部の自治体では，企業と協定を結んだり，条例を制定し，無秩序な利用を防止するため，地下水位の観測と監視を行っている．重要なことは，地下水が持続的に利用できるかどうか，地下水の涵養に必要な水源林の維持，管理をだれが行っているのかであり，地域の森林や水を守っているものがその水を利用する権利を持つのではないかと考えられる．

参考文献
中村靖彦（2004）：『ウォーター・ビジネス』，岩波書店.
吉村和就（2009）：『水ビジネス　110兆円水市場の攻防』，角川書店.

(河村則行)

第 15 章

これからの水環境政策
―再生への取組み―

15.1 水質から水環境へ

　この国の環境政策においては，水にかかわる環境と言うと，1990年代までは，主に「水質」を示していた．「水辺環境」のことを言うには，「自然環境」という概念を登場させなければならなかった．長きにわたり，水質という「**公害**」と，水辺という「**自然環境保全**」が環境政策の2本柱であった．また，河川などにおける水の「量」の問題は，基本的に，環境の問題ではなかった．「質」は公害（環境）の問題，「量」は水資源の問題として，政策的には全く別個に扱われてきた．1990年代の後半から，政策の世界でも，水質だけでなく，水量さらには水辺の「生物多様性」を総体的に表す概念として，「水環境」や「水循環」が登場してくるようになった．水は本来，循環系を形成するが，産業経済活動・都市活動などの拡大といった人為的な「圧力」(pressure) によって，水循環が単調化・阻害され，さまざまな水環境の「状況」(state) が悪化し，水循環の再生に向けた対応 (response) が必要との認識が，国・地方自治体の行政においても共有されるようになったからである．この水環境・水循環への人為的な圧力は，多種多様であり，複合的である．再生に向けた対応も複合的であり，また，市民などの「参加」・「協働」が不可欠であることから「**水環境ガバナンス**」とも言うべきものが必要となっている．

　本章では，まず，水環境への多種多様な人為的な圧力について，知多半島をフィールドにして，その変遷を辿る．次に，この国における水質から水環境・水循環再生への政策の発展段階を検証する．最後に，**水循環再生政策**の成果と課題

を考察し，提案する．

15.2　知多半島に見る水環境への「圧力」の変遷

　瀬戸内海，東京湾と並んで日本の代表的閉鎖系海域である伊勢湾と三河湾を分かつ知多半島（図15.1）は，この国における水環境への人為的圧力の多様性の縮図と言える．すなわち，防潮堤の設置に伴う自然海浜の減少，大河川における水資源開発・治水に伴う海浜への川砂の漂着の減少，工場立地などのための海面埋立てによる自然海浜などの喪失，集水域からの汚濁負荷などに伴う汚染，**富栄養化，貧酸素水塊・青潮（苦潮）**といったさまざまな形態の水質汚濁（4.1節参照），これらに伴う漁業・海水浴場などへの影響から，人工海浜などにおける海亀産卵といった水環境再生の兆候に至るまで，水環境へのさまざまな人為的な圧力の変遷を見ることができる．

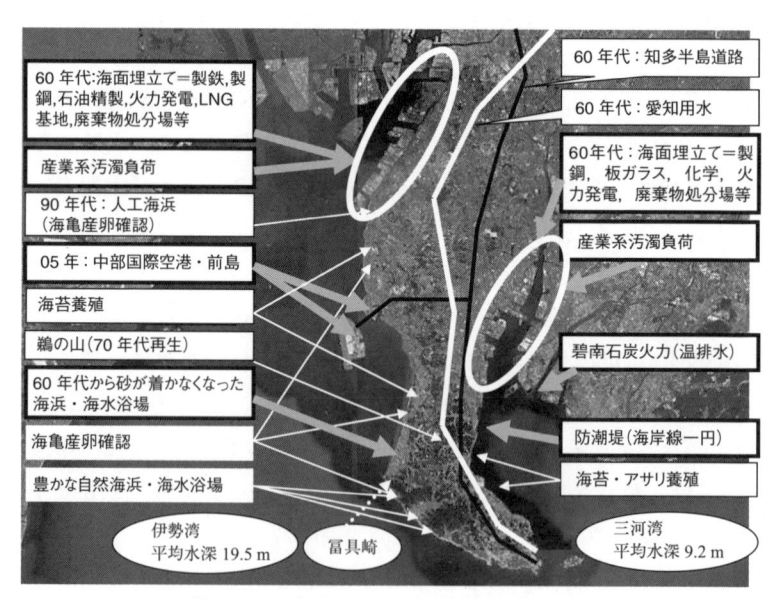

図15.1　知多半島における水環境への圧力．
地図はGoogle Earthを使用．水環境への圧力：

15.2.1 海辺環境の変容

2009年9月で**伊勢湾台風**上陸から50年を迎えた．伊勢湾台風の頃から，知多半島の海辺環境は大きく変貌した．まず，伊勢湾台風後，半島のほとんどの海岸には，**防潮堤**がつくられた．それまで海辺の家の中から眺めることができた伊勢湾・三河湾は高い堤防によって遮られ，海岸へのアクセスも不便になった．浜辺もかなり縮小した．

この頃から，半島南部の伊勢湾側の冨具崎以北の海水浴場は，極めて貧相な砂浜になってしまった．伊勢湾に流れ込む木曽川などにおける**水資源開発・治水対策**に伴って，これらの河川からの砂が浜に着かなくなったためであろう．以前は，夏に裸足で波打ち際まで熱い砂の上を歩くのは耐えられないくらい砂浜の幅は広かったのである．沖合に何百本もの杭を打ち，何本かの突堤を設けたが，かつての砂浜には戻らない．一方，冨具崎以南の伊勢湾側の海水浴場の砂浜は太平洋からの波によって守られていると言われており，世界で最も小さい砂の粒からなる2km続く海浜（内海海岸）をはじめ，いまでもいくつもの立派な海水浴場が健在である．交通の便が良い三河湾側にもいくつか海水浴場はあったが，以下のように埋立てられて石油火力発電所が立地して消滅したり，近傍の食品工場の廃水の影響で水質・底質が悪化して利用されなくなったりした．

伊勢湾台風の少しあと，知多半島の伊勢湾側の北から3分の1，三河湾側の北から2分の1のほとんどの海岸・海浜では，大規模な埋立地が造成され，鉄鋼，石油精製，化学，板ガラスなどさまざまな工場や火力発電所が立地した．廃棄物埋立処分場が続いた．知多半島における製造品出荷額は，現在，全都道府県の中ほどに位置するくらいの規模である．自然海浜を埋立て，工場などが立地してから50年近くが経った．工場の閉鎖も出てきており，石油火力発電所も廃止される．しかし，「うわもの」の工場などはなくなっても，埋立てられた海や浜は戻らない．

15.2.2 さまざまな水質への負荷

浜辺に打ち上げられた貝殻，海草などの間にプラスチックごみが見つけられるようになったのは，その頃からである．1970年頃までは，海辺の多くの家庭で

は，家庭ごみは海に捨てていた．今でも，浜辺に花や果物を供える盆の精霊送りの行事を行っている地区もある．知多南部にごみ焼却場ができたのは1968年であり，分別収集が開始されたのは1997年である．

　半島北部両岸の工場地域からの水質汚濁負荷は，伊勢湾・三河湾への全体の流入負荷のかなりの部分を占める．1979年からの伊勢湾（三河湾を含む）の**水質総量規制**の導入（15.3.4小節参照）によって，全体の流入負荷量（**COD；化学的酸素要求量**（コラム「水質の指標」参照））は2008年までに約4割削減されてきている．また，第5次の総量規制からは富栄養化の原因となる栄養塩類である窒素（N），リン（P）も規制対象となった．しかし，伊勢湾・三河湾の水質には大きな改善は見られない．それどころか，総量規制導入当時には課題となっていなかった貧酸素水塊の出現，これに伴う青潮（苦潮）の発生が問題となってきた．特に，三河湾は平均水深が9.2 m（伊勢湾は19.5 m）と浅い閉鎖性海域であるので，これらの問題が著しい．知多半島沿岸は，1950年代から浅海**海苔養殖事業**が始まり，1960年代以降，生産は急増し，いまでも全国有数の生産量を誇っている．1960年代から生産が急に増えたのは，その頃から伊勢湾・三河湾の富栄養化が進んだからかもしれない．

　三河湾のCOD濃度の経年変化を見ると，1980年代末まで改善されてきたが，1990年代初頭から悪化してきている．三河湾沿岸の碧南に立地した石炭火力発電所（合計410万kW）が順次運転開始した時期に符合する．この発電所からは，投入した燃料（石炭）の熱量の約6割が大気・海に放出，うち約8割が三河湾に**温排水**として放流され，三河湾内の環境変化をもたらす．この発電所の環境影響評価書では，温排水によって三河湾の水温は碧南の対岸の知多半島側で約3度上昇すると予測されていた．この温排水による三河湾の水温上昇が三河湾のプランクトンの増殖・斃死を加速し，CODの値を高めている一因なのではないだろうか．これは検証してみる必要がある．

　いまや，伊勢湾・三河湾でも，生活系の汚濁負荷の割合は産業系よりも多い．第6次水質総量規制の愛知県の総量削減計画によると，2004年度の全排出負荷量に占める生活排水の割合は，CODで58％（産業排水31％，その他11％），窒素で49％（産業排水21％，その他30％），リンで48％（産業排水26％，その他26％）となっている．特に半島北部は名古屋のベッドタウンであり，半島の人口は最近の10年間だけでも約1割増加している．知多半島には5市5町があるが，南部

の2町以外では，**単独公共下水道**，**流域下水道**が整備された．南部の2町では浄化槽による処理である．南部では，1990年代になって，竹炭づくりによる里山活動が盛んになり，この竹炭を使って，地元住民による川の浄化活動もなされてきた．なお，知多半島は，県下で最大規模の畜産地域であり，窒素・リン負荷量割合の中の「その他」は畜産系が中心である．

15.2.3　田園環境の変貌と生き物

　伊勢湾台風の2年後，世界銀行からの融資を得て工事が進められていた**愛知用水**が通水開始した．木曽川の水は半島を縦断し，半島北部の埋立地に立地した工場や農業用水に恵まれなかった半島の台地を潤わせた．半島には一級河川が存在せず，ため池が多いが，愛知用水ができてから埋められたものも多い．土地改良事業も方々で実施された．これらによって，水生生物の多様性が損なわれたのではないだろうか．1960年代はじめ頃は，水田には水銀農薬を散布していることを表す小さな赤い標識が方々に立てられ，みかんの木にはエンドリンが使われていた．農村は，いわば「沈黙の春」状態だったのかもしれない．同じころ，プロパンガスが普及し始め，かまどや風呂焚きには里山からの薪は使われなくなった．里山では松が消え，竹に覆われるようになった．

　愛知用水完成後，しばらくすると，これも半島を縦断する自動車専用の知多半島道路が開通した．半島の南部には，わが国最大のカワウの繁殖地である「**鵜の山**」があるが，知多半島道路を通る自動車のライトが鵜の繁殖を阻害しないよう，当初から遮光トンネルがつけられた．かつては，地元の人たちは鵜の糞を集めて，肥料として出荷した．その収益金で，小学校をつくったこともある．しかし，化学肥料の普及によって鵜の糞は次第に利用されなくなり，溜まった糞が鵜の山の木を枯らし，1970年代には鵜の山は荒廃し，鵜は鵜の山から姿を消した．その後，地元の人たちの植林などの努力により，鵜の山は再生し，鵜も戻り，今では，1万羽以上の鵜が生息している．

15.2.4　海上空港，人工海水浴場，海亀の産卵

　鵜の山の鵜が魚を採っていた大きな藻場がある伊勢湾側の海域では，1990年

代末から，対岸の三重県から運ばれた土砂によって人工島が造成され，2005年に**中部国際空港**が開港した．埋立てによって前島も造成された．埋立用土砂は半島南部の山から採取する計画であったが，環境アセスメントの段階で，その山でオオタカの巣が見つかり，土砂採りは見送られた．中部国際空港関連の環境アセスメント手続きの中では，半島南西部における騒音，海流の変化に伴う半島南部海域の水質悪化などが議論になった．開港後，半島南西部では，深夜2時ころ貨物便の飛行に伴って目を覚ますという人が多いと聞く．便数は減り，立地企業を当て込んだ前島に立地した企業はまだいない．

伊勢湾側の半島北部にある戦前には東海地方随一の海水浴場といわれた海浜（新舞子）は，すぐ北側までは埋立てられ，沖には人工島が造成されLNG基地となっているが，1990年代になって人工島に**人工海水浴場**がつくられた．長さ約400mにわたって敷き詰められた白砂は長崎県壱岐の海底から運ばれた．2002年，この人工海浜にアカウミガメが上陸し，産卵が確認された．さらに，2005年には少し南の大野海水浴場で，2006年には半島南部の小野浦海岸で，2008年には同じく若松海岸で，それぞれ産卵が確認されている．

15.3　水環境政策の発展段階

これまでの世界，特に先進国の環境政策の進展を振り返ってみると，環境政策は，概ね次のような段階を踏んできた．すなわち，第1段階：環境問題を隠蔽する段階，第2段階：象徴的な環境対策をする段階，第3段階：「**エンド・オブ・パイプ**」の段階，第4段階：社会経済の仕組みを環境に適したものに改革する段階，ということとなる．これは，環境政策を研究対象とした学者の中でも先駆者というべきマルチン・イエニケ（Martin Jänicke, 前ベルリン自由大学環境政策研究所教授・所長）とヘルムート・バイトナー（Helmut Weidner, ベルリン社会科学研究所主任研究員）が1990年代に唱えたものである．筆者は，この発展段階説を全面的に支持したい．というのも，わが国の水環境政策の進展が，この発展段階を経てきた典型的な事例ではないかと考えるからである．

15.3.1 隠蔽と隠蔽の正当化

　日本の河川，湖沼や海域，特に閉鎖系海域では，1950年代以降，知多半島の例で見たように，全国的に産業活動や都市における諸活動などによって水質汚濁が進行し，また，海面埋立てによる工場用地などの整備，水資源開発，治山・治水，圃場整備などのため，水辺の環境，あるいは河川の水量などが損なわれてきた．

　歴史的には，まず，鉱山からの廃水が農地や飲み水に被害を及ぼした．これは，江戸時代や明治時代に遡ることができる．明治政府の殖産興業の旗印の下，**足尾鉱山**からの廃水は**渡良瀬川流域**の農地に被害をもたらし，社会問題・政治問題に発展した．典型的な「隠蔽の段階」である．戦後のイタイイタイ病や宮崎県土呂久の慢性ヒ素中毒も鉱山廃水が原因であった．熊本水俣病，新潟水俣病は，化学工場からの廃水によって汚染された魚介類の摂取が原因である．これらも第1段階としては，隠蔽であった．1950年代以降，京浜，中京，阪神，北九州といった既存の工業地帯に加えて，全国各地に指定された新産業都市・工業整備特別地域では，主に海面埋立てが行われ，鉄鋼・化学・石油精製などの工場が集積・拡大し，これらの工業地域を中心に，水質汚濁などの公害が全国規模で進行した．

　1958年，東京江戸川区に立地する製紙工場からの廃液に対し，漁民が廃液改善に向けた実力行使をするという事件がきっかけとなり，**水質保全法**と**工場排水規制法**が制定された．しかし，水質保全法は国（担当は旧経済企画庁）が既に汚濁した水域を調査した上で工場等の排水規制する水域として後追い的に個別に指定するというものであり，法律上「産業の相互共和」が規定されていたので指定は慎重に行われ，また，水域指定されたとしても，工場排水規制法による規制の主務大臣は旧通産大臣などの業所管大臣であったこともあって，実効性に問題があった．また，当時は，都道府県・市町村は条例によって，法律の規制より厳しい規制を課すことはできないという解釈がなされた．したがって，たとえば，四日市港では，化学工場からの廃酸の廃液によって激しい汚染が進行していたが，四日市港は排水規制のための水域として指定されていなかったので法律に基づく規制は適用されず，条例による規制もできない状況の中，地元の海上保安庁は，窮余の策として，廃液が港内を航行する船舶のスクリューの腐食をもたらすので

港則法に違反するとして，この化学工場の廃液を取り締まったのである．

このように，水質保全法及び工場排水規制法の制定は，第 2 段階の「象徴的な環境対策をする段階」であると言える．象徴的な環境対策は実効性に乏しく，場合によっては第 1 段階の「隠蔽」を正当化するものでもある．

15.3.2 エンド・オブ・パイプの全盛

日本列島で公害が激化する中，1967 年には公害対策基本法が制定された．基本法では，水質汚濁，大気汚染などの七つの公害が定義されるとともに，政府は，人の健康の保護，生活環境の保全を図る上で望ましい環境中の濃度レベルとして環境基準を設定することとされた．**水質汚濁に係る環境基準**は，水銀，カドミウムなどの人の健康にかかわる項目の基準と，有機汚濁（**生物学的酸素要求量；BOD**（コラム「水質の指標」参照））などの生活環境にかかわる項目の基準からなる．健康項目の環境基準は，全国のすべての公共用水域に適用され，生活環境項目に関する環境基準は，水域の利水目的に応じてそのレベルが設定され，都道府県知事が水域ごとにあてはめることとされた．さらに，1970 年秋には「公害国会」と言われた臨時国会において，14 本の公害法の制定・改正が行われた．このとき，水質保全法及び工場排水規制法が廃止され，新たに**水質汚濁防止法**が制定された．これにより，特定施設を有するすべての工場・事業場に対して排水基準が適用され，規制の事務は都道府県知事に委任され，また，都道府県知事・市町村長は条例によって上乗せ（より厳しい排水基準を設定すること）・横出し規制（法律では規制対象外の事業場を規制対象とすること）ができることが法律上規定されるなど，抜本的な措置が採られることとなった．

激甚な公害の洗礼を受けた日本では，1970 年代初頭には，地方，国ともに本格的な公害対策の制度・体制が整備され，排水規制の強化などによって，1970 年代の後半には，河川を中心に水質の改善が見られるようになった．その方法はというと，行政が工場・事業場に対し排水基準（条例による上乗せ基準を含む）を課し，工場・事業場はこの排水基準を満たすために，汚水・廃液を排水口の前で処理施設によって処理するという方法であり，これはのちに「エンド・オブ・パイプ」の方法と名付けられた．第 3 段階の「エンド・オブ・パイプの段階」である．汚水処理という技術的方法は，排水をきれいにするが，例えば，有機汚濁を

生物処理した後に残る汚泥は廃棄物となる．前出のイエニケらは，エンド・オブ・パイプの方法は，「対症療法であって根治療法ではない」と指摘している．

15.3.3　流域レベルでの活動の先駆者

　流域レベルで利水関係者・住民が協力して河川の水質改善を図った先駆的な事例として，「**矢作川沿岸水質対策協議会**」（「**矢水協**」）の活動がある．流域では，1960年代，陶土・砂利採取に伴う濁水，自動車関連産業からの工場排水，宅地・ゴルフ場開発に伴う土砂流失などによって，内水面漁業のアユの死滅，明治用水などの農業用水の水質悪化・稲の根枯れなどの被害，下流部でのヘドロの堆積に伴う海苔・アサリの養殖への被害が続出し，1966年，沿岸の6農業団体，7漁業団体，5市町は，矢水協を設立し，水質調査，工場排水の監視などの活動を始めた．設立当初，矢作川を前述の水質保全法の指定水域にしてもらうよう経済企画庁（当時）に陳情にいったところ，担当の課長から「日本を担う企業を潰すつもりですか」と言われたというエピソードもある．水質汚濁防止法施行直後には，3砂利採取業者を全国初の同法違反で愛知県に告発した．また，1977年に愛知県は大規模開発の許可条件に矢水協の同意が必要とし，1983年からは大規模開発事業者に環境アセスメントの実施・報告書の提出を指導した．これら一連の矢水協の活動は「矢作川方式」として，他の地域での水環境保全の取組みのモデルとなった．最近では，第二東名高速道路の橋脚工事に伴う土壌中のマンガン，アルミなどの現場河川への溶出問題に対する取組みを行っている．

15.3.4　閉鎖系水域の水環境対策

　さて，水質汚濁防止法に基づく実効ある排水規制（濃度規制）の導入によって，主に，河川の水質は1970年代後半から改善が見られるようになった．しかし，瀬戸内海，伊勢湾，東京湾といった産業・人口が集積する**閉鎖性海域**，あるいは，琵琶湖をはじめとする湖沼での水質改善は見られなかった．

a）瀬戸内海

　瀬戸内海は，白砂青松の海岸，多島海の景観を有してきたが，特に1960年代からの**新産業都市**，**工業整備特別地域**の指定に伴い，主に，海面埋立てによる工

業用地整備によって，工業地域に生まれ変わった．多くの自然海浜・干潟が失われ，大規模な赤潮による漁業被害が頻発した．瀬戸内海沿岸の府県・政令市は，1971年6月，「**瀬戸内海環境保全知事市長会議**」を組織し，瀬戸内海の環境保全を図るための施策についての国への要望などの活動を開始した．

1973年，瀬戸内海沿岸選出の国会議員が中心となった議員提案によって**瀬戸内海環境保全臨時措置法**が制定された．この臨時措置法では，前文で「瀬戸内海がわが国のみならず世界においても比類のない美しさを誇る景勝地として，また，国民にとって貴重な漁業資源の宝庫」と謳われた．COD負荷量の半減を目標とし，負荷量を関係府県に割り当て，これを達成するために府県は上乗せ基準を設定することとした．また，汚水を排出する施設の設置に際しては許可制とし，一種の環境影響評価制度を導入するなど先駆的な措置を導入した．さらに，前文の趣旨に則り，海面埋立てについての特別の配慮（「埋立は厳に抑制すべし」の理念）がなされることとなった．臨時措置法の施行により，COD負荷量半減の目標は過剰達成され，1979年，東京湾・伊勢湾とともに瀬戸内海に水質総量規制を導入するための水質汚濁防止法の改正と併せて，臨時措置法は恒久法化された．CODの総量規制の導入のほか，富栄養化による被害の発生防止を図るためのリン等の削減対策（指導指針に基づく指導），自然海浜保全地区の指定等による自然海浜の保全が新たに措置された．

b）海辺環境の保全の運動と埋立てへの特別の配慮

1973年6月，兵庫県高砂市で，埋立て・コンビナート公害に反対する地元住民団体が「**入浜権運動**」を開始した．元来，海は万民のものであり，住民は自由に海岸に出て，汐汲み，貝採り，釣魚などを行ってきたが，それは太古から自然に備わった，山で言えば入会権のようなもので，「入浜権」とでも名付けられる法律以前の人権，生活権であるとし，埋立てられ，工場が立地した海岸への市民の自由な立入りを求める運動から始まった．1975年の「海を活かしコンビナートを拒否する東京集会」では「入浜権宣言」が採択され，1977年の「入浜権宣言2周年全国大会」では「海浜保全基本法」の制定を求めている．ここには，高砂，豊前，志布志，四日市，田原湾，千葉，岸和田などで，海辺・干潟などの埋立て反対・保全を目指す運動を展開している住民団体が集まった．

瀬戸内海に限らず日本国内の埋立ての環境配慮に関しては，瀬戸内海法制定と同じ年の1973年に公有水面埋立法が改正され，埋立免許基準に環境への配慮が

規定された．一定規模以上の埋立案件については，環境影響評価が必要とされ，環境庁長官は埋立免許を出す大臣に対し，環境保全の観点から意見が言えることとなった．瀬戸内海においては，重化学工業などの工場立地のための埋立ては，瀬戸内海法制定の 1973 年以前に終了し，または駆け込みで免許が出されていた．瀬戸内海におけるその後の埋立圧力は，港湾，空港，都市再開発，廃棄物最終処分などとなった．1984 年の愛媛県の織田が浜の港湾整備案件では，埋立手続きの前の港湾計画変更手続きの段階で環境庁は埋立ての位置・規模の変更をさせ，1985 年の神戸のポートアイランド二期計画も規模を縮小させた．一方，あとに続く，3 件の廃棄物最終処分のための埋立（フェニックス計画），関西空港・前島，神戸空港は，さまざまな調整があったが，いずれも当初の申請どおりの内容で埋立免許が出された．埋立てなどの開発行為による環境影響に対処するためには，「回避」，「低減」，「代償」の三つの方法があるが，埋立てに関して特別の配慮がなされなくてはならない瀬戸内海においても，行政的には低減がせいぜいであったといえる．

c) 閉鎖系海域の水質総量規制

東京湾・伊勢湾（三河湾を含む）・瀬戸内海の水質総量規制は，1979 年から，COD を対象に 5 年間の措置として始まり，第 5 次総量規制（2005 年）からは窒素・リンも対象になり，現在まで続いている．水質総量規制とは，閉鎖系海域の集水域などからの汚濁負荷量の総量削減目標を設定し，これを達成するため，工場などに対する総量規制基準の適用，下水道などの重点整備を行うものである．三つの閉鎖系海域の COD 排出負荷削減の状況を見ると，1979 年度から 2008 年度までの間の削減率は東京湾 56％，伊勢湾 39％，瀬戸内海 45％である．2003 年から 2008 年までの間の窒素の削減率は東京湾 18％，伊勢湾 10％，瀬戸内海 20％であり，同じくリンの削減率は順に 27％，24％，29％である．しかし，水質の推移を見ると，東京湾，伊勢湾，大阪湾では，COD 濃度は改善されているとは言えず，大阪湾を除く瀬戸内海では少し改善の傾向が見られる．さらに，東京湾，伊勢湾，大阪湾では，夏季を中心として成層化し，低層部分において貧酸素水塊が発生するようになり，東京湾，三河湾などでは青潮（苦潮）の発生も見るようになった．

d) 琵琶湖

近畿 1300 万人の水がめでもある琵琶湖では，人口増加に伴う生活排水，工

場・農業排水の流入，また，湖岸に広がっていた葦原の浄化機能が道路建設・圃場整備などによって損なわれたこともあって，有機汚濁，窒素・リンの流入が進み，淡水赤潮が発生するなど富栄養化が進行していた．これに対応するため，下水道の整備が重点的に進められ，また，地元の生活協同組合などでは，洗剤に替えて石鹸を使う運動を展開していた．

滋賀県は，1979年，**琵琶湖富栄養化防止条例**を制定し，リンを含む洗剤の販売・使用の禁止，工場・事業場に対する窒素・リンの排水規制などの措置を講じた．洗剤にはドロンコ汚れを落とすための洗浄助剤としてリンが使われていたが，滋賀県は，富栄養化の原因であるリンを使っている洗剤の販売・使用を全面的に禁止したのである．この滋賀県の条例によるリンを含む洗剤の禁止の措置は，またたく間に，茨城県など全国の湖沼を抱える自治体に広がり，条例，要綱の制定などが相次いだ．日本石鹸洗剤工業会は，この禁止措置は営業の自由を保証している憲法に違反するものであるとして，滋賀県の条例制定に猛反対したが，ドイツのヘンケル社がリンの代替としてゼオライトを使う方法を開発したこともあって，早くも1980年にはゼオライトを配合した洗剤をライオンが発売し，1985年には洗剤の無リン化は完了した．リンを含む洗剤の禁止措置，また，台所における水切り袋の使用，あるいは，合併浄化槽の普及という「雑排水対策」，圃場整備で失われた水浄化機能のある葦原の再生などの政策パッケージは，「エンド・オブ・パイプ」を超える「第4段階：社会経済の仕組みを環境に適したものに改革する段階」の萌芽であると言うことができる．

15.3.5　先駆的自治体による水環境政策の国際展開

滋賀県は，富栄養化防止条例の制定直後に，世界の湖沼に関係する自治体・研究者のネットワークを形成し，第1回の**世界湖沼会議**を1984年に大津で開催した．以降，世界各地で開催されており，2009年には，中国・武漢で第13回目の会議が持たれた．滋賀県は，国際湖沼環境委員会を設置し，世界の湖沼環境の保全・再生のための調査研究などを行っている．

また，瀬戸内海の関係府県は，チャサピーク湾（米国），バルト海，地中海など世界の閉鎖系海域の環境保全のため，1990年，第1回**世界閉鎖性海域環境保全会議**を神戸で開催した．2008年には中国・上海で第8回目の会議が開催され

ている．同会議を開催する組織として，1994年に国際エメックスセンターが設立された．

　先駆的な水環境政策を実施してきた自治体では，世界に目を向けて取組みを進めている．

15.4　水循環の再生への道

　本格的に「第4段階」に至る方法は，水循環の再生である．下水道や都市における水循環の単調化・阻害に対する問題提起から始まり，住民らによる「**ホタルの里**」や「**湧水**」(コラム「湧水について」参照) などの身近な水環境の再生運動の高まりなどを経て，自治体における水循環戦略・計画の策定に至る多様な主体と手法による試みがある．

15.4.1　水循環再生の系譜

　1970年代後半から80年代のはじめにかけて，中西準子は下水道の工場排水受入れ，雨水との**合流式下水道**，あるいは流域下水道のあり方について批判・提案を展開した．特に，流域下水道については，本来の河川の水量を損ねる，広域的な汚濁負荷を一点に集中させるなどの問題があるとした．下水道による「**水循環**」を求めたのである．下水道による水質改善と水循環の両立に悩んだ中西準子は，その時，「**リスク評価**」に目覚めたという (中西，2004)．

　1980年代半ば，東京都の区役所の環境担当の職員たちは，都市における「水循環」に関して問題提起し，特に，水循環再生の方策としての雨水利用，湧水の保全・再生の先鞭をつけた．1985年，環境庁 (当時) は，保全状況が良好で地域住民などによる保全活動がある湧水・河川などを「**名水百選**」として選定した．なお，2008年には「平成の名水百選」が選定されている．また，1985年，**水郷水都全国会議**が発足し，松江で第1回の会議が開催された．全国各地で水環境に関わり活動する市民・団体などが，お互いの交流を深め，ネットワークを形成し，各地固有の問題や普遍的な課題の解決策を協働して探っていくことを目的として発足し，以後，土浦，柳川，徳島などで毎年開催され，2009年には桑名

で開催されている．この頃，ドイツの**近自然河川工法**（コラム「「多自然」と「近自然」」参照）が紹介されるようになった．

政府も平成元 (1989) 年度版環境白書（「人と環境の共生する都市—エコポリス—」）において，はじめて，不透水地の拡大など，地下水収支の変化，都市気候への影響，湧水の枯渇・河川水量の減少，水需要の増大，水質汚濁の進行の状況などを明らかにした上で，都市の水循環の再生を訴えた．

一方，1980 年代から，**長良川河口堰**建設（1988 年着工，2005 年完成，2007 年運用開始），宍道湖・中海淡水化事業（1988 年淡水化事業凍結，2002 年同事業中止決定）など，水をめぐる問題とこれに関する情報公開・住民意思の反映などの問題が続いた．

河川行政では，1990 年から**多自然型河川づくり**を導入し，河川整備に当たっては，これを採用することを原則とするようになったが，「治水」を目的とする事業と併せて実施されてきた．1997 年，河川法の改正が行われ，従来からの「治水」，「利水」に加えて「河川環境の整備と保全」が法の目的に位置づけられるとともに，河川整備計画の策定手続きに住民意見の反映などの手続きが導入された．また，これにより，例えば，大井川のように，発電用ダムによる取水で水量が激減した河川へのダムからの**河川維持放流**に関する電力会社との調整が進むようになった．

1998 年，水に関係する 5 省庁によって「**健全な水循環系構築に関する関係省庁連絡会議**」が設置され，翌年，①流域の貯留浸透・かん養能力の保全・回復・増進（水を貯える・水を育む），②水の効率的利活用（水を上手に使う），③水質の保全・向上（水を汚さない・水をきれいにする），④水辺環境の向上（水辺を豊かにする），⑤地域づくり，住民参加，連携の推進（水とのかかわりを深める）を柱とする「健全な水循環系構築に向けて（中間とりまとめ）」を策定した．また，同連絡会議は 2003 年に「健全な水循環系構築のための計画づくりに向けて」を策定した．これは，水循環の健全化に向けて地域で実践している主体に対し，どのような目標やプロセスで実際に取り組むかについて，具体的な施策を導き出すための基本的な方向や方策のあり方を示すものである．これ以降，多くの都道府県，市町村において，住民の参加による水循環再生のための戦略・計画が策定されるようになった．

また，森林の**水源涵養機能**など森林管理のための財源を下流の上水道・工業用

水道の負担で賄おうとする「**水源税**」構想は，1990年代はじめ自民党税制調査会の場で数年にわたる激論の末，導入には至らなかったが，その後，法定外目的税の制度が創設され，2004年に高知県で「**森林環境税**」が導入されたのを皮切りに，多くの都道府県で同種の税が導入されてきている．基本的には，県民税の上乗せ方式である．

15.4.2　水循環計画の策定・フォローアップ方式の成果と課題

　水環境は，そこでの生き物や緑，あるいは，ごみとのかかわりのなかで，1990年代以降，市民に身近な問題として，多様な市民活動が展開されるようになってきた．一方で，水に関連する行政は，国から市町村に至るまで，典型的な縦割り行政であり，**水循環再生**に関連する部局間の企画・調整の機能が必要になる．市町村においては，さらに，国，県との調整も必要になる．そこで，市民・事業者・関係行政機関の参加による「計画」の策定，そのフォローアップという方法が採られるようになった．

　以下，筆者がかかわっている愛知県岡崎市の水環境創造プラン・水循環推進協議会の取組みの例により，水循環計画の策定・フォローアップの成果と課題を考察する．

　矢作川の支流である乙川の下流域に位置する旧岡崎市は，西三河地方の拠点都市として発展してきたが，特に，高度経済成長期を通じ，都市への人口や産業の集中によって，川やため池の水が汚れ，川の流量が減り，また，水辺に親しみにくくなってきた．一方，乙川の上流に位置する旧額田町は，豊かな水と緑を持ち，林業や農業が盛んであったが，働き手の減少や高齢化で山林の手入れが間に合わなくなったり，農業が営まれない田畑が増えたりしてきた．2006年1月1日に旧岡崎市と旧額田町が合併し，乙川の上流域と下流域がすべて岡崎市に含まれることとなった．これを機に，2008年3月，環境と治水と利水の面から岡崎市の水環境を総合的に見て，将来の望ましい水環境のあり方と，それを実現するための取り組みを「岡崎市水環境創造プラン」としてまとめた．水環境創造プランの策定に当たっては，行政，市民の代表，学識経験者からなる「検討委員会」で検討し，市民の意見の募集・検討内容の公開のため，「市民懇談会」も開催した．パブリックコメントも実施した．

表 15.1 岡崎市水環境創造プランの計画目標，基本方針・重点施策．

	計画目標	基本方針 ○重点施策
水量	現況程度の河川流量の維持	雨を受け止め，時間をかけて川へ流し，上手に水を使う ○水源林間伐対策事業○休耕田・非かんがい期の水田への湛水○ため池保全計画・湧水調査
水質	乙川上流部：川の中で泳ぐことができる水質の確保 乙川上流部以外：川の中で遊べる水質の確保	汚れのもとを減らし，清らかな流れを保つ ○下水道・合併浄化槽の整備○合流式下水道改良事業○市民による一斉水質調査○清掃・水質浄化活動
災害 (洪水・渇水)	浸水被害の解消，消防利水の確保，渇水・災害時の生活用水確保	雨を流域にとどめて水害を減らし，渇水・震災に備える ○雨水浸透貯留設備補助○雨水有効利用のための公共施設の指針○遊水地の整備
水辺環境	自然にホタルが飛び，在来種が繁殖する親しみやすい水辺の創出	岡崎在来の豊かな自然とふれあえるまちをつくる ○ホタルの保護・飼育活動○多自然川づくり○魚の遡上を阻害する構造物の改修○水辺の竹外駆除
水とのかかわり	水に関する市民活動やイベントの活性化	水との関わりを深め，水を通してかかわりあう ○乙川サミットの開催○岡崎水辺百選○水辺ふれあいマップ

出典：岡崎市水環境創造プラン (2008 年策定) から作成.

　また，2008年には「岡崎市水を守り育む条例」が制定され，健全な水循環の確保・創造のため，「水循環総合計画」（条例附則において「岡崎市水環境創造プラン」は本条例に基づく「水循環総合計画」と見なされた）の策定，水源の涵養，雨水の貯留浸透及び雨水利用の促進，汚濁負荷量の削減，水中及び水辺の生態系の保全，ホタルの保護・飼育（「平成の名水百選」に選定された）といった施策，さらに，これらの施策を推進するため「水循環推進協議会」の設置が盛り込まれた．水循環推進協議会のメンバーは，学識経験者，公募による市民のほか，前述の「矢水協」，内水面漁協，森林組合といった関係団体，企業，国（国土交通省豊橋河川事務所），県（愛知県西三河建設事務所）の代表者から構成されている．このように，岡崎市水環境創造プランの策定，水循環推進協議会の構成などには，1990年代半ば頃から全国的に広がっている「市民参加」，「情報公開」が貫かれている．

　「岡崎市水環境創造プラン」の概要は，表 15.1 のとおりであり，水量，水質，災害（洪水・渇水），水辺環境，水とのかかわりごとに，計画目標，基本方針そ

して重点施策が明らかにされている．重点施策の中には，愛知県の森林税からの税収による間伐事業なども含まれている．水循環推進協議会では，毎年度，重点施策ごとに，その実施・推進状況をフォローアップしている．このように，計画策定・フォローアップは，市民・事業者の「参加」・「協働」により実施されている．

　では，具体的な取組みは，どういう方法で推進されているのか．

　具体的な取組み・重点施策の多くは市自身の事業である．基本的には一つの重点施策に一つの市役所の担当課がある．市の担当課が水循環の取組み・重点施策の企画・立案・推進の主体である．その意味で，重点施策は水関連の行政の縦割り構造を反映しているといえるが，協議会の事務局である環境保全課が横串的役割を果たし，進捗状況のとりまとめを行っている．しかし，とりまとめをしている（「ホチキスしている」）というだけで，重点施策の企画・調整がなされているわけではない．市民・事業者の参加・協働によるフォローアップにおける指摘は，市にとっては，次年度の重点施策への宿題にはなるが，具体的な取組み・重点施策の企画・立案・推進は，市の担当課が担うことには変わりはない．計画・実施・フォローアップという3段階で見ると，実施の段階での市民・事業者の参加・協働はないわけである．もちろん，市民による水質調査などの重点施策もある．これらは，体よく言えば「参加」・「協働」であるが，見方を変えれば市民は「手足」としてタダで使われるということにもなる．

　岡崎市に限らず，1990年代半ばからの国や自治体による循環型社会づくり，低炭素社会づくりなどの「環境ガバナンス」の方法である「市民・事業者の参加・協働による計画策定・フォローアップ」という方式は，実効性という点で，その限界が見えてきたのではないだろうか．実施の段階での参加・協働がないからである．

　そこで，次の方法を提案したい．これは，ミュンヘン市が「ローカル・アジェンダ21」（1992年のリオの地球サミットで採択された「アジェンダ21」に基づくプログラム）で試みた方法である．市民などが環境のためのプロジェクト（アジェンダ・プロジェクト）を企画し，市や企業からの資金によって市民などが実施するという方法（アジェンダ・プロセス）である．市民などの参加・協働の場面は，日本の自治体のローカル・アジェンダ21の方法であった計画策定とそのフォローアップではなく，具体的プロジェクト（岡崎の水環境創造プランで言えば「重

点施策」）の企画・立案・推進にある．ミュンヘンでは，1990年代後半に，空港跡地に持続可能な街をつくる設計など50を超える環境プロジェクトを市民などが企画した．市民には，コンサルタント，技術者，銀行員などの専門家も含まれる．ミュンヘン市はこれらの実施に資金支援するための「**市民基金**」も造成した．しかし，市議会は，「政策づくりは，市民から選ばれた議員の仕事である」として，市民などが企画した環境プロジェクトをことごとく承認しなかったので，この試みは頓挫したが，環境プロジェクトそのものを市民などが企画・立案・推進するという参加・協働の方法である．

　こんな試みをしてみたいものである．

参考文献
本間義人（1977）：『入浜権の思想と行動』，御茶の水書房．
Jaenicke, Kunig（2000）：Umweltpolitik, Diez.
環境庁（1989）：『平成元年度版　環境白書』，大蔵省印刷局．
健全な水循環系構築に関する関係省庁連絡会議（2003）：健全な水循環系構築のための計画づくりに向けて．
中西準子（2004）：『環境リスク学』，日本評論社．
岡崎市（2008）：岡崎市水環境創造プラン．
竹内恒夫（2004）：『環境構造改革―ドイツの経験から―』，リサイクル文化社．

（竹内恒夫）

あとがき

　本書の主たる執筆者が所属する名古屋大学大学院環境学研究科及び関連の研究機関には，地球科学として水を扱う気象，雪氷，海洋，水文の専門家，土木や都市計画から水を扱う工学系の専門家，農業や森林保全の立場から水を扱う農学系の専門家，社会問題として水を扱う社会科学系の専門家が集まっている．環境学研究科では，水のみならず，複雑な環境問題を解くためには学際的な連携が不可欠であるという認識のもとで，（特に大学院の学生に対して）問題解決のための幅広の連携を示すような講義が必要と考え，分野横断型の体系理解科目が設置されている．そのひとつが本書のもととなった「水の環境学」という講義である．

　この環境学研究科では，生命農学研究科と連携し，2009年から文部科学省のグローバルCOE「地球学から基礎・臨床環境学への展開」と題するプログラムを進めている．これは，人間と自然の関係の持続可能性を脅かす病気の診断から，その適切な予防と治療，治療の副作用の予測や防止に至る一連の実践的取り組みを，「臨床環境学」として体系化するものである．また，その臨床環境学を支える基盤として，地球生命圏における人間社会の持続可能性を蝕む病理を総合的に考察し，それに対する技術的・制度的アプローチの有効性・問題点を整理して，普遍的・地球的な視座を提供するために，「基礎環境学」を構築しようともしている．本書は，このグローバルCOEの精神を「水」というキーワードの中で，できるだけわかりやすくあらわしたものでもある．

　本書は3名の編者で取りまとめた．第I部（全6章）と第II部の一部（第9章など）を担当したのは，水文学を専門とする檜山哲哉である．第II部は建築・都市計画を専門とする清水裕之が担当した．第III部は社会学を専門とする河村則行が担当した．異なる分野の編者の連携も本書の編集の醍醐味であった．また，本書の取りまとめには名古屋大学出版会の神舘健司氏に大変お世話になった．この場を借りて御礼を申し上げたい．

2011年5月　　　　　　　　　　　　　　清水裕之　檜山哲哉　河村則行

索　引

A-Z

BOD　213, 292
CMD　50
COD　70, 214, 288
IPCC　33
K_1 分潮　63
LAI　87
M_2 分潮　63
O_1 分潮　63
PNA パターン　31
S_2 分潮　63

ア 行

愛知用水　289
青潮　59, 286
赤潮　59
昭島市つつじヶ丘ハイツ　173
悪水組　223
アジアモンスーン気候　21
足尾鉱山　291
新しい公共性　279
雨前線　48
あられ（霰）　53
安定水利権　250
安定性　255
アンモニア態窒素　198, 214
井組　223
異常渇水　258
移植　165
維持流量　256
井堰　221
伊勢湾台風　287
伊勢湾流域圏　174
1元給水方式　192
移動床過程　132
入会権　271
入浜権運動　294
移流　61
移流拡散方程式　60
インドモンスーン　46
ウォーター・ハーベスティング　157
雨水管　204
雨水浸透指針　173
雨水浸透阻害行為　173
雨水滞水池　203
雨水吐き室　203
雨水流出抑制対策　173
雨水流出率　179
渦拡散　68
渦粘性係数　66
鵜の山　289
運転管理指標　201
エアロゾル　34
永久凍土　114
営農飲雑用水　167
栄養塩類　193
液状化　104
エクマン層　67
エクマン螺旋　67
エコー頂　50
エスチュアリー循環　66
越境河川　99, 164
越境帯水層　99
越流水　203
エリアマネジメント　182
エル・ニーニョ状態　30
塩害　162
沿岸域　59
塩湖　140
塩素要求量　193
エンド・オブ・パイプ　290
往復流　61
大きな（国家大の）公共性　278
御囲堤　230
オガララ帯水層　100
汚水管　204
汚水バイパス管　204
汚染者負担の原則　143
汚濁・汚染物質　140
汚泥　206
温室効果　4
温暖前線　45
温排水　288

カ 行

加圧層　96
外水氾濫　122
改正河川法（1997）　122
回転円盤法　200

海洋混合層　23
海洋大陸　18
海陸分布　22
化学的酸素要求量　69, 214, 288
化学物質　193
河況係数　122
拡散　61
拡散係数　61
河口域　59
囲堤　230
重田堀潰　233
霞堤　227
河川維持放流　298
河川維持流量　251, 256
河川景観　132
河川水総量　148
河川整備基本方針　122
河川整備計画　122
河川治水　123
河川法　→旧—, 新—, 改正—
河川連続体仮説　133
渇水　128
渇水調整　130, 258
渇水調整協議会　259
渇水流量　256
活性汚泥　200
活性汚泥法　200
活動層　114
合併浄化槽　204
河道　141
可能蒸発散量　162
川離れ　275
灌漑　156, 219
灌漑水田　165
灌漑地区　166
灌漑排水　156
灌漑面積　159
環境　121
環境アセスメント　142
環境影響評価法　131
環境税　144
慣行水利権　244, 249
間接効果　34
完全灌漑　158
幹線管きょ　204
乾燥対流　23
乾燥地　162
乾燥地域　162
緩速ろ過方式　195
感潮取水水田　165

官庁地　268
乾田　221
貫入深度　71
間伐　77
官民有区分　268
官有地　268
官用地　268
寒冷前線　45
気温減率　9
危機管理行動計画　128
基準渇水流量　255
気象レーダー　44
北大西洋振動　32
既得水利権流量　251, 256
揮発性有機化合物　35
基本高水　123
基本高水ピーク流量　124
逆浸透膜　198
旧河川法（1896）　122, 242, 269
急速ろ過方式　195
凝集剤　195
凝集沈澱法　205
凝集補助剤　195
許可水利権　244, 250
漁業権　271
局地的豪雨　51
近自然河川工法　138, 298
近代河川行政制度　267
近代的所有　264
屈曲経路　98
雲解像モデル　50
クラウド・クラスター　45
グリーンインフラストラクチャー　174, 183
グリーンストリート　174
グリーンストリートマニュアル　184
傾圧大気　26
傾圧不安定　18
計画高水位　124
計画高水流量　124
計画用水量　167
下水管きょ　200
下水処理場　199
下水道　199
ゲリラ豪雨　128
限外ろ過膜　198
嫌気ろ床槽　204
健全な水循環系構築に関する関係省庁連絡会議　298
懸濁成分　193
建築基準法　180

索　引　307

豪雨　50, 238
降雨強度　44
公害　285
光学的厚さ　34
黄河水利委員会　147
高気圧性循環　18
工業整備特別地域　293
工業用水　141
公共用水域　203
公権の利用　266
公私共利の原則　266
工場排水規制法　291
降水雲　44
高水工事　242
降水効率　44
降水システム　16, 41
洪水常襲地　219
洪水水田　165
降水セル　42
降水粒子　42
高度処理　197, 205
高度処理水　198
後方散乱　54
公有地　268
合流式下水道　203, 297
護岸　124
国際河川　99
黒体放射　4
国土交通省河川局　147
国土利用計画法　181
コミュニティプラント　204
コリオリ因子　26
コリオリ力　15, 25

サ　行

再帰年　123
最終沈殿池　200
最大エコー　50
最大取水量　247
最低水位　247
錯体重金属排水　207
殺菌　195
酸化池　200
酸化分解　208
産業廃棄物税　144
三原子分子　5
残差流　62
散水ろ床法　200
三川分流工事　230
暫定豊水水利権　250

サンプリングボリューム　54
三門峡ダム　149
シアー　69
紫外線殺菌　198
時間雨量　44
私権的利用　266
地所名称区別改正法　268
自然環境保全　285
自然環境保全法　180
自然公園法　180
自然の文化化　264
実効熱容量　22
湿潤対流　23
湿潤地　162
湿田　221
実用塩分単位　72
地盤沈下　102, 129
シビアストーム　45
島畑　233
市民基金　302
重金属　193, 216
私有財　266
集水域　140
重層的資源利用　271
収束域　48
私有地　268
集中豪雨　42, 51
終末処理場　200, 204
集落排水処理施設　204
秋霖　16
受益者負担の原則　143
樹冠遮断　86
樹冠通過雨量　86
樹幹流下量　86
受信電波　54
取水　195
取水量　247
主要4分潮　63
循環流　61
準特定水利使用　253
硝化　198
浄化槽　199
常時使用水位　247
浄水　195
浄水場　195
浄水処理　193
上水道　191
上水道施設　195
衝突併合　42
蒸発散　119

蒸発散量　79
代掻き　165
新河川法（1964）　122, 244, 273
信玄堤　227
人工海水浴場　290
針広混交林　77
新産業都市　293
浸水想定区域図　125
新田開発　220
浸透トレンチ　183
浸透ます　184
森林環境税　144, 299
森林管理・整備　77
森林法　180
水系　132, 176
水系治水　123
水源涵養機能　298
水源（環境）税　144, 299
水源林　143
水郷水都全国会議　297
水質汚濁に係る環境基準　292
水質汚濁負荷　199
水質汚濁防止法　60, 292
水質管理目標設定項目　193
水質基準　193
水質検査計画　193
水質総量規制　288
水質保全法　291
水蒸気前線　48
水制　124
吹送流　62
水素結合　6
垂直循環　193
垂直偏波　55
水田生態系　168
水田用水量　166
水頭　97
水道事業者　193
水道普及率　191
水道法　191
水土流失地域　150
水土流出　150
水平偏波　55
水防　127
水文学　95
水文循環　119
水文素過程　78
水利　219
水利権　128, 141, 246, 271
水利権者　247

水利使用規則　247
水利使用者　247
水利秩序　225
水利部　147
水利流量　256
スコール　16
スコールライン　45
ストークスの速度式　196
ストームトラック　16
スーパークラスタ　16
スーパーセル　45
生活用水　141
生元素　121
正常流量　128, 256
生息場（ハビタート）　132
生態環境補償　144
生態系　121
生態系サービス　142
生態建設事業　151
生的機能　135
正のフィードバック　27
政府直轄事業　141
生物学的酸素要求量　213, 292
生物学的リン除去法　205
生物膜法　200
精密ろ過膜　198
世界湖沼会議　296
世界閉鎖性海域環境保全会議　296
積算降水量　53
積乱雲　42
セグメント　132
接触酸化法　200
接触曝気槽　204
雪氷圏　8
瀬戸内海環境保全知事市長会議　294
瀬戸内海環境保全特別措置法　60
瀬戸内海環境保全臨時措置法　294
ゼロメートル地帯　128
背割堤　232
選好曲線　134
扇状地　101, 140
潜熱放出　5, 14, 25
総観スケール　46
総合治水　173
総合治水対策　126
層状雲　45
層状性降水　42
送信電波　54
送水　195

索 引　309

タ 行

大気海洋結合大循環モデル　27
大気-海洋相互作用　27
大気循環　5
大気大循環　15
大規模循環場　46
退耕還林　151
第三種官有地　268
対照流域法　80
帯水層　96
第二種間接効果　34
台風　16
太平洋亜熱帯高気圧　46
太平洋高気圧　46
対流雲　45
対流圏界面　45
滞留時間　13, 100
対流システム　48
対流性降水　42
対流セル　42
多孔質　95
多自然型河川づくり　137, 298
多種スケール階層　46
ダム分担流量　124
多面的機能　77, 160
多目的ダム　130
ダルシーの法則　97
短時間予測　56
単独公共下水道　289
断流　147, 163
地域排水処理施設　204
地域用水　161
小さな（地域の）公共性　278
近い水　275
地下水位　101
地下水盆　140
地下水流　119, 175
地球温暖化　19, 21
地衡風　25
地先治水　123
治水　121, 141
治水対策　287
地租改正事業　267
地中水　95
窒素除去　205
池塘　220
地表面アルベド　32
地表面粗度　35
チベット・ヒマラヤ山塊　27

中間流　119
中部国際空港　290
注目種　132
長江希釈水　72
超純水　198
調整灌漑　158
潮汐　63
潮汐残差流　62
長伐期林　78
潮流　61
直接効果　34
貯水　195
沈降速度　196
沈降分離　196
沈殿　195
梅雨　16
低位天水田　165
低気圧擾乱　18
低気圧性渦　18
低気圧性循環　18
低湿地　140
低水　128
低水流量　256
低水路工事　242
停滞前線　42
堤防　141
堤防強化　124
鉄砲水　227
デレーケ　232
点源負荷　105
頭首工　129
導水　195
透水係数　97
導水事業　151
遠い水　275
毒性評価　193
特定水利使用　253
特定多目的ダム法　273
特定都市河川浸水被害対策法　125, 173
都市型水害　125
都市計画法　180
都市的土地利用　176
土砂生産・流砂過程　121
土砂堆積　146
土壌塩性化　165
土壌汚染対策法　211
土地改良区　223
土地白書　174
ドップラー効果　55
ドップラーシフト　55

ドップラー速度　55
ドップラーレーダー　48
取引費用　144

ナ　行

内水対策　123
内水氾濫　122, 173
内湾域　59
中干し　165
長良川河口堰　298
南水北調　151
苦潮　286
二次有機エアロゾル　35
二重結合　6
熱帯降雨観測衛星　15
熱帯収束帯　15
年間総取水量　247
粘性係数　197
年平均濁度　195
農業水利　225
農業的土地利用　176
農業用水　141
農地法　180
海苔養殖事業　288

ハ　行

梅雨前線　46
梅雨前線豪雨　51
ハイエトグラフ　120
配水　195
排水　156
排水基準　207
排水処理　199
排水設備　200
ハイドログラフ　120
ハザードマップ　125
曝気槽　200
ハドレー循環　26
ハノーバー市クロンスベルク　182
バルキング　202
番木　221
半湿田　221
反射因子　55
反射因子差　55
番水　242
被圧帯水層　96
被害者負担の原則　143
ピーク流出時刻　180
ピーク流出量　179
非集水域　176

微生物活性炭処理　198
微生物反応　195
ヒートアイランド　173
避難勧告・指示　126
比偏波間位相差　55
非保存性物質　60
ひょう（雹）　55
漂砂　121
氷楔　114
表層ろ過　195
表面負荷率　197
表面流　119, 175
琵琶湖富栄養化防止条例　296
貧酸素化　59
貧酸素水塊　59, 199, 286
不圧帯水層　96
不安定擾乱　18
富栄養化　193, 286
複層林　78
伏流水　140
賦存量　140
普通沈殿池　195
物理化学的プロセス　195
不透水性被覆　175
不透水層　96
不特定用水　128
不飽和帯　95
浮遊生物法　200
ブラウン運動　68
ブラックカーボン　34
フラックス　11, 121
フラックス網　121
フルプラン　245
分散型浄化槽　204
分子拡散　68
分水堰　242
分潮　63
分流式下水道　203
閉鎖性海域　293
平水　128
平水流量　256
β 効果　26
偏波レーダー　54
ボイリング　104
放射平衡温度　4
豊水　128
豊水水利権　250
豊水流量　256
防潮堤　287
飽和水蒸気圧　8

索引　311

飽和帯　95
補給灌漑　158
圃場整備　225
保存性物質　60
ホタルの里　297
北極振動　32
ポテンシャル勾配　97
堀田　230
保留量曲線　84

マ 行

摩擦係数　67
マルチセル　45
マルチパラメータレーダー　52
水環境エコシステム　191
水環境ガバナンス　285
水資源開発　287
水資源開発基本計画　245
水資源開発公団法　273
水資源開発水系　245
水資源開発促進法　245, 273
水資源管理　139
水循環　78, 119, 297
水循環再生　299
水循環再生政策　285
水貯留　83
水離れ　275
水枡　221
水屋　230
水余剰量　99
三つの水危機　263
密度流　62
緑のダム　83
民有地　268
無酸素水　193
名水百選　297
メソαスケール　45
メソγスケール　45
メソβスケール　45
面源負荷　105
耗水量　148
モデル破堤　126
森里海連環学　174
モンスーン・大気-海洋結合系　30

ヤ 行

薬品凝集　196
矢作川沿岸水質対策協議会（矢水協）　293
融解層高度　45
有機物濃度　199

有効雨量　167
有効分げつ　165
湧水　239, 297
雄大積雲　50
遊離残留塩素　197
溶解成分　193
要水量　156
溶存酸素　59, 213
葉面積指数　87
余剰汚泥　201
余裕高　124

ラ 行

ラ・ニーニャ状態　30
乱流混合　23
陸棚域　59
陸稲田　165
利水　121, 141
リスク評価　297
リーチ　132
流域　119, 140
流域管理　140
流域下水道　204, 289
流域圏　121
流域圏プランニング　174
流域変更　157
流域水収支　78
流況　120, 256
流出解析　120
流出過程　119
流水占用権　246
流水の正常な機能を維持する流量　256
流水の占用　246
流束（フラックス）　97
利用可能量　140
緑溝　183
林床面蒸発　90
レインバンド　45
レーダーエコー頂高度　50
レーダー反射強度　50
列状間伐　86
ろ過　195
ロスビー波　30

ワ 行

惑星アルベド　4
輪中　230
輪中堤　230
渡良瀬川流域　291

執筆者一覧 （執筆順，＊印は編者）

中村　健治（名古屋大学地球水循環研究センター，1章）
安成　哲三（名古屋大学地球水循環研究センター，2章）
藤田　耕史（名古屋大学大学院環境学研究科，コラム「ヒマラヤの氷河湖」）
上田　　博（名古屋大学地球水循環研究センター，3章）
森本　昭彦（名古屋大学地球水循環研究センター，4章）
川崎　浩司（名古屋大学大学院工学研究科，コラム「伊勢湾の水の流れ」）
服部　重昭（名古屋大学大学院生命農学研究科，5章）
＊檜山　哲哉（総合地球環境学研究所，6章，コラム「タイガ-永久凍土の共生関係」）
辻本　哲郎（名古屋大学大学院工学研究科，7章）
田代　　喬（名古屋大学大学院環境学研究科，コラム「「多自然」と「近自然」」）
井村　秀文（横浜市立大学，8章）
渡邉　紹裕（総合地球環境学研究所，9章）
沖　　大幹（東京大学生産技術研究所，コラム「バーチャルウォーター」）
＊清水　裕之（名古屋大学大学院環境学研究科，10章）
片山　新太（名古屋大学エコトピア科学研究所，11章，コラム「水質の指標」）
溝口　常俊（名古屋大学大学院環境学研究科，12章）
高橋　　誠（名古屋大学大学院環境学研究科，コラム「都市における豪雨災害」）
富田　啓介（名古屋大学大学院環境学研究科，コラム「湧水について」）
山内　　博（国土交通省中部地方整備局，13章）
田中　重好（名古屋大学大学院環境学研究科，14章）
＊河村　則行（名古屋大学大学院環境学研究科，コラム「ウォータービジネス」）
竹内　恒夫（名古屋大学大学院環境学研究科，15章）

《編者紹介》

清水 裕之（しみず ひろゆき）
1952 年生まれ
1983 年　東京大学大学院工学系研究科博士課程修了
現　在　名古屋大学大学院環境学研究科教授，工学博士
主著書　『劇場の構図』(1985 年，鹿島出版会)，『新訂　アーツマネジメント』(共著，2006 年，放送大学教育振興会)

檜山 哲哉（ひやま てつや）
1967 年生まれ
1995 年　筑波大学大学院地球科学研究科修了
現　在　総合地球環境学研究所准教授，博士（理学）
主著書　『新しい地球学—太陽-地球-生命圏相互作用系の変動学—』(共編著，2008 年，名古屋大学出版会)，『Water and Carbon Cycles in Terrestrial Ecosystems』(編著，2006 年，IHP, UNESCO)

河村 則行（かわむら のりゆき）
1961 年生まれ
1991 年　名古屋大学大学院文学研究科博士後期課程修了
現　在　名古屋大学大学院環境学研究科准教授
主著書　『組織と情報の社会学』(共著，2007 年，文化書房博聞社)，『グローバリゼーションと情報・コミュニケーション』(共著，2002 年，文化書房博聞社)

水の環境学

2011 年 8 月 15 日　初版第 1 刷発行

定価はカバーに表示しています

編　者　清水　裕之
　　　　檜山　哲哉
　　　　河村　則行

発行者　石井　三記

発行所　財団法人　名古屋大学出版会
〒464-0814　名古屋市千種区不老町 1 名古屋大学構内
電話(052)781-5027/FAX(052)781-0697

Ⓒ Hiroyuki SHIMIZU, et al., 2011
印刷・製本　㈱クイックス
乱丁・落丁はお取替えいたします。

Printed in Japan
ISBN978-4-8158-0675-0

Ⓡ〈日本複写権センター委託出版物〉
本書の全部または一部を無断で複写複製（コピー）することは，著作権法上の例外を除き，禁じられています。本書からの複写を希望される場合は，必ず事前に日本複写権センター（03-3401-2382）の許諾を受けてください。

渡邊誠一郎／檜山哲哉／安成哲三編
新しい地球学
―太陽-地球-生命圏相互作用系の変動学―
B5・356頁
本体4,800円

坂本充／熊谷道夫編
東アジアモンスーン域の湖沼と流域
―水源環境保全のために―
A5・374頁
本体4,800円

田中正明著
日本湖沼誌
―プランクトンから見た富栄養化の現状―
B5・548頁
本体15,000円

田中正明著
日本湖沼誌 II
―プランクトンから見た富栄養化の現状―
B5・402頁
本体15,000円

出口晶子著
川辺の環境民俗学
―鮭遡上河川・越後荒川の人と自然―
A5・326頁
本体5,500円

谷田一三／村上哲生編
ダム湖・ダム河川の生態系と管理
―日本における特性・動態・評価―
A5・340頁
本体5,600円

西條八束／奥田節夫編
河川感潮域
―その自然と変貌―
A5・256頁
本体4,300円

デイリー／エリソン著　藤岡伸子他訳
生態系サービスという挑戦
―市場を使って自然を守る―
四六・392頁
本体3,400円